本书得到河南大学历史文化学院学术著作出版经费资助

两周政治信任研究

贾坤鹏 著

·郑州·

图书在版编目(CIP)数据

两周政治信任研究 / 贾坤鹏著. -- 郑州：河南大学出版社, 2024. 9. -- ISBN 978-7-5649-6054-4

Ⅰ.B82-051

中国国家版本馆 CIP 数据核字第 20249H0C10 号

两周政治信任研究
LIANG ZHOU ZHENGZHI XINREN YANJIU

责任编辑　李　云
责任校对　时　娇
封面设计　高枫叶

出　版　河南大学出版社
　　　　地址：郑州市郑东新区商务外环中华大厦 2401 号　邮编：450046
　　　　电话：0371-86059752（大众文化出版中心）　0371-86059701（营销部）
　　　　网址：hupress.henu.edu.cn
排　版　郑州市今日文教印制有限公司
印　刷　河南瑞之光印刷股份有限公司
版　次　2024 年 9 月第 1 版　　　　　　　印　次　2024 年 9 月第 1 次印刷
开　本　710 mm×1010 mm　1/16　　　　印　张　13.75
字　数　225 千字　　　　　　　　　　　定　价　60.00 元

（本书如有印装质量问题，请与河南大学出版社营销部联系调换。）

序

贾坤鹏博士的《两周政治信任研究》，主要有两个方面的学术意义。

第一方面，政治文化研究的意义。学界有政治学说和政治文化两个概念，二者有所不同。我的看法是，政治学说是人们的政治主张或政治理念；政治文化是政治学说在政治实践中的表现，既包括政治制度，也包括政治行为。也就是说，政治学说反映的是人们怎么想的，政治文化反映的是人们如何做的。

政治学说的特点是个性化和多样化。在一个社会中，人们处于不同的社会阶层，政治诉求与主张也就不同。在春秋战国时期，墨家处于社会底层，为劳苦大众的利益呐喊；法家处于社会上层，为权贵阶层出谋划策。因而，墨、法两家学说根本对立。儒家徘徊于墨、法两家之间，居于社会中层，于是有了折中墨、法两家学说的中庸之道。现代社会同样如此，只要有社会分层，就会有不同的政治诉求与主张。

政治文化的特点是有政治主体性，是特定时代、特定政权政治实践的表象。不同历史时代、不同国家的政治文化不同。上古时代、中古时代和现代的政治文化不同，上古中国是部族血缘政治，中古是集权政治。同一个时代，不同国家的政治文化也有差异。战国时代，齐国和鲁国虽然都地处山东半岛，但齐国地处沿海，工商业发达，政治开放，于是有了稷下学宫，学者们可以自由议论政治；而鲁国靠近内陆，以农业为本，政治比较传统。因而，齐、鲁两国的政治文化风格不同。至于地处西陲的秦国,政治文化则更是别具特色。当今时代也是如此,中国有自己的政治文化,美国有自己的政治文化,穆斯林国家也有自己的政治文化。

政治学说与政治文化之间存在着微妙的关系。其一,政治学说可能是真实的,也有可能是说给别人听的,其背后另有隐性的政治主张。但政治文化却是实在的,行动不会说谎,事实掩盖不住。比如,皇帝诏书、结党营私、贪污受贿、总统制度、国会制度、全民公投、国际联盟等现象,都属于政治文化。因此,政治文化比政治学说更真实,更能反映政治的本性。其二,政治学说是根本,政治文化是枝叶,后者依赖于前者。秦帝国以法家学说为指导思想,形成了秦帝国的政治文化。汉代之后以儒家思想为基础,形成了中世纪的政治文化。其三,政治学说有的可行,成了官方学说以指导政治,并形成自己的政治文化,比如法家学说和儒家学说;有的不可行,不被主流社会接受,仅仅停留在学说层面,墨家学说便是如此。

政治文化研究是近半个多世纪以来新兴的学术领域,对认识政治具有重要意义。贾坤鹏博士的这部著作就属于这一领域的研究,具有开拓学术视野的意义。

第二方面,政治信任是一个值得研究的题目,目前这方面的研究成果不多。得人心者得天下,没有政治信任,即便有天下,终究也会丢掉。

春秋战国时期礼崩乐坏,按照传统的说法,这是一个乱世。基于今天的立场,这是一个变革的进步的时代。那么,在变革时代政治信任是如何变迁的?这个课题本身就有了意义。这部著作从宏观上勾勒了从西周到秦统一中国之前政治信任变化的脉络,并且通过血缘因素、故旧因素和会盟现象等进行了归纳分析,使我们看到了政治心态的一个鲜活直观的侧面。该书揭示了基于血缘的信任不需要外部约束,或者说血缘本身就是最值得信任的因素。即便在今天也是一样,父死子继,而不是把国家或企业交给没有血缘关系的人,这是最原始也是最本质的信任形式。如果找不到有血缘关系的人怎么办呢?那就选择故旧朋友,这样的人知根知底,比较放心,比陌生人放心得多。现代政治也有如此者。在政治主体多元化、各有自己利益考量的情况下,为了维持政治信任,还有结盟这种形式。春秋是歃血为盟,用信仰约束彼此之间的责任。到战国时代,合纵连横,敌友瞬息万变,在这种时代背景下,即便是结盟也不能获得真正的信任了。该书启示我们,政治文化现象是有规律性可循的。老子说:失德而后仁,失仁而后义,失义而后礼。与之类似,失诚而后信,失信而后盟。盟之生,信之亡也。

这是本书给我的初步启示,相信它还会给读者更多的启示。以史为鉴可以知兴衰,政治文化研究是历史研究的精髓,本书的意义正在于此。是为序。

张荣明

2024 年 3 月 11 日于南开大学

目 录

绪论 …………………………………………………………………（ 1 ）
 一、解题与研究意义 ………………………………………（ 1 ）
 二、相关研究回顾 …………………………………………（ 2 ）
 三、若干概念的界定 ………………………………………（ 8 ）

第一章　西周政治信任 ……………………………………（ 22 ）

第一节　殷周族群从缺乏信任到"亲旧信任"的确立 …（ 22 ）
 一、文武时期殷周族群的信任关系 ……………………（ 22 ）
 二、周公对殷周族群信任关系的建设 …………………（ 25 ）
 三、从《史墙盘》看殷周族群信任的确立 ……………（ 28 ）

第二节　周人内部政治信任由"亲"向"旧"转变 ………（ 34 ）
 一、西周的"亲亲"政治 …………………………………（ 34 ）
 二、对"亲"有所不信与嫡长子继承制度、分封制度 …（ 37 ）
 三、召公出任公卿之首与亲旧信任转变 ………………（ 43 ）
 四、世官世族的确立与信任仪式化 ……………………（ 47 ）

第三节　西周晚期的信任危机 ………………………………（ 50 ）
 一、幽王时"皇父"形象陡然变坏 ………………………（ 50 ）
 二、"为政不均"引发信任危机 …………………………（ 56 ）

三、幽王五年后信任危机全面爆发 ………………………………（64）
本章小结 ……………………………………………………………（69）

第二章　春秋政治信任 ………………………………………………（71）

第一节　春秋前期诸侯国的盟誓信任 ……………………………（72）
　　一、春秋对西周政治信任的继承与发展 ………………………（72）
　　二、郑庄公、齐僖公的盟誓信任 ………………………………（78）
　　三、齐桓公主导的盟誓信任 ……………………………………（81）

第二节　春秋中后期诸侯国的盟誓信任 …………………………（85）
　　一、晋国类型的盟誓信任 ………………………………………（85）
　　二、楚国类型的盟誓信任 ………………………………………（95）
　　三、诸侯盟誓信任要素的再讨论 ………………………………（111）

第三节　春秋诸侯国内的政治信任状况 …………………………（112）
　　一、君主对"亲""旧"的信任困境 ……………………………（112）
　　二、世族"同出一公"的信任构建 ……………………………（119）
　　三、国内政治危机下的盟誓信任 ………………………………（123）

本章小结 ……………………………………………………………（133）

第三章　战国政治信任 ………………………………………………（134）

第一节　战国国家之间的信任 ……………………………………（134）
　　一、战国国家之间是否有信任 …………………………………（134）
　　二、战国前期国家信任关系是对春秋的延续 …………………（136）
　　三、前350年左右国家信任关系的瓦解 ………………………（142）

第二节　信任与变法改革 …………………………………………（150）
　　一、战国之前的改革 ……………………………………………（151）
　　二、吴起、商鞅变法 ……………………………………………（158）
　　三、李悝、赵武灵王改革 ………………………………………（167）

第三节　君对臣"才能信任"背后的不信任 ……………………（174）
　　一、防范臣下之"守道"与战国官僚制度 ……………………（175）

二、制度缺陷、常态化谗言常引发君主不信任重臣 …………（184）
三、信任的薄弱时刻：临阵撤将与"一朝天子一朝臣" ………（190）
　本章小结 ……………………………………………………………（194）
结论 ……………………………………………………………………（196）
参考文献 ………………………………………………………………（199）
后记 ……………………………………………………………………（209）

绪 论

一、解题与研究意义

(一) 解题

"两周"是指西周和东周,其中东周包括春秋和战国。两周上起武王伐纣,下至秦始皇统一六国。"政治信任"是指在政治活动中一方相信另一方而敢于托付。本书以"信任"为题,准确地说,研究的是"信任问题"。当我们说"信任"成为一个问题时,往往意味着"不信任"的出现。所以,政治信任研究既包括了"信任",也包括"不信任"。政治不信任是指在政治活动中一方不相信另一方而防范、反对。

政治信任(或不信任)属于社会意识,它往往通过具体的政治事件、政治现象、政治制度等表现出来。这意味着,政治信任的表现形式是分散的,那么就不存在一条将两周政治信任贯穿起来的主线,故本书研究也只能是分散式的。同时,信任是不是一个重要问题,取决于它所凭依的是不是重要的历史问题。本书研究两周的政治信任问题,即是探究两周时期的重要政治事件、政治现象、政治制度中的信任问题。

(二) 学术意义

政治信任无处不在。比如,周初分封诸侯,某地分给谁在很大程度上就是个信任问题,周初任命谁为执政大臣,任命谁辅佐幼主,也是个信任问题。春秋时期,天下纷争不已,小国往往希望有可信赖(信任依赖)的大国保护自己。对于大国而言,信立而霸,争当霸主离不开小国的信任。战国时期,宗法势力衰落而士阶层崛起,这反映出了信任对象的变迁。战国变法运动轰轰烈烈,君主让大臣主持变法,同样也离不开信任。

政治不信任也无处不在。比如,周初分封诸侯,在很大程度上是出于防范土著、殷遗民叛乱的考虑。周初确立嫡长子继承制度,有防范争夺王位的考虑。春秋时期,诸侯之间经常结盟,为什么结盟呢？因为有不信任。春秋中后期,诸侯国内君主与卿族矛盾很深,彼此相互提防甚至爆发冲突,在这种情况下就很难说有多少信任。战国分封制度式微,各国普遍采取俸禄制度,这里面就包含了不信任。战国开始出现的"一朝天子一朝臣"的政治景观,同样与不信任密切相关。

两周时期,政治信任问题无处不在,很多重大历史事件与信任问题紧密相连。然而遗憾的是,笔者至今尚未看到对此问题的专门研究。研究两周的政治信任问题,其学术意义不仅在于开拓一个新的研究领域,还有利于深化我们对先秦历史(先秦政治事件、政治现象、政治制度)的理解。

(三) 现实意义

往古者,所以知今也。研究历史对于理解当下具有十分重要的意义。中华政治文明源远流长,两周政治是其重要源头。当下的一些政治事件、政治现象或多或少能在两周时代找到影子。理解两周时代的政治信任,对于理解当下政治事件、政治现象,或许具有一定的启发意义。

历史是一面镜子,可以知兴替,明得失。西周时期,周人成功取得了被征服的殷遗民的信任,春秋至战国前期诸侯建立信任关系有得亦有失。这些对于当下中国处理族群关系、国家关系或有一定借鉴意义。

二、相关研究回顾

大体而言,与本书相关的研究主要集中在两个领域:一个是西方学术范式下的"政治信任"研究,本书主旨也是"政治信任",虽然二者名称相同,但实际上差别很大,笔者需作一番交代以澄清可能存在的误解;另一个是先秦秦汉史研究中与本书相关相近的研究,这些研究中有些只是和本书相似而已,有些是间接相关,有些是直接相关。

(一) 西方学术范式下的政治信任研究

无论是汉语中的"信任",还是英语中的 trust,本来都是日常用语。20 世纪 50 年代,"信任"在西方开始成为一个学术问题。心理学界率先探究信任问题,他们将信任理解为个人的心理事件,如美国心理学家多依奇(M. Deutsch)利用"囚徒困境"实验探究情景刺激对人际信任的影响。[1] 20 世纪 70 年代后,信任开始成为西方社会科学研究的热门话题,社会学、经济学、政治学、管理学纷纷涉足信任问题。[2]

20 世纪 70 年代以来,西方学界出现了大量的政治信任(political trust)研究,主要包括:民众对政府信任现状,信任与民主的关系,民众信任度下降与政府绩效的关系,民众对政府信任下降的政治、经济、社会、文化原因,信息技术革命对政府信任的影响,如何恢复民众对政府的信任等等。政治信任研究的兴起,有其学理基础和社会背景。其学理基础有自由宪政论、政治系统论、公民文化论、社会交换论、社会资本论等。[3] 其社会背景则与西方政府的信任危机密切相关。据美国民意调查,1958 年有 73%的人相信联邦政府一直或绝大多数情况下在做正确的事情,1968 年这一数字下降为 61%,1974 年降到 36%,1980 年降到 25%,80 年代略有回升,90 年代又降到 25%。[4] 不仅是美国,近四十年来几乎所有的西方民主国家都呈现出民众对政府信任下降的趋势,甚至包括瑞典、挪威这些以民众信任政府而闻名的北欧国家。民众对政府信任度下降的趋

---

[1] 岳瑨、田海平:《信任研究的学术理路——对信任研究的若干路径的考查》,《南京社会科学》2004 年第 6 期。

[2] 翟学伟、薛天山主编《社会信任:理论及其应用》,中国人民大学出版社,2014,第 1 页。

[3] 上官酒瑞、程竹汝:《政治信任研究兴起的学理基础与社会背景》,《江苏社会科学》2009 年第 1 期。

[4] 小约瑟夫·S.奈、菲利普·D.泽利科、戴维·C.金编《人们为什么不信任政府》,朱芳芳译,商务印书馆,2015,第 230 页。

势似乎无法逆转,这也意味着政治信任研究在西方将会继续是一大热门。

民众对政府的信任度下降是全球性的,中国也无法独善其身。改革开放以来,腐败问题、食品安全问题、司法公正问题、环境污染问题等都考验着民众对政府的信任(或政府的公信力)。21世纪初,西方关于"政治信任"的研究被介绍和引入我国。2009年在上海举行的"社会转型中的政治信任"理论研讨会,则被视为"中国学者第一次对政治信任的集中关注"[1]。中国学者对本土政治信任的研究主要包括以下几个方面:1.政府信任的类型,如习俗型、契约型、后契约型[2],或习俗型、契约型、合作型[3],或基础互动型、善意工具型、终极价值型[4],等等。2.政府信任的层级性特点。有学者发现,政府层级越高,民众信任度越高,反之越低,学者对此给予了解释,并提出了对策[5]。3.影响政府信任的因素。一些学者探讨了政治制度、社会文化、政府绩效、公共危机、新媒体、公众感知等与政府信任(或公信力)的关系[6]。4.重建民众对政府的信任(或政府公信力)。如借鉴西方经验,[7]转变政府职能,[8]对政府行为、能力、

---

[1] 上官酒瑞:《现代社会的政治信任逻辑》,上海人民出版社,2012,第20页。
[2] 孟庆存:《论政府与公众信任关系》,博士学位论文,中国人民大学,2003年。
[3] 程倩:《论政府信任关系的历史类型》,博士学位论文,中国人民大学,2006年。
[4] 李兆友、胡晓利:《重建政府信任:属性、类型及其关系》,《河南师范大学学报(哲学社会科学版)》2017年第2期。
[5] 如:沈士光《论政治信任——改革开放前后比较的视角》,《学习与探索》2010年第2期;闫健《居于社会与政治之间的信任:兼论当代中国的政治信任》,《南昌大学学报(社会科学版)》2008年第1期;叶敏、彭妍《"央强地弱"政治信任结构的解析——关于央地关系一个新的阐释框架》,《甘肃行政学院学报》2010年第3期;李国青、张玉强《我国农村政治信任的历史沿革与现实思考》,《理论导刊》2017年第7期。
[6] 如:马得勇《政治信任及其起源——对亚洲8个国家和地区的比较研究》,《经济社会体制比较》2007年第5期;吕维霞、王永贵《基于公众感知的政府公信力影响因素分析》,《华中师范大学学报(人文社会科学版)》2010年第4期;马得勇、孙梦欣《新媒体时代政府公信力的决定因素——透明性、回应性抑或公关技巧?》,《公共管理学报》2014年第1期;吴结兵、李勇、张玉婷《差序政府信任:文化心理与制度绩效的影响及其交互效应》,《浙江大学学报(人文社会科学版)》2016年第5期;边晓慧、赵晓燕《中国情景下的公民文化、制度绩效与政府信任关系研究》,《甘肃行政学院学报》2017年第5期。
[7] 张成福、孟庆存:《重建政府与公民的信任关系——西方国家的经验》,《国家行政学院学报》2003年第3期。
[8] 朱光磊、周望:《在转变政府职能的过程中提高政府公信力》,《中国人民大学学报》2011年第3期。

过程、绩效等进行改革,[1]加强信用监管与政府信用建设,[2]通过社会资本提升政府信任,[3]等等。

无论是西方学界对政治信任的研究,还是中国学者对本土政治信任的研究,讨论的都是当今时代民众对政府的信任问题。这些研究很难为我国古代政治信任研究提供借鉴。这是因为,西方研究范式下的"政治信任"与西方民主政治密切相关。西方政府是民选政府,民众的信任与否对政府的影响是直接的、经常性的。然而,我国古代政治与西方政治具有本质性差异,虽然古人也讲"民无信不立",但是在历史实际中民众对政府信任与否,其作用往往只有在王朝末期的政治危机中和改朝换代初期的痛定思痛中才会显现出来。[4] 在大多数情况下,民众对政府是否信任对于政府而言并不是一个重要问题。究其根本,在古代政治中,权力并不掌握在民众手中,而是掌握在统治阶级手中。有趣的是,我国古代辞源意义上的"信任",最初就是指君主对臣下的信任。(见下文"释信任")即使不是辞源意义上而是今天意义上的"信任",正如笔者在"研究意义"中列举的周代信任问题,也大都与民众无关。可以说,中国古代的政治信任主要是统治阶级内部的信任,与西方民众对政府的信任不是一回事。

因而,研究我国古代的政治信任需要"另起炉灶"。进言之,研究两周政治信任还需要从两周的政治实际出发。

(二) 先秦秦汉史与本书相关的研究

先秦秦汉史与本书相关的研究有三类:直接相关的政治信任研究、具有政治性的"信""诚信"观念研究、先秦历史研究。

其一,与本书直接相关的政治信任研究。秦汉史研究中与本书较为接近的

---

[1] 张成福、边晓慧:《重建政府信任》,《中国行政管理》2013年第9期。
[2] 陈丽君、朱蕾蕊:《多元信用监管下的政府信用建设》,《中共浙江省委党校学报》2015年第6期。
[3] 刘米娜、杜俊荣:《转型期中国城市居民政府信任研究——基于社会资本视角的实证分析》,《公共管理学报》2013年第2期。
[4] 不见得所有朝代建立时都会痛定思痛,能够认真反思的王朝只是少数。历史给我们最大的教训是不去从历史中吸取任何教训。

是侯旭东的《宠:信—任型君臣关系与西汉历史的展开》[1]。该文以西汉为例，提出中国古代帝国持续性的君臣关系分为礼仪型与信—任型两类。侯氏所用"信—任"是汉代文献中的"信任"，是今天我们说的"信任"的辞源意义。（见下文"释信任"）笔者将之视为一种狭义的政治信任——君主对臣下相信而任用之。这是古代政治信任的重要内容。他的具体观点主要立足于西汉历史，与本书所研究时段不同。他所说"信—任"与"宠"密切相关，其结论的适用对象是"古代帝国"。先秦君主对臣下的信任和秦汉帝国不太相同。战国君主对臣下的信任主要基于才能和功劳，再往上的春秋和西周更多地基于血缘。

先秦史研究中与本书直接相关的政治信任研究是吴柱的《先秦盟誓的信任机制及其演变》。该文把先秦盟誓的信任机制演变分为八个阶段：第一阶段是原始社会初期，此时的盟誓以利益为核心；第二阶段以原始社会族外婚制度实施为标志，血亲与利益共同构成了盟誓的核心；第三阶段为部落、邦国阶段，神权与利益构成了盟誓的核心；第四阶段是夏、商氏族封建社会，神权、王权、利益成为盟誓的核心；第五阶段为西周宗法封建社会时期，王权、神权、利益成为核心要素，重点在于王权超越神权，居于首要位置；第六阶段为西周末期到春秋初期，诚信和利益成为盟誓核心；第七阶段为春秋中期，霸权、诚信、利益成为盟誓核心；第八阶段为春秋末期到战国时期，利益成为盟誓核心。[2] 该文前五个阶段基本上都是理论推测，没有多少可靠材料。目前所能见到的最早的盟誓材料出现于西周末期[3]。至于后三个阶段，有可吸取的地方，也有值得商榷之处。笔者将在第二章《春秋政治信任》中详细阐述。

第二，具有政治性的"信""诚信"观念研究。其一，具有政治性的"信"观念研究。其代表性研究为阎步克的《春秋战国时"信"观念的演变及其社会原因》。该文认为："西周作为典章制度的'礼'的破坏，导致了春秋以盟誓为标志的'信'之观念的发达；而战国到秦'法治'的建立，又带来'信'的衰微。"[4] 其

---

[1] 该文分两期刊发，分别见于《清华大学学报（哲学社会科学版）》2016年第6期和2017年第1期。

[2] 吴柱：《先秦盟誓的信任机制及其演变》，《史学月刊》2016年第11期。

[3] "盟誓"的定义参见下文"释盟誓"，盟誓的早期材料参见第二章第一节。

[4] 阎步克：《春秋战国时"信"观念的演变及其社会原因》，《历史研究》1981年第6期。

二,具有政治性的"诚信"观念研究。其代表性的研究有姜建设的《在反欺诈中提升:春秋时代对于诚信的体验、认同》。与阎步克将春秋"信"的发达归结于"礼"的破坏不同,该文将诚信(相当于阎文的"信")归结于欺诈的横行。姜氏认为:"春秋时代的大变革和大国争霸,为欺诈肆行提供了社会条件;一次次上当受骗之后,华夏社会发起了反欺诈行动,诚信观念从中被实践、总结和提升起来。"[1]还有,韩东育的《法家"契约诚信论"及其近代本土意义》。该文认为:"中国传统的实学事功派和儒家现实主义,曾创生过'不信而信'的契约原理,这一原理曾一度在法家'循名贵实'、'刑名参同'的理论体系中获得了法律的体现和制度的落实。"[2]韩氏"不信而信"的契约诚信论的观点在事实上回击了阎氏之战国"法治"导致"信"衰落的观点。

有些熟悉西方"政治信任"的学者在寻找中国"政治信任"的源头时,往往将之与古人的"信""诚信"观念联系起来。有人认为:"由于传统文化的浸润,信任在中国被赋予了更多道德内涵,这可能出于'信'的道德本质及其在中国传统文化中的重要地位。"[3]还有人将《论语》《孟子》《大学》《中庸》中关于"信""诚信"的论述作为信任的理论渊源。[4] 然而,很多问题往往是形似而实不同。虽然"信任"二字中带了一个"信"字,这并不意味着"信任"能够和"信""诚信"观念混为一谈。其一,"信""诚信"观念和"信任"不是一回事。"信""诚信"是一种品德,"信任"的"信"意为相信,不是指品德。究其混淆之根本,是有些学者找错了辞源。其二,政治性的"信""诚信"观念和政治信任是两个层面的问题。政治性的"信""诚信"观念是古人的思想主张,是价值层面的主观问题;政治信任是在政治活动中相信他人而敢于托付,是事实层面的客观问题。

第三,先秦历史研究。本书的研究方法是从历史中发现思想,而最难之处在于"历史"是不确定的。先秦历史研究虽然与本书间接相关,却是本书的基础。这方面的重要研究有:1. 西周史研究,主要包括朱凤瀚先生的《商周家族形态研究》中的西周部分,白川静的《西周史略》,许倬云的《西周史》,杨宽的《西

---

[1] 姜建设:《在反欺诈中提升:春秋时代对于诚信的体验、认同》,《郑州大学学报(哲学社会科学版)》2003年第6期。
[2] 韩东育:《法家"契约诚信论"及其近代本土意义》,《古代文明》2007年第1期。
[3] 上官酒瑞:《现代社会的政治信任逻辑》,第33页。
[4] 曾俊森:《政府信任论》,博士学位论文,武汉大学,2013年。

周史》,张亚初、刘雨的《西周金文官制研究》,陈汉平的《西周册命制度研究》,以及唐兰、徐中舒、李学勤、裘锡圭、黄盛璋、沈长云、朱凤瀚等学者对出土文献与西周史实的考证,等等。2. 春秋史研究,主要包括顾栋高的《春秋大事表》,童书业的《春秋史》《春秋左传研究》,吕静的《春秋时期盟誓研究》,吴柱的《先秦盟誓的信任机制及其演变》,以及徐连成、李玉洁、何浩、房占红、卫文选等学者对春秋相关史实的考证,学界对侯马载书、温县载书的研究,等等。3. 战国史研究,主要包括杨宽的《战国史料编年辑证》《战国史》及其中的《战国大事表》,钱穆的《先秦诸子系年》,以及赵伯雄、李家浩、谢乃和、杨小召等学者对战国史实的考证,等等。如果没有上述研究作为基础,本书基本上是"无源之水,无本之木"。

总的来说,西方范式下的政治信任研究、具有政治性的"信""诚信"观念研究和本书比较相似,但是关联性十分有限。间接相关的先秦历史研究是本书的重要基础,而直接相关的政治信任研究还比较薄弱。因而,两周政治信任是个有待开拓的研究领域。

三、若干概念的界定

本书中有些重要概念需要加以界定。有些语词古今通用,但是因古今社会不同,其所表达的意思也会有所区别。有些词语所表达的概念在中西语境中有一定差异,这是因为翻译者使用了中国本土的词语,导致其本土概念与被翻译概念发生混淆。还有些语词在不同的学者、不同的研究领域里,表达了不同的概念。此外,本书出于研究的需要,可能会择取同语词众多概念中的某一个,也可能会根据自己的需要重新界定概念。因而,为了防止行文表述混乱,或造成不必要的误解,有必要对以下几个重要概念做出辨析和解释。

(一) 释"信任"

"信任",《现代汉语词典》解释为"相信而敢于托付"。[1] 古汉语类的重要辞典如《古代汉语词典》《辞源》均没有收录"信任"词条,[2] 政治学、政策学、社

---

[1] 中国社会科学院语言研究所词典编辑室编《现代汉语词典》(第7版),商务印书馆,2016,第1461页。

[2] 参见商务印书馆辞书研究中心修订《古代汉语词典》(第二版),商务印书馆,2014,第1653页;何九盈、王宁、董琨主编《辞源》(第三版),商务印书馆,2015,第282-284页。

会学等研究者则喜欢从西方学术研究中寻找"信任"的源头。[1] 似乎"信任"只是现代概念、西方概念。其实,古代文献中已经有关于"信任"的表述。

最初,"信"和"任"是分开表述的。目前所见,最早的与"信""任"相关的表述见于《论语·阳货》。子张向孔子问仁德,孔子说能行"恭、宽、信、敏、惠"五种品德于天下,就可以称为"仁"了。孔子还对各种品德的功能做了简单的解释,其中有"信则人任焉"[2] 邢疏说:"言而有信则人所委任也。"[3] 杨伯峻解释说:"诚实就会得到别人的任用。"[4] 孔子反对"言必信,行必果"[5],故邢疏或失之。孟子说:"有诸己之谓信。"[6] 当以杨释近之。"信"是指一种品德,有了"信"就会得到任用。这个说法有问题,诚实不一定就能得到别人任用。这要看干什么了,比如某贵族想找人造一辆车,这可不是诚实不诚实的问题。这和我们今天所言"信任"仍有不小差距,只是语词上相近,并非今日词语"信任"的源头。

后来,"信""任"之"信"的词义、词性均发生了变化。《庄子·盗跖》说:"无行则不信,不信则不任,不任则不利。"[7] 陈鼓应译为:"没有德行就不能取信,不能取信就不被任用,不被任用就不能获利。"[8] 这个"信"应是指取信、相信。再如《韩非子·五蠹》说:"行义修则见信,见信则受事。"[9] 张觉译为:"德行道义的修养搞好了,就会被君主所信任,被君主所信任,就能得到官职。"[10] 《盗跖》《五蠹》是在讽刺、批评儒家,他们抓住了儒家"信则人任焉"的功利心

---

[1] 有名为"信任论""论信任"的著作,也能从古希伯来、古罗马典籍中找到 trust,却无法从中国古代典籍中找到"信任"。如有人探讨"中国语源与古代典籍中的信任",并追溯到《论语》中的"信"观念,并推断:"在语言与社会相互作用的演化过程中,'信'的主要思想注入'信任'之中。"(郑也夫:《信任论》,中信出版社,2015,第6页)还有人认为:"中国传统文化中涉及信任的话题,都集中在'诚'和'信'这两个范畴的谈论中。"(郭慧云:《论信任》,西南师范大学出版社,2016,第36页)

[2] 上海古籍出版社编《十三经注疏·论语注疏》,上海古籍出版社,1997,第2524页。

[3] 上海古籍出版社编《十三经注疏·论语注疏》,第2525页。

[4] 杨伯峻:《论语译注》,中华书局,1980,第183页。

[5] 《论语·子路》,载上海古籍出版社编《十三经注疏·论语注疏》,第2508页。

[6] 《孟子·尽心下》,载上海古籍出版社编《十三经注疏·孟子注疏》,上海古籍出版社,1997,第2775页。

[7] 郭庆藩:《庄子集释》,载国学整理社编《诸子集成》(第三册),中华书局,2006,第433页。

[8] 陈鼓应:《庄子今注今译》,商务印书馆,2007,第912页。

[9] 王先慎:《韩非子集解》,载国学整理社编《诸子集成》(第五册),中华书局,2006,第345页。

[10] 张觉等:《韩非子译注》,上海古籍出版社,2012,第531页。

态,只不过在表述的时候,"信"的词性词义已经发生变化。孔子的"信"是形容词,指为人诚实。《盗跖》《五蠹》的"信"是动词,是指相信,也可以解释为信任,如张觉将"信"译为"信任";陈鼓应虽将"信"译为"取信",而"取信"是指"取得别人的信任"[1]。虽然古人的"信"和"任"是两个意思,但是其中的"信"已经相当于今天的"信任"了,因而《庄子·盗跖》"不信则不任"可以视为今天"信任"概念的源头。

"信任"作为一个词语始见于汉代文献,如《史记》《汉书》《前汉纪》和《太平经》。其一,《史记》中的"信任"。《项羽本纪》说:"大司马咎者,故蕲狱掾,长史欣亦故栎阳狱吏,两人尝有德于项梁,是以项王信任之。"[2]《史记·蒙恬列传》说:"是时蒙恬威振匈奴,始皇甚尊宠蒙氏,信任贤之。"[3]其二,《汉书》中的"信任"。《项籍传》说:"大司马咎、长史欣皆自刭泛水上。咎故蕲狱掾,欣故塞王,羽信任之。"[4]《楚元王传》说:"天子甚悼恨之,乃擢周堪为光禄勋,堪弟子张猛光禄大夫、给事中,大见信任。"[5]又说:"故治乱荣辱之端,在所信任;信任既贤,在于坚固而不移。"[6]《杨敞传》说:"上所信任,与闻政事。"[7]《京房传》说:"上最所信任,与图事帷幄之中进退天下之士者是矣。"[8]《盖宽饶传》说:"是时上方用刑法,信任中尚书宦官。"[9]《孔光传》说:"上甚信任之,转为仆射,尚书令。"[10]《朱博传》说:"股肱大臣,上所信任。"[11]《佞幸传》说:"元帝被疾,不亲政事……中人无外党,精专可信任。"[12]《王莽传中》说:"孔仁、赵博、费兴等以敢击大臣,故见信任。"[13]其三,《前汉纪》中的"信任"。《孝元皇

---

[1] 中国社会科学院语言研究所词典编辑室编《现代汉语词典》(第7版),第1080页。
[2] 司马迁:《史记》,点校本二十四史修订本,中华书局,2014,第418页。
[3] 司马迁:《史记》,第3114页。
[4] 班固:《汉书》,点校本二十四史,中华书局,1962,第1815页。
[5] 班固:《汉书》,第1932页。
[6] 班固:《汉书》,第1943页。
[7] 班固:《汉书》,第2893页。
[8] 班固:《汉书》,第3162页。
[9] 班固:《汉书》,第3247页。
[10] 班固:《汉书》,第3353页。
[11] 班固:《汉书》,第3407页。
[12] 班固:《汉书》,第3726页。
[13] 班固:《汉书》,第4135页。

帝纪上》说:"然望之名儒,有师傅恩,上信任之。"[1]《孝元皇帝纪中》说:"夫治乱之端,在于所信任。信任既贤,在于坚固。[2]"又说:"上以为然而怜之,数劳免之,益信任。[3]"其四,《太平经》中的信任。《太平经·四吉四凶诀》说:"所举者信事有效,复令上信任用之,四吉也。"[4]

汉代文献中的"信任"是"信"和"任"的合称。[5] "信"是相信,"任"是任用,是指相信而任用。汉代的"信任"与今天的"信任"在字义上略有区别:今天的"信任"重在"信","任"更多的只是一种意愿;而汉代的"信任"则有其使用语境,即几乎清一色地是指君主对臣下的信任。如果将先秦、秦汉的"信任"结合起来看,不难发现:先秦、秦汉的"信任"是政治性的,而且特指君主相信臣下而任用之。

今天人们所言的"信任"无疑要宽泛得多。首先,它不必然具有政治性,可以是政治信任,也可以是人际信任、社会信任。其次,信任的主体与对象也未必是个人,也可能是政府、国家、民族,信任的对象还可能是制度。再次,信任的关系未必是上对下,也可能是下对上,或者是平等关系,也未必是单向的信任,也可能是双向的信任关系。在今天的"信任"的语境下,古代的一些关系也被解释成了信任。比如,子贡向孔子请教如何治理政事,孔子说:"足食,足兵,民信之矣。"又说:"民无信不立。"杨伯峻分别解释为"充足粮食,充足军备,百姓对政府就有信心了","如果人民对政府缺乏信心,国家是站不起来的"。[6]《辞源》则把"民信之矣"的"信"解释为"信从,信任"。[7] 其实,民众对政府有信心和民众信任政府是一回事。"信任"的核心在于一方对另一方有积极的预期,我们可以称之为相信,也可以说有信心。

在英文中,"信任"的对译词为 trust。根据《英汉大词典》,trust 作为及物动

---

[1] 荀悦:《汉纪》,张烈点校,中华书局,2002,第372页。
[2] 荀悦:《汉纪》,张烈点校,第385页。
[3] 荀悦:《汉纪》,张烈点校,第386页。
[4] 罗炽主编《太平经注译》,西南师范大学出版社,1996,第861页。
[5] 侯旭东将汉代文献中的"信任"二字拆解,提出"信—任型"君臣关系。参见侯旭东:《宠:信—任型君臣关系与西汉历史的展开(上)》,《清华大学学报(哲学社会科学版)》2016年第6期。
[6] 杨伯峻:《论语译注》,第126页。
[7] 何九盈、王宁、董琨主编《辞源》(第三版),第282页。

词,其含义有六种:1. 信任、信赖、相信;2. 依靠、依赖;3. 想、确信、盼望;4. 赊给;5. 托付、托交、把……委托给别人办理(或照管);6. 敢于让……(做),对……放心。其作为不及物动词,含义有四种:1. 信任、信赖、相信;2. 确信;3. 依靠、依赖;4. 赊售。其作为名词,含义有十五种:1. 信任、信赖;2. 可信赖的人(或事物);3. 信心、希望;4. 受托物、代管物;5. 受托、受委任、受信任;6. (因受托等而产生的)义务;等等。[1] 大体而言,trust 与汉语"信任"基本上是一个意思。

"政治信任"的英文对译词为 political trust。然而,political trust 在西方语境中是个特定概念,并非单纯是字面上"政治"与"信任"的结合,而主要是指民众对政府的信任。我们将之翻译为"政治信任",只是做到了字面上的翻译正确。中国学界把西方学术概念"政治信任"(political trust)引入的同时,也接受了西方的研究范式,遂默认或规定"政治信任"为民众对政府的信任。这和本书的"政治信任"不是一回事。

本书的"信任"用的是今天的意思——相信而敢于托付;"政治信任"就是字面意思——在政治活动中一方相信另一方而敢于托付。在中国古代政治中,君主对臣下的信任至关重要,因而狭义上的"信任"是本书研究的重要内容。但是,本书的讨论又不局限于君主对臣下的信任,凡是在政治活动中构成重大信任问题的——不论是信任还是不信任,都可以纳入讨论范围。

(二) 释"亲""旧"

"亲"与"旧"是两个古今通用的词语。古今社会状况不同,两个词语表达的概念也有所不同。若以今日语境中的"亲""旧"分析先秦社会,恐怕距离过远而难以契合彼时情况,因而有必要对古今概念做出辨析,并对本书所涉"亲""旧"进行界定。

单字名词"亲",《现代汉语词典》的解释有"父母""婚姻""新妇"等,双音词有"亲戚""亲属""亲人"等,意为"有血统或婚姻关系的"。[2] 大体而言,"亲"主要是指具有血缘或婚姻关系的人。单字名词"旧",《现代汉语词典》解

---

[1] 陆谷孙主编《英汉大词典》(第二版),上海译文出版社,2007,第 2180－2181 页。
[2] 中国社会科学院语言研究所词典编辑室编《现代汉语词典》(第 7 版),第 1057 页。

释为"老朋友或过去的事物"等[1]。"亲"与"旧"之间界限是十分清晰的,前者有血缘或姻亲关系,而后者没有。但是,先秦时期"旧"可能也有血缘关系,故"亲""旧"界限未必在于有无血缘关系。

先秦文献往往"亲""旧"并举。如"远间亲,新间旧"[2],"内姓选于亲,外姓选于旧"[3],"君子笃于亲,则民兴于仁;故旧不遗,则民不偷"[4]。"旧"在古代文献中出现得比较早。《诗·大雅·荡》:"文王曰咨,咨女殷商。匪上帝不时,殷不用旧。虽无老成人,尚有典刑。"[5]郑笺说:"此言纣之乱,非其生不得其时,乃不用先王之故法之所致。"[6]然而,如果将"旧"解释为"故法",则与下句"典刑"重复。因此,"旧"当是指人,下句"老成人"正是对"旧"的顺承。

"殷不用旧"该如何理解?有学者引《牧誓》"今商王受……昏弃厥遗王父母弟不迪,乃惟四方之多罪逋逃,是崇是长,是任是使,是以为大夫卿士",指出:"这里'旧'显然指包括商'遗王父母弟'在内的众族长。"[7]故而,将"旧"解释为"众族长",大体可从。但是将"王父母弟"解释为"众族长",恐非。孔传曰:"王父,祖之昆弟。母弟,同母弟。"但是,这一解释传缺了父辈,于是孔疏强为之解:"《释亲》云'父之考为王父',则'王父'是祖也。纣无亲祖可弃,故为'祖之昆弟'。弃其祖之昆弟,则父之昆弟亦弃之矣。"[8]"王父母弟"应该是王之父辈、兄弟辈,与王的关系很近,属于"亲"而不能称为"旧",而且他们更像是"多子族"之族长而非"众族长"。

我们对"众族长"的理解仍可以继续深化。关于殷商社会的宗族,朱凤瀚先生指出:"(商王国)社会成员在组织上是比较单纯的,商民族的成员是商王国的公民,异族成员往往被充作奴隶或人牲;以子姓商族为核心的商民族诸宗族成为王朝统治主要的社会支柱。"[9]商王国以同姓宗族为主,这些宗族多是世族

---

[1] 中国社会科学院语言研究所词典编辑室编《现代汉语词典》(第7版),第699页。
[2] 杨伯峻:《春秋左传注》(修订本),中华书局,2009,第32页。
[3] 杨伯峻:《春秋左传注》(修订本),第724页。
[4] 《论语·泰伯》,载上海古籍出版社编《十三经注疏·论语注疏》,第2486页。
[5] 上海古籍出版社编《十三经注疏·毛诗正义》,上海古籍出版社,1997,第554页。
[6] 上海古籍出版社编《十三经注疏·毛诗正义》,第554页。
[7] 王奇伟:《从"人惟求旧"到"殷不用旧"——对商代王权与族权关系的考察》,《徐州师范大学学报(哲学社会科学版)》2001年第4期。
[8] 上海古籍出版社编《十三经注疏·尚书正义》,上海古籍出版社,1997,第183页。
[9] 朱凤瀚:《商周家族形态研究》(增订本),天津古籍出版社,2004,第227页。

而服务于商王朝。朱先生还指出:"商人共同体在武丁之后,至晚在殷代后期,其内部已基本瓦解。"[1]因而,"殷不用旧"的"旧"应该是以同姓为主的众多世族族长,且这些世族与商王的关系应维持过相当长的一段时间。

殷人传统是"用旧"。盘庚对贵族们说:"古我先王,亦惟图任旧人共政。"[2]孔传说:"先王谋任久老成人共治其政。"[3]其将"旧人"解释为"老成人",学界多从此说。蔡沈说:"详此所谓'旧人'者,世臣旧家之人,非谓老成人也。盖沮迁都者,皆世臣旧家之人。"[4]蔡说甚确。盘庚警告这些贵族:"汝无侮老成人。"[5]可见"旧人"和"老成人"不同。盘庚说:"迟任有言曰:'人惟求旧,器非求旧,惟新。'古我先王暨乃祖乃父,胥及逸勤,予敢动用非罚? 世选尔劳,予不掩尔善。兹予大享于先王,尔祖其从与享之。"[6]又说:"古我先后,既劳乃祖乃父。汝共作我畜民,汝有戕则在乃心。我先后绥乃祖乃父,乃祖乃父乃断弃汝,不救乃死。"[7]盘庚反复提及"乃祖乃父",说明这些宗族长,以及他们的父辈、祖辈都效忠于商王室。如果考虑到卜辞中"祖"包括了祖父及其以上的祖先,那么贵族们与商王的关系可能更为久远。可见,"旧"之所以为"旧",是因为他们至少三代与商王"共政"。

考虑到殷人宗族多为子姓,他们很有可能与商王具有血缘关系。那么,这些宗族长与商王的关系最近的也当上溯到同一曾祖。那么,我们似乎可以做出以下判断:"旧"并不一定是非血缘关系,也很有可能是同姓,至少经历了三代,所以称为"旧"。

值得考虑的是,贵族与王的代数未必一一对应,贵族至少三代效忠王室而称为"旧"。如果贵族效忠的王经历了三代,似乎也可以称为"旧"。在《尚书·大诰》中,周公对贵族训话:"尔惟旧人,尔丕克远省,尔知宁(文)王若勤哉!"[8]周公训话的对象是"尔多邦越尔御事"或"我友邦君越尹氏、庶士、御

---

[1] 朱凤瀚:《商周家族形态研究》(增订本),第260页。
[2] 《尚书·盘庚上》,载上海古籍出版社编《十三经注疏·尚书正义》,第169页。
[3] 上海古籍出版社编《十三经注疏·尚书正义》,第169页。
[4] 蔡沈注,钱宗武、钱忠弼整理:《书集传》,凤凰出版社,2010,第98页。
[5] 《尚书·盘庚上》,载上海古籍出版社编《十三经注疏·尚书正义》,第170页。
[6] 《尚书·盘庚上》,载上海古籍出版社编《十三经注疏·尚书正义》,第169页。
[7] 《尚书·盘庚上》,载上海古籍出版社编《十三经注疏·尚书正义》,第171页。
[8] 上海古籍出版社编《十三经注疏·尚书正义》,第199页。

事"。[1] 当三监叛乱时，他们似乎在观望，周公说他们："尔庶邦君，越庶士、御事，罔不反曰：'艰大。民不静，亦惟在王宫邦君室。越予小子，考翼不可征，王害不违卜。'"[2] 这些贵族不属于王室，故说乱子出在王室，言下之意，这是王室的事情，外人不好插手。我们不好推断这些贵族经历了几代，但是从他们为文王"旧人"可以推知，他们服事了文王、武王和成王三代周王。当然，这些贵族中亦不乏同姓。

表示血缘或姻亲关系的"亲"，出现比较晚，相关文献主要集中于春秋史料中，以《左传》《国语》居多。这些文献的"亲"主要包括以下关系：

第一，血缘关系近的为"亲"。父母为"亲"。孔子说："一朝之忿，忘其身以及其亲，非惑与？"[3] 又昭公十一年（前531年），鲁夫人齐归死，其子昭公无悲伤之容。叔向说："君无戚容，不顾亲也。"[4] 石碏"大义灭亲"。兄弟为"亲"。如昭公十一年，楚灵王使公子弃疾任蔡公，申无宇对楚灵王说："亲不在外，羁不在内。"[5] 楚灵王和公子弃疾是楚共王嫡子，灵王为弃疾之兄。再如孔子评价叔向曰："古之遗直也。治国制刑，不隐于亲。三数叔鱼之恶，不为末减。"[6] 叔向和叔鱼为同父异母兄弟，叔向是嫡兄而叔鱼是庶弟。由上可知，同父同母兄弟、同父异母兄弟皆可以称为"亲"。此外，从兄弟也属于"亲"，如昭公元年，子产指责用戈击伤公孙黑的公孙楚："事其长，养其亲……兵其从兄，不养亲也。"[7] 公孙黑、公孙楚均是郑穆公的孙子，公孙黑是子驷的儿子，公孙楚是子游的儿子，二人为从父兄弟。从兄弟为自祖父起三代内的亲属。

第二，姻亲亦称作"亲"。昭公四年（前538年），楚国椒举出使晋国，顺便"求昏"，晋侯答应。昭公五年（前537年），晋国韩宣子和叔向去送亲，结果被扣押。蘧启强劝谏楚灵王说："自鄢以来，晋不失备，而加之以礼，重之以睦，是以楚弗能报，而求亲焉。既获姻亲，又欲耻之，以召寇仇，备之若何，谁其重此？"[8] 楚国向晋国求"亲"而获得"姻亲"关系，说明"亲"包括"姻亲"。但是

---

[1] 上海古籍出版社编《十三经注疏·尚书正义》，第198页。
[2] 上海古籍出版社编《十三经注疏·尚书正义》，第198页。
[3] 《论语·颜渊》，载上海古籍出版社编《十三经注疏·论语注疏》，第2504页。
[4] 杨伯峻：《春秋左传注》（修订本），第1327页。
[5] 杨伯峻：《春秋左传注》（修订本），第1328页。
[6] 杨伯峻：《春秋左传注》（修订本），第1367页。
[7] 杨伯峻：《春秋左传注》（修订本），第1212—1213页。
[8] 杨伯峻：《春秋左传注》（修订本），第1268页。

姻亲之"亲"的范围有多大？由于材料有限，我们不太好判断。从周王与诸侯的关系推测，姻亲之"亲"似乎主要是指甥舅，包括外甥和舅父、女婿和岳父，如武王女太姬嫁给陈胡公，武王与陈胡公是为翁婿；宣王封申侯于谢，而申侯为王舅。有些泛称亦能说明问题。《诗·小雅·頍弁》："岂伊异人，兄弟甥舅。"[1]春秋时，周王称同姓为"伯父""叔父"，称异姓为"伯舅""叔舅"，虽然这些都是泛称，但是这些称谓足以表明了甥舅关系非同一般。

从上文对"亲"的分析来看，血缘之"亲"主要在三代之内，即包括父母、兄弟、从兄弟，即祖父之内为"亲"。但也有一处例外。宫之奇劝谏虞公说："虞能亲于桓、庄乎？其爱之也，桓、庄之族何罪？而以为戮，不唯偪（逼）乎？亲以宠偪，犹尚害之，况以国乎？"[2]晋献公的曾祖是曲沃桓叔，祖父是曲沃庄伯，父亲是晋武公，桓之族是曲沃桓叔的后人，与晋献公是同曾祖，也被称为"亲"。

综上，古今"亲""旧"概念差别很大。今天的"亲""旧"界限在于有无血缘、姻亲关系，古人的"亲""旧"界限在于血缘的远近。为了更好地分析先秦血缘关系对信任的影响，本书所使用"亲""旧"概念应尽可能接近当时情况。但是，先秦文献十分有限，上文所引用关于"旧"的文献偏早，关于"亲"的文献偏晚，古人"亲""旧"的界限不好确证，只能从中看出其模糊的界限。

基于以上情况，本书在使用"亲""旧"两个概念时，只能另作界定：在血缘关系方面，以"三代"为界限区分亲疏的界限，祖父之内为"亲"，祖父之外为"旧"。其实，对于本书而言，重点不在"名"，而在于"实"。区分"亲""旧"的关键是抓住古人血缘亲疏的界限。以三代为界限区分血缘亲疏，应符合先秦社会的情况。笔者再举两个例子：

第一，春秋卿大夫立族以王父字为氏。隐公八年（前715年），鲁卿无骇死，他的儿子羽父向隐公请求赐族，"公命以字为展氏"。[3]杜注："诸侯之子称公子，公子之子称公孙，公孙之子以王父字为氏。无骇，公子展之孙，故为展氏。"[4]《公羊传·成公十五年》亦说："为人后者为其子，则其称仲何？孙以王

---

[1] 上海古籍出版社编《十三经注疏·毛诗正义》，第481页。
[2] 杨伯峻：《春秋左传注》（修订本），第309页。
[3] 杨伯峻：《春秋左传注》（修订本），第62页。
[4] 上海古籍出版社编《十三经注疏·春秋左传正义》，上海古籍出版社，1997，第1734页。

父字为氏也。"[1]春秋时期,公子之孙以王父字为氏,是比较普遍的现象。如鲁国的"三桓":公子庆父字共仲,其孙为仲孙穀;公子叔牙字僖叔,其孙为叔孙得臣;公子友字成季,其孙为季孙行父。仲孙氏、叔孙氏、季孙氏均来自三公子的字。顾炎武《日知录·氏族》说:"公孙之子,其亲已远,不得上连于公,故以王父字为氏。"[2]春秋人立氏,公孙之子与当时国君的血缘关系已经出三代,不算亲近,故脱离公室,另立门户。[3]

第二,战国诸侯之泽,三世而斩。《战国策·赵策四》记载了左师触詟与赵太后的一段对话:"左师公曰:'今三世以前,至于赵之为赵,赵主之子孙侯者,其继有在者乎?'曰:'无有。'曰:'微独赵,诸侯有在者乎?'曰:'老妇不闻也。'"[4]赵国三代以上赵王子孙被封为侯的都没有存在的,不仅赵国,诸侯国皆是如此。今辈、父辈、祖辈,为三世。赵国的贵族与王如果在祖辈以内,可以凭借"亲"的关系吃老本,如果出了三世就不算亲近了,很容易会被剥夺爵禄。诸侯之泽,三世而斩,恰恰是亲近关系三世而绝的反映。

总之,本书所使用的"亲""旧"概念,其内涵如下:"亲",近也,是指血缘关系中最近的那部分,三世之内为近,故称作"亲",甥舅关系亦为"亲"。"旧,久也"[5],是指血缘关系较远或异姓而世代交往,三代之远为久,故称作"旧"。

(三) 释"盟誓"

"盟""誓"常常合称"盟誓",然"盟"与"誓"本有区别,故"盟""誓"不可不辨,本书所言"盟誓"亦不可不明。

"盟",《礼记·曲礼》说:"莅牲曰盟。"[6]许慎《说文解字》说:"《周礼》曰:国有疑则盟,诸侯再相与会,十二岁一盟。北面诏天之司慎、司命。盟,杀牲歃

---

[1] 上海古籍出版社编《十三经注疏·春秋公羊传注疏》,上海古籍出版社,1997,第2296页。

[2] 顾炎武撰,黄汝成集释:《日知录集释》,栾保群校点,中华书局,2020,第1144页。

[3] 春秋时期虽然以王父字为氏,但是未必皆如此,亦有公孙得氏的情况(谢维扬:《周代家庭形态》,黑龙江人民出版社,2005,第155-156页)。这种过早脱离公室而立族的情况可能与当时的政治斗争有关,即越早立族,越容易在斗争中站住脚。

[4] 诸祖耿:《战国策集注汇考》,江苏古籍出版社,1985,第1121-1122页。

[5] 《诗经·大雅·抑》"於乎小子,告尔旧止"郑笺。上海古籍出版社编《十三经注疏·毛诗正义》,第556页。

[6] 上海古籍出版社编《十三经注疏·礼记正义》,上海古籍出版社,1997,第1266页。

血,朱盘玉敦,以立牛耳。"[1]《礼记》定义是从仪式的角度解释"盟",而许慎除了把"盟"视为仪式,还把它视为一种制度。春秋时,诸侯定期盟会,如齐桓公九合诸侯,就是多次主持诸侯盟会,由此可知,"盟"是一种近似制度化的诸侯活动。显然,"盟"不只是一个仪式,故许慎对"盟"的理解要更为全面。《周礼》说盟起源于"疑",甚是,如《左传》宣公十五年(前594年)载,宋国与楚国盟辞:"我无尔诈,尔无我虞。"[2]《左传》成公十一年(前580年)说:"齐盟,所以质信也。"[3]盟誓是诸侯间建立信任关系的重要手段。

田兆元先生指出,"只有把握纷繁的变体,我们才能真正认识'盟'",其"变体"有"会""胥命""成""平"。[4] 这无疑是对"盟"的泛化理解,其说大可商榷。仅就"会""盟"而言,田兆元先生说:"没有会就没有盟,浑言之,会盟皆盟也,析言之,会盟则有别,有会而不盟者,所以我们可以把会理解成盟的不完全形式,它是盟的一部分。"[5]此言难从:其一,适用范围不同。有王室与诸侯相"会",有诸侯间相"会"。然而检遍《左传》,从未见诸侯国内称"会"者。君臣一般不盟,周天子不盟诸侯,盟主要见于诸侯间相盟和诸侯国内相盟。[6] 其二,"会"的目的因情况不同而有所不同,如果是诸侯间相会,其目的可能是结盟;如果是王室会诸侯,其目的可能是发布告辞、对诸侯赐命等[7]。第三,有"会"而

---

[1] 许慎:《说文解字》,中华书局,1963,第142页。
[2] 杨伯峻:《春秋左传注》(修订本),第761页。
[3] 杨伯峻:《春秋左传注》(修订本),第854页。
[4] 田兆元:《盟誓史》,广西民族出版社,2000,第6—13页。
[5] 田兆元:《盟誓史》,第7页。
[6] 王室代表一般不参加盟,如《春秋》记载僖公九年(前651年):"夏,公会宰周公、齐侯、宋子、卫侯、郑伯、许男、曹伯于葵丘……九月戊辰,诸侯盟于葵丘。"[杨伯峻:《春秋左传注》(修订本),第324页]王室代表宰周公参加"葵丘之会"而不参加"葵丘之盟"。杜预《释例》曰:"未有臣而盟君。臣而盟君,是子可盟父,故《春秋》王世子以下会诸侯者,皆同会而不同盟。"但事情也并非绝对,比如践土之盟,"王子虎盟诸侯于王庭"。诸侯国内国君一般不参盟,鲁定公六年(前504年),"阳虎又盟鲁公及三桓于周社",昭公三十年(前512年),"郑伯及其大夫盟",皆非常例。国君代表(即大夫)可以盟国人。
[7] 如《尚书·康诰》:"惟三月哉生魄,周公初基,作新大邑于东国洛,四方民大和会。侯、甸、男、邦、采、卫;百工、播民,和见士于周。周公咸勤,乃洪大诰治。"关于"四方民",孔疏说:"此所集之民,即侯、甸、男、采、卫五服。"(上海古籍出版社编《十三经注疏·尚书正义》,第202—203页)周公会四方诸侯,于此会告诫康叔。再如"葵丘之会",王室代表宰周孔参会是为了向齐桓公赐命,不是与诸侯结盟。

不"盟"者,有不"会"而"盟"者。[1]"盟""会"在诸侯层面有重合之处,故我们称之为"盟会",但是二者仍是两种事物。总之,与其弄出一堆"变体",不如按古人表述理解"盟"[2],否则会离"真正认识盟"越来越远。

"誓",《礼记·曲礼》说:"约信曰誓。"[3]孔疏:"约信,以其不能自和好,故用言辞共相约束以为信也。若用言相约束以相见,则用誓礼,故曰誓也。"[4]许慎《说文解字》说:"约束也。"[5]许慎的定义比《礼记》宽泛,没有说约束谁,这更符合先秦实际。比如《尚书》有《甘誓》《汤誓》《牧誓》《费誓》等,均是战斗之前君主对军队的约束,如《甘誓》"用命赏于祖,弗用命戮于社"[6],这是对他人的约束;再如《秦誓》,秦穆公对自己做了一番责备,其实是约束自己。《左传·隐公元年》载,郑庄公挫败叔段之乱后,"遂置姜氏于城颍,而誓之曰:'不及黄泉,无相见也!'"[7]。庄公之"誓",也是约束自己。所以,"誓"可能是约束自己,也可能是约束他人。除了战争立誓约束他人外,更多的时候还是约束自己。

春秋时,"盟""誓"往往并称。如《左传》有以下表述:"昔逮我献公及穆公相好,戮力同心,申之以盟誓,重之以昏姻。"[8]"今楚师至,晋不我救,则楚强矣。盟誓之言,岂敢背之?"[9]"以随之辟小,而密迩于楚,楚实存之。世有盟誓,至于今未改。"[10]然而,"盟"与"誓"毕竟有区别。

对于春秋时"盟""誓"的区别。吕静指出,有"人数""仪式""场所"的区

---

[1] "会"而不"盟",如《左传·隐公二年》,"公会戎于潜……戎请盟,公辞"。[杨伯峻:《春秋左传注》(修订本),第22页]不"会"而"盟",如《史记·孔子世家》载:"过蒲,会公叔氏以蒲畔,蒲人止孔子……斗甚疾。蒲人惧,谓孔子曰:'苟毋适卫,吾出子。'与之盟,出孔子东门。"(司马迁:《史记》,第2330页)我们不能说孔子与蒲人"会",然后"盟"。而且,诸侯国内有"盟"而无"会"。

[2] 古人把概念分得很清。如《左传·隐公八年》载:"齐人卒平宋、卫于郑。秋,会于温,盟于瓦屋,以释东门之役,礼也。"[杨伯峻:《春秋左传注》(修订本),第59页]"平""会""盟"均不同。

[3] 上海古籍出版社编《十三经注疏·礼记正义》,第1266页。

[4] 上海古籍出版社编《十三经注疏·礼记正义》,第1266页。

[5] 许慎:《说文解字》,第52页。

[6] 上海古籍出版社编《十三经注疏·尚书正义》,第155页。

[7] 杨伯峻:《春秋左传注》(修订本),第14页。

[8] 杨伯峻:《春秋左传注》(修订本),第861页。

[9] 杨伯峻:《春秋左传注》(修订本),第971页。

[10] 杨伯峻:《春秋左传注》(修订本),第1547页。

别:在人数方面,盟至少有两个参盟者,誓既可以有一人宣誓,也可以有多人宣誓;在仪式方面,盟需要杀牲、歃血、起誓或读盟书、埋书或牺牲等"具有特定巫术式仪式的行为",誓无需特定的仪式;在场所方面,盟一般是在郊外或者边境地区,而誓可以随时随地。[1] 董芬芬认为,"盟"与"誓"在用辞方面有区别:"盟辞一般的表述模式是:凡我同盟,既盟之后,如何如何共同遵守盟约,有渝此盟,明神先君,是纠是殛云云。而誓辞皆使用'所不……者,有如……'的假设句型起誓。"[2]

那么,春秋"盟""誓"为什么并称呢?田兆元认为:"盟书就是誓书,誓书也就是盟书。盟必有誓随之。"[3]这个说法并不完全正确。因为他举的例子是宋辽"澶渊之盟"的誓书。宋代盟书、誓书不分,不能证明先秦不分。正如董芬芬所指出:"出土的侯马、温县载书,学者们笼统地称之为'盟书',但二者并不符合盟书的表述模式。"[4]

春秋"盟""誓"之所以能够并称,应该是"盟"(狭义)继之以"誓辞"或具有与"誓"性质相同的"盟辞"。狭义的"盟"本来只是一种祭祀仪式。吕静指出:"'盟'一直到春秋,还在某些地区作为一种祭祀的名称被使用,而这种祭祀就是商代王室用牲血祭祀祖先的祭法。"[5]《礼记·曲礼》中"莅牲曰盟"可谓保留了盟的本义。我们可以把春秋"盟誓"划分为两种模式:第一,盟(狭义)+盟辞,诸侯会盟采用此种模式;第二,盟(狭义)+誓辞,诸侯国内盟往往采取此种模式。第一种模式,盟辞对参盟者具有约束性,因而具有"誓"的性质,故可称之为"盟誓"。第二种模式,盟(狭义)继之以誓辞,自然可以称"盟誓"。

春秋时"盟""誓"并称不是随意的。在《左传》中,凡可以称"盟",必可以称"盟誓"。比如襄公九年(前564年),子驷、子展曰:"吾盟固云'唯强是从',今楚师至,晋不我救,则楚强矣。盟誓之言,岂敢背之?"[6]反过来,凡可以称"誓",并非能称"盟誓"。比如郑庄公"誓之曰:'不及黄泉,无相见也!'"我们不

---

[1] 吕静:《春秋时期盟誓研究:神灵崇拜下的社会秩序再构建》,上海古籍出版社,2007,第51-53页。
[2] 董芬芬:《侯马、温县载书与东周"盟国人"仪式》,《甘肃社会科学》2013年第2期。
[3] 田兆元:《盟誓史》,第23页。
[4] 董芬芬:《侯马、温县载书与东周"盟国人"仪式》,《甘肃社会科学》2013年第2期。
[5] 吕静:《春秋时期盟誓研究:神灵崇拜下的社会秩序再构建》,第65页。
[6] 杨伯峻:《春秋左传注》(修订本),第971页。

能说郑庄公立下盟誓。"盟""誓"进一步混淆应在战国时期,但不晚于战国后半段,主要表现为司法立"誓"与"盟"混淆。西周时期,司法立誓,还只是叫"誓"。如散氏盘铭中矢国官员立"誓",𤼈匜铭文中牧牛立"誓",𩰬攸比鼎铭文中攸卫牧立"誓"等,而到了战国后期的包山楚简的司法文书中,官员或犯罪嫌疑人立誓,均叫作"盟"。不过,未见"盟""誓"连称。

以上所探讨的是作为仪式的"盟誓",但是盟誓并不是一个孤立的事件,如《周礼》所言"国有疑则盟",诸侯"十二岁一盟",等等。盟誓的意义只有放入政治活动中,才能得到完整的理解,故本书探讨的"盟誓"包括两方面内容:第一,是包括凿坎、杀牲、歃血、宣读载书(盟辞或誓辞)、掩埋等内容的仪式;第二,是围绕盟誓仪式的活动,包括盟誓的背景、维持盟誓的机制、盟誓失效的原因,等等。

第一章
西周政治信任

周初政治先后面临两大信任挑战：一是统治族群与被统治族群之间的信任问题。武王打败殷纣，但是殷人与周人间缺乏信任，周人统治并不稳固。二是统治者内部的信任问题，武王去世后周公摄政，"三监之乱"撕裂了周人基于亲情的信任关系。

第一节 殷周族群从缺乏信任到"亲旧信任"的确立

西周时期，殷周族群信任关系的确立大体经历了三个阶段：第一阶段为文武时期，周人和少数殷属方国、宗族建立了信任；第二阶段始自周公东征，周公东征后采取了有利于殷周族群信任发展的积极措施；第三阶段为西周中后期，殷周族群信任关系普遍确立。

一、文武时期殷周族群的信任关系

武王克商之前，殷纣已经信任破产。我们今天看到的关于殷纣的材料多是后人追述，子贡说："纣之不善，不如是之甚也。是以君子恶居下流，天下之恶皆归焉。"[1]虽然后人追述材料真伪难辨,不过我们可以通过一些蛛丝马迹推测其中情况。其一,殷西贵族对武王伐纣视而不见。商代后期经过一百多年的经营,殷人形成了以王族为核心,多子族、同姓宗族、同盟方国三层蔽捍的统治体系。然而武王伐纣,孤军深入,千里奔袭,如入无人之境,直接布阵在牧野,若没有殷西贵族的"默契"是不可想象的。[2] 其二,殷亡之后,殷人并未表现出强烈的亡国之痛,这与卜辞所见武丁时期殷王室与诸宗族之间休戚与共的关系形成了鲜明对比。《左传·昭公二十四年》引《大誓》说:"纣有亿兆夷人,亦有离德;余有乱臣十人,同心同德。"[3]朱凤瀚先生推测说:"商人共同体在武丁之后,至晚在殷代后期,其内部已基本瓦解。"[4]这一说法应基本上符合当时情形。

武王克殷凭借的是殷人内部信任危机。殷人宗族对殷王室失去信心,但这也不意味着甘心服从于周人的统治。武王对此问题忧心忡忡。《逸周书·度邑》说,武王班师回周后彻夜难眠,周公前去探望,武王对周公说:"呜呼!旦,惟天不享于殷,发之未生,至于今六十年,夷羊在牧,飞鸿过野。天自幽,不享于殷,乃今有成。维天建殷,厥征天民名三百六十夫。弗顾,亦不宾成,用戾于今。呜呼!于忧兹难,近饱于恤,辰是不室。我来所定天保,何寝能欲?"[5]其言大意是说,上天虽然已经抛弃殷人,但是殷人势力犹存,周人未能定"天保",所以难眠。

笔者推测,让武王忧虑的并非全部殷人,而主要是殷王畿、殷东部的宗族、方国。《史墙盘》说,武王克商之后,微氏的第二代祖先(烈祖)来见武王。(详说见下节)李学勤先生考释"薄姑"腹甲卜辞为"王其呼仆□,薄姑来使,于复薄姑,斯亡咎",指出:"薄姑遣使来周,时间要比之(叛周)更早一些,最可能是在武王伐商的过程之间。"[6]我们或许可以这样推测,武王克商后,许多殷属方国(或宗族)都曾派人去见武王。不同之处在于,殷西贵族与周人的关系要更为

---

[1] 《论语·子张》,载上海古籍出版社编《十三经注疏·论语注疏》,第2532页。
[2] 陈奇猷在《读江晓原〈回天〉后——兼论周武王何以必须在甲子朝到达殷郊牧野及封微子于孟诸》(《古籍整理研究学刊》2012年第1期)中推测:武王与微子启有同盟关系,其说虽然不好说是确证,但在一定程度上可视为对周人与殷西贵族关系的合理推测。
[3] 杨伯峻:《春秋左传注》(修订本),第1450页。
[4] 朱凤瀚:《商周家族形态研究》(增订本),第260页。
[5] 黄怀信、张懋镕、田旭东:《逸周书汇校集注》(修订本),上海古籍出版社,2007,第468-471页。
[6] 李学勤:《论周公庙"薄姑"腹甲卜辞》,《文博》2017年第2期。

密切。

　　微国的地理位置在今山西省长治市潞城东北,[1] 彼时应正好在周人兵锋之下。[2] 微氏烈祖来周,用徐中舒的话说,有"质子"的意思。[3] 微氏派人质来周以表诚意,武王亦答以善意,让周公给微氏烈祖田宅。这样,周人与微氏建立了初步的信任关系。后来周公东征,微国很有可能派人参加了战争。《逸周书·作雒》说周公东征后,"俾康叔宇于殷,俾中旄父宇于东"。[4] 唐兰认为,"中旄父即是微仲",周人打下一块地就会派人驻守,后来就按照既成事实分封,"封仲旄父于东,改称宋国"。[5]

　　除了微氏外,箕子一族在武王克商后也归顺了周人。《书序》说:"武王胜殷,杀受,立武庚,以箕子归。"[6] 后来周公东征,召公一族征伐至今山东西部的梁山一带,其后又转向北伐。[7] 白川静指出,跟随召公儿子匽侯北伐的,有"臯侯"之族。《匽侯旨盉》铭文:"亚臯侯旨。匽侯易(赐)亚贝,乍(作)父乙宝尊彝。"(臯侯二字在亚字中)白川静认为:"臯侯旨已从属于匽,助其作战。"[8] 臯器,山东、北京、辽宁均有出土,学界多认为"臯"是"箕子"之"箕"。[9] 箕子之国,晏琬据清人阎若璩观点,认为在今山西榆社县箕城镇。[10]

　　箕、微两族,均为殷西贵族。史传箕子为商纣所囚禁、微子发狂,大概箕、微与殷王室不太和睦。武王克商后,一部分对殷王室不满的殷西贵族投靠了周人。这些人成为后来周公东征的重要力量。此外,早在文王之时,就有一部分

---

[1]　李学勤:《论史墙盘及其意义》,《考古学报》1978年第2期。
[2]　西伯戡黎的"黎",正义说:"黎国,汉之上党郡壶关所治黎亭是也"。"黎"在今山西长治西南(陈民镇、江林昌:《"西伯戡黎"新证——从清华简〈耆夜〉看周人伐黎的史事》,《东岳论丛》2011年第10期),与"微"距离非常近。由西伯戡黎可知,微国在周人兵力范围之内。
[3]　徐中舒:《西周墙盘铭文笺释》,《考古学报》1978年第2期。
[4]　黄怀信、张懋镕、田旭东:《逸周书汇校集注》(修订本),第520页。
[5]　唐兰:《西周青铜器铭文分代史征(上)》,上海古籍出版社,2016,第57页。
[6]　上海古籍出版社编《十三经注疏·尚书正义》,第187页。
[7]　白川静:《西周史略》,袁林译,徐喜辰校,三秦出版社,1992,第28-29页。
[8]　白川静:《西周史略》,袁林译,徐喜辰校,第30页。案:亚臯侯旨为族徽,未必是臯侯,可能是其族之一支。
[9]　代表性观点如丁山《商周史料考证》,中华书局,1988,第169-170页;王献唐《黄县臯器》,山东人民出版社,1960,第65-74页;晏琬《北京、辽宁出土铜器与周初的燕》,《考古》1975年第5期。
[10]　晏琬:《北京、辽宁出土铜器与周初的燕》,《考古》1975年第5期。

臣服殷人的方国投靠了文王。《诗经·大雅·大明》说:"维此文王,小心翼翼。昭事上帝,聿怀多福。厥德不回,以受方国。"[1]《诗经·大雅·文王有声》称赞文王:"王公伊濯,维丰之垣。四方攸同,王后维翰。"[2]周公在《大诰》中告诫"友邦君越尹氏、庶士、御事",反复向他们提及"文王"之德,称他们为"旧人"。周公告诫的对象中,应包括文王时臣服周人的原殷人盟国。

我们似乎可以得出这样的结论,武王克商之后,部分对殷王室不满的殷西贵族与周人建立了信任关系,再加上文王时归附周人的殷人方国,他们成为后来"周公东征"的重要依靠力量。

二、周公对殷周族群信任关系的建设

虽然有部分殷西方国、宗族归附周人,但是于周而言,可信任的方国、宗族在殷人当中只占一小部分。殷商晚期疆域东到山东半岛,南到江汉,甚至包括湖南、江西部分地区,北土抵达燕山以南、河北中北部。[3] 孔子说文王"三分天下有其二",未免言过其实。《逸周书·世俘解》记载了武王克商征伐的范围,许倬云说:"由武王命将分伐各国的情形看来,都只在数日之内即已奏厥功。论距离往返时日未有超过十天,扣去作战时间,则其地大率均在殷商附近。"[4] 综上可知,殷商王畿东部、北部,以及其盟国均不在周人的实际控制范围之内。

武王的统治思路为防范殷人,如设置"三监"分割殷王畿,褒封诸侯,计划迁都洛邑等。武王死后,周公摄政,武庚、管叔、蔡叔遂发动"三监之乱"。[5] "三监之乱"被平定后,参与反叛的殷人遂被周人称作"仇民"[6]。据许倬云估算,

---

[1] 上海古籍出版社编《十三经注疏·毛诗正义》,第507页。
[2] 上海古籍出版社编《十三经注疏·毛诗正义》,第526页。
[3] 宋镇豪:《商代史论纲》,中国社会科学出版社,2010,第20页。
[4] 许倬云:《西周史》(增补二版),生活·读书·新知三联书店,2012,第128页。
[5] "三监"有两说,学界聚讼不已:一是以《汉书·地理志》为代表,认为武庚、管叔、蔡叔为"三监";一是以郑玄为代表,认为管叔、蔡叔、霍叔为"三监"(《毛诗谱·邶鄘卫谱》,上海古籍出版社编《十三经注疏·毛诗正义》,第259页)。清华简《系年》说:"武王陟,商邑兴反,杀三监而立录子耿。"似乎"三监"指管叔、蔡叔、霍叔,然而战国文献仍难以为据,文章暂从前说。(参见杜勇:《从三监看武王大分封的性质》,《人文杂志》1999年第1期)
[6] 召公说:"予小臣,敢以王之雠民、百君子越友民,保受王威命明德。"(《尚书·召诰》,载上海古籍出版社编《十三经注疏·尚书正义》,第213页)孔传释"雠"为"匹"。该说不可从。"雠"当释为仇敌之"仇",与"友民"相对。参见顾颉刚、刘起釪:《尚书校释译论》,中华书局,2005,第1444-1445页。

姬周人口大概六七万,而被统治人口有百万之巨。[1] 如何统治数量众多的"仇民",是一件非常考验政治智慧的事情。周公延续了武王的"防范"思路:一是将康叔改封于卫,统治殷民;二是封微子启于宋,以续商祀;三是将殷遗民以族为单位分封给诸侯;四是将殷遗民迁到宗周、岐周;五是营建洛邑控制东方,迁殷遗民于此。

除了"防范"外,周公还做了更为积极的事情——建构殷周民族信任。周人已经隐约地意识到"信任"的重要性,不过在当时是以"天命"不可信的方式表达出来。

一方面,周人认为,"天不可信"[2],"惟命不于常"[3],"天命靡常"[4];另一方面,他们又认为"天视自我民视,天听自我民听"[5],"民之所欲,天必从之"[6]。周公也说:"天畏棐忱,民情大可见,小人难保。"[7]"天命"通过"民情"显现,那么"天命靡常",其实是"民情"不常,"天不可信"说到底是"民"不可信:殷纣失去"民"的信任,结果失去天命;周人不能获得"民"的信任,因而被迫第二次征服殷人。周人希望获得"天"的信任,归根结底是要取得殷遗民的信任。

周公提出了"敬天保民"思想。具体而言,包括以下内容:第一,同情小民。君主要知"稼穑之艰难"和"小人之依"。周公对康叔说:"恫瘝乃身,敬哉!"[8]君主要把民众的痛苦视为自己的痛苦。第二,"无逸"。周公告诫成王:"无淫于观、于逸、于游、于田……无若殷王受之迷乱,酗于酒德哉!"[9]第三,行教化。"惠不惠,懋不懋","作新民"[10]。施恩于那些不易驯服的人,勉励那些不勤勉

---

[1] 许倬云:《西周史》(增补二版),第129页。
[2] 《尚书·君奭》,载上海古籍出版社编《十三经注疏·尚书正义》,第223页。
[3] 《尚书·康诰》,载上海古籍出版社编《十三经注疏·尚书正义》,第205页。
[4] 《诗经·大雅·文王》,载上海古籍出版社编《十三经注疏·毛诗正义》,第505页。
[5] 《孟子·万章上》引《泰誓》,载上海古籍出版社编《十三经注疏·孟子注疏》,第2737页。
[6] 《十三经注疏·春秋左传正义·襄公三十一年》引《大誓》,第2014页。
[7] 《尚书·康诰》,载上海古籍出版社编《十三经注疏·尚书正义》,第203页。
[8] 《尚书·康诰》,载上海古籍出版社编《十三经注疏·尚书正义》,第203页。
[9] 《尚书·无逸》,载上海古籍出版社编《十三经注疏·尚书正义》,第222页。
[10] 《尚书·康诰》,载上海古籍出版社编《十三经注疏·尚书正义》,第203页。

的人,把他们改造成"新民"。第四,慎刑罚。周公认为应"义刑义杀"[1],杀该杀的人:"元恶大憝,矧惟不孝不友……刑兹无赦"[2],"人有小罪,非眚,乃惟终……乃不可不杀。"[3]第五,继承先哲王遗教。周公对康叔说:"往敷求于殷先哲王,用保乂民,汝丕远惟商耇成人,宅心知训。别求闻由古先哲王,用康保民。"[4]寻访殷遗民中的老成人,探求殷先哲王乃至古代哲王的治国之道。

在对殷人政策方面,周人一面威胁不服从就"致天之罚于尔躬"[5];另一面则采取了众多安抚措施,主要有:第一,给殷人基本的生存资料。殷人战胜异族,一般情况下或把异族变为奴隶,或用作祭祀或者丧葬的人牲。周人战胜反叛的殷人,不仅未将他们罚作奴隶或用作人牲,反而给予田宅,让殷人有了生存的依靠。[6] 第二,让殷"多士"参与政权建设,成为统治集团的一部分。殷人以宗族为单位,宗族首领如果能够参与政权建设,对于宗族的长远发展非常重要。殷遗民在周人政权或任祝、宗、卜、史,或任师职,或任武士。殷遗民臣服于周王室或商王室的差别并不算大,不过是换了个主人。第三,尊重殷人的习俗。周人虽然把殷人分而治之,但是殷人习俗基本未变。如康叔封卫"启以商政,疆以周索",而唐叔封晋"启以夏政,疆以戎索"。[7] 即使是在周礼浓厚的鲁国,殷人习俗仍得到了尊重。[8] 第四,周人"同姓不婚",将通婚作为建设政治互信的

---

[1]《尚书·康诰》,载上海古籍出版社编《十三经注疏·尚书正义》,第204页。
[2]《尚书·康诰》,载上海古籍出版社编《十三经注疏·尚书正义》,第204页。
[3]《尚书·康诰》,载上海古籍出版社编《十三经注疏·尚书正义》,第203页。
[4]《尚书·康诰》,载上海古籍出版社编《十三经注疏·尚书正义》,第203页。
[5]《尚书·多士》,载上海古籍出版社编《十三经注疏·尚书正义》,第221页。
[6] 周人不把异族作为奴隶或人牲,这在很大程度上是周民族的文化优势,相关论述参见朱凤瀚:《殷周家族形态研究》(增订本),第229-237页。
[7] 杨伯峻:《春秋左传注》(修订本),第1538-1539页。
[8] 据曲阜故城墓葬发掘情况来看,以殉狗腰坑等为特征的殷式墓葬与绝无殉狗腰坑的周式墓葬,在葬式葬俗、陶器组合、器形方面的差异持续到春秋时期,可推知殷人在相当长时期内保留了自己的习俗。(参见山东省文物考古研究所、山东省博物馆、济宁地区文物组、曲阜县文管会编《曲阜鲁国故城》,齐鲁书社,1982,第188-190页)鲁定公六年(前504年),阳虎"盟公及三桓于周社,盟国人于亳社"。"亳社"为殷人信仰之所在,鲁国立"亳社"是对殷人信仰的尊重。《史记·鲁周公世家》说伯禽就国,花了三年"变其俗,革其礼"(司马迁:《史记》,第1843页),恐不可信。除了丧葬习俗,殷人入周后还保留了自己的日名制度,金文屡见。此外,殷人还保留了服饰习俗。殷人为周人助祭时,仍然穿着殷人服饰。《诗经·大雅·文王》说他们:"厥作祼将,常服黼冔。"(上海古籍出版社编《十三经注疏·毛诗正义》,第505页)

重要手段。如周初器物"商尊""商卣"[1]：隹五月，辰才（在）丁亥，帝后赏庚姬贝卅朋，迋丝（丝）廿爰，商用乍（作）文辟日丁宝障彝。萁。[2] 萁是典型的商人族徽。黄铭崇认为这是"庚姬器"，是庚姬祭祀死去丈夫的器物。[3] 帝后是周王后，王后赏赐庚姬，故庚姬很可能是王室女外嫁给殷人者。

周人对殷人的统治理念、统治措施，很难说会立即取得殷人信任。殷周之间的信任伤痕需要时间来愈合。从长远角度来看，周人在殷周政治关系上属于占据优势的一方，他们的统治理念、措施无疑为殷周政治互信打下了坚实基础。

三、从《史墙盘》看殷周族群信任的确立

西周中期的传世文献极少，难以说明殷周信任问题。从现有铭文来看，殷周政治互信大概在西周中期普遍确立。这些铭文中最具有代表性的莫过于《史墙盘》。

1976年陕西扶风县庄白大队发现微氏家族青铜窖藏，其中《史墙盘》记载了周王室和微氏家族的世系。《史墙盘》记载的周王有文王、武王、成王、康王、昭王、穆王，加上时王共王一共七代。史墙以前的五代世系，再加上史墙的儿子微伯㽙一共七代：高祖—剌祖—乙祖（乙公）—亚祖祖辛（辛公，乍册折）—丰（乙公）—史墙（丁公）—微伯㽙。[4]《史墙盘》铭文宽释如下：

> 曰古文王，初䚄龢于政，上帝降懿德大屏，敷有上下，适受万邦。强圉武王，遹正四方，挞殷畯民，永不恐狄虘，惩伐夷童。宪圣成王，左右受任刚谨，用肇彻周邦。肃哲康王，遂尹亿疆。弘鲁昭王，广笞楚荆，惟狩南行。祗聖穆王，型帅宇诲。申宁天子，天子绍缵文武长烈。天子眉寿无匄，虔祁上下，㠱熙宣谟，昊昭亡斁。上帝后稷允保授天子绾命厚福丰年，方蛮无不憾见。

---

[1]《简报》认为这些属于殷末周初器物，学界多不相信，朱凤瀚先生从器形上认为"应属西周早期偏晚约康王时"[朱凤瀚：《商周家族形态研究》（增订本），第266页]。

[2] 陕西周原考古队：《陕西扶风庄白一号西周青铜器窖藏发掘简报》，《文物》1978年第3期。

[3] 黄铭崇：《论殷周金文中以"辟"为丈夫殁称的用法》，《"中央研究院"历史语言研究所集刊》第72本第2分，2001年第2期。

[4] 陕西周原考古队：《陕西扶风庄白一号西周青铜器窖藏发掘简报》，《文物》1978年第3期。

静幽高祖,在微灵处。粤武王既戈殷,微史烈祖乃来见武王,武王则令周公舍宇于周,俾处。通惠乙祖,弼匹厥辟,远猷腹心,孜汲粦明。亚祖祖辛,厚育子孙,繁禩多釐,齐彘炽光宜其禋祀。舒迟文考乙公,竞爽得纯无谪,农穑岁苗惟辟。孝友史墙,夙夜不坠,其日蔑历。墙弗敢沮,对扬天子丕显休命,用作宝障彝。烈祖文考,弋贮受墙尔祚,福怀被禄,黄耇弥生,堪事厥辟,其万年永宝用。[1]

　　在解读《史墙盘》之前,有必要先回答一个问题,即微氏的族属问题。多数学者,如裘锡圭、李学勤倾向于认为微氏来自商族。[2] 黄盛璋认为,微氏是殷代方国微国之后,[3] 徐中舒、高明甚至认为《史墙盘》中的"高祖"是微子启。[4] 但是,也有一部分学者提出不同意见,如《简报》、唐兰认为是《牧誓》周人同盟"庸、蜀、羌、髳、微、卢、彭、濮"之"微"。[5] 罗泰对微氏源自商族的观点质疑,他还发现了学界对微氏家族世系的解读存在人口学问题,并以周人的宗法制度为依据,提出《史墙盘》铭文罗列的祖先只是"近代祖先"和部分久远的"焦点祖先"。虽然罗泰并未对微氏族属做出明确判断,但是从其论证来看,似乎已经默认微氏为周人。对于这个问题,笔者认为有必要辨明。

　　罗泰发现了微氏世系与周王世系对应中的人口学问题。他指出,从文王到共王的七代,平均每代为28.4年,整个周王世系平均为24.1年,"但是自周初至墙的时间范围内,微氏族只记录了五代;若将史墙盘断于共王时期,就会出现一个完全不现实的40年左右的年数——如果考虑铜器风格,其年代似还可以后移,则代际之间年数更多","即便按照李学勤的说法,将'微氏烈祖'视为微氏始祖之后的另一代祖先,则从周初至共王的平均每代数为33.3年,仍然过长"。[6]

---

[1] 参见王辉:《商周金文》,文物出版社,2006,第146－155页。
[2] 裘锡圭:《史墙盘铭解释》,《文物》1978年第3期。
[3] 黄盛璋:《西周微家族窖藏铜器群初步研究》,《社会科学战线》1978年第3期。
[4] 参见:徐中舒《西周墙盘铭文笺释》,《考古学报》1978年第2期;高明《论墙盘铭文中的微氏家族》,《考古》2013年第3期。
[5] 唐兰:《略论西周微史家族窖藏铜器群的重要意义——陕西扶风新出墙盘铭文解释》,《文物》1978年第3期。
[6] 罗泰:《宗子维城:从考古材料的角度看公元前1000至前250年的中国社会》,吴长青等译,上海古籍出版社,2017,第64－65页。

表 1-1　周王世系、微氏家族、《逨盘》对照[1]

周王世系	微氏家族				《逨盘》世系
	刘启益	李学勤	罗泰(短)	罗泰(长)	
文		高祖	高祖	高祖	皇高祖单公
武	剌族	烈祖		……	
成	乙祖	乙祖	几代列祖	……	皇高祖公叔
康	折				皇高祖新室中
昭	丰	折	乙祖		
穆	墙	丰	折	乙祖	皇高祖惠仲盠父
共			丰	折	
懿	痶	墙		丰	皇高祖零伯
孝	痶		墙		
夷		痶		丰	皇亚祖懿仲壮
厉(共和)			痶	墙	皇考龚叔
宣				痶	逨

罗泰的质疑是很有道理的。笔者将刘启益、李学勤、罗泰的微氏世系方案列于上（表 1-1），并附上《逨盘》的世系。在刘启益方案中，微氏六代对应周王八代，而李学勤方案中，微氏七代对应周王十代。如果我们将李学勤对微氏的断代和"夏商周断代工程"对比，也会发现这个问题：我们假定微氏烈祖与武王

---

[1] 参见：刘启益《微氏家族铜器与西周铜器断代》，《考古》1978 年第 5 期；李学勤《西周中期青铜器的重要标尺——周原庄白、强家两处青铜器窖藏的综合研究》，《中国历史博物馆馆刊》1979 年第 1 期；罗泰《宗子维城：从考古材料的角度看公元前 1000 至前 250 年的中国社会》，吴长青等译，第 63 页。诸家释"剌"字不同，表格不做统一。"罗泰（长）""罗泰（短）"是指罗泰推定微氏家族世系的长方案和短方案。

同代,皆从公元前 1046 年起,疢与周厉王均终于公元前 841 年,[1]那么周王世系平均每代为 22.8 年,微氏家族平均每代 34.2 年。同样的问题也出现在《逨盘》世系中。在《逨盘》中,单氏家族共有八代,对应周王十一代。我们假定文王称王于公元前 1036 年,单公亦从此算起;逨与宣王的下限一起断到宣王末年,即公元前 782 年,那么周王世系平均每代 23.18 年,而单氏平均每代 31.9 年。微氏家族世系代数显然过短。

罗泰还指出,大部分疢器的几何纹饰属于周代后三王(厉王、宣王、幽王)时期,李学勤对疢的断代至少提前了一代,应根据纹饰将之后推。相应地,墙盘的下限同样应相应调整。那么,微氏家族的世系代数就更短了。罗泰推测《史墙盘》所列并非全部祖先,并提出表 1-1 所列的两种方案。罗泰根据《礼记》"五服制度"指出,周人不断从大宗中分出小宗,小宗再分出小宗,微氏正是其中某个小宗,而《史墙盘》所列的祖先是"焦点祖先"和"近世祖先",前者是献器者的大宗始祖和所在小宗始祖,后者是献器者的祖父和父亲。

罗泰对微氏世系代数不全的推测很有道理。但是,罗泰进一步推测的依据却面临显而易见的困难。从微氏祖先的日名可以看出,微氏受到了殷文化的深刻影响。那么,微氏为什么祭法用殷代日名而继嗣法却用周礼?其实,无须诉诸周礼,从殷人祖先那里也能找到微氏世代过短的原因。殷人兄终弟及与传子制度并用,在祭祀时有区分直系、旁系祖先的观念。在祭祀时有只祭祀直系祖先的情况,如乙辛卜辞"甲辰卜贞王宾且乙、且丁、且甲、康且丁、武乙衣,亡尤";再如"周祭"祭祀先妣,旁系先公、先王的配偶不入祀谱。

商后期自盘庚迁殷到殷亡,由于后人引《竹书纪年》版本有异,有 275 年、273 年、253 年之说("夏商周断代工程"主张商后期为 253 年)。商后期经历了盘庚、小辛、小乙、武丁、祖庚、祖甲、廪辛、康丁、武乙、文丁、帝乙、帝辛八代十一王。这样算下来,平均每代分别为 34.4 年、34.1 年、31.6 年。况且,这个平均年数是在武乙之后只传子的情况下得出来的,如果商后期均是兄终弟及和传弟之子的话,那么每代的年数将会更长。微氏作为殷代后裔,极有可能兄终弟及与传弟之子并行,而其在铭文中只追述自己直系祖先的功业。如果这种推测成

---

[1] 夏商周断代工程专家组:《夏商周断代工程 1996—2000 年阶段成果报告(简本)》,世界图书出版公司北京公司,2000,第 88 页。

立的话,那么无论是罗泰计算微氏每代年数的33.3年还是40年,均可以得到解释。

总之,微氏家族为殷人后裔,且《史墙盘》所列世系为直系祖先,在逻辑上是自洽的。那么,以微氏家族为代表说明殷人与周人之间的信任关系,也是合适的。

从《史墙盘》及其相关铭文来看,有以下重点可以注意:

第一,周人分配给殷人以田宅。微史烈祖来见武王后,武王让周公"舍宇于周,俾处"。微氏家族对此特予记载,以示纪念。在微氏器物中,第七代族长痶所作之钟有丙、丁两组,其铭文宽释如下:

> 曰古文王,初盭龢于政,上帝降懿德大屏,匍有四方,迨受万邦。粤武王既戈殷,微史烈祖乃来见武王,武王则令周公舍寓以五十颂处。今痶夙夕虔敬、恤毕死事,肇作龢□钟,用……[1]

周人赐给微氏田宅"五十颂",而微氏后人反复纪念此事,表达对周王室的感激之情和效忠之心,说明周初周公对待殷人的宽大政策取得了良好的效果。

第二,《史墙盘》将周王室世系列在前,将自家世系列在后,表达了微氏家族与王室的亲密关系。这种书写格式被《逨盘》发扬光大。将王室世系与自己家族世系放在一起表述的做法,暗示了周王室是微氏家族的立足之本。因而铭文末除了套辞"对扬王休",还有"黄耇弥生,堪事厥辟",表示继续效忠王室。铭文具有垂训子孙的作用,其实也是暗示子孙周王室对家族十分重要,要继续效忠王室。

这两个方面表明,周初采取的宽大政策最终获得了殷人的信任,殷人甚至将自己的兴衰与周王室紧密结合起来,对周王室有了依赖心理——从信任发展为信赖。

第三,微氏第三代祖先,即入周的第二代祖先乙祖,"弼匹厥辟,远猷腹心",得到了周王非同寻常的信任,成为周王的心腹之臣。类似的例子还有许多,如殷人有担任周王随从武士者。如大约昭王时器员鼎铭文:"惟正月既望癸酉,王

---

[1] 参见陕西周原考古队:《陕西扶风庄白一号西周青铜器窖藏发掘简报》,《文物》1978年第3期。

狩于昏廪,王令员执犬,休善,用作父甲䵼彝,荑。"[1]荑是商人族徽,员负责在周王打猎时牵狗,是属王的扈从。最具代表性的莫过于穆王时器彔伯𣄰簋铭文:"王若曰:彔伯𣄰,繇!自乃祖考有劳于周邦,佑辟四方,惠弘天命。汝肇不坠……彔伯𣄰敢拜手稽首,对扬天子丕显休,用作朕皇考釐王宝尊簋。"[2]器主为彔伯,其父为"皇考釐王",学界多认为彔伯𣄰即武庚禄父的后代。武庚禄父是带领殷人反抗者,其后代受到了周王室优待。周王夸奖彔伯𣄰不废职事,并给予赏赐。可见殷遗民中即使是敌首后代,经过了世代效劳,最终也获得了周王室的信任。

第四,微氏世代为史。微氏家族的族徽为䍙,即"木羊册册"的合文。这表明微氏家族的祖先可能担任史官。裘锡圭先生说:"盘铭称史墙的烈祖为𢼸史,可知史墙的史官职务是从先祖继承下来的。"[3]此说或有一定道理。春秋初期,陈国内乱,田完逃难到齐国,齐桓公任命他为工正。田完是陈厉公的儿子,陈国公室虽然不是世代工匠,但是陈国祖上虞阏父是周人"陶正"[4]。因而,微国可能以"史"的身份服侍商王朝,微氏烈祖入周后,而周人亦命之以史官。

殷人获得周王室信任与世官世劳密不可分。周公东征后,臣服的殷人勤勉尽责。《尚书·召诰》说,周公分配营建洛邑的任务,"厥既命殷庶,庶殷丕作"[5],这是说殷人干活很卖力。《诗经·大雅·文王》说:"殷士肤敏,祼将于京。"[6]郑笺云:"殷之臣壮美而敏,来助周祭。"[7]这是说殷人助祭,干活很敏捷。大概殷人服侍周王室,做事勤勉,再加上"祖考有劳于周邦",自然容易赢得周人信任。

总而言之,周人对殷人采取了宽大政策,加上殷周世代通婚,以及殷人世官世劳,到了西周中后期,殷周之间最终确立起了政治互信。在殷周政治互信的确立中,周人的宽大措施至关重要。上比殷人征服异族以之为奴隶、人牲,下比秦人统一六国后对关东的苛政,金、元、清入主中原后对汉人的压迫,周之政,可

---

[1] 参见朱凤瀚:《商周家族形态研究》(增订本),第266页。
[2] 参见王辉:《商周金文》,第115页。
[3] 裘锡圭:《史墙盘铭解释》,《文物》1978年第3期。
[4] 杨伯峻:《春秋左传注》(修订本),第1104页。
[5] 上海古籍出版社编《十三经注疏·尚书正义》,第211页。
[6] 上海古籍出版社编《十三经注疏·毛诗正义》,第505页。
[7] 上海古籍出版社编《十三经注疏·毛诗正义》,第505页。

谓"仁且智"矣。

第二节 周人内部政治信任由"亲"向"旧"转变

一、西周的"亲亲"政治

相对殷人而言,周人政治比较开放,能够容纳异族。《尚书·君奭》说:"惟文王尚克修和我有夏;亦惟有若虢叔,有若闳夭,有若散宜生,有若泰颠,有若南宫括。"[1]其中,虢叔为文王弟,其他似皆为异族。《询簋》:"王若曰:询,丕显文武受命,则乃祖奠周邦……询稽首,对扬天子休命,用作文祖乙伯同姬尊簋。"[2]询之母为姬姓,父考用日名,可见询之族本非周人,但是他的祖先"奠周邦",是开国功臣。

虽然如此,亲亲仍然是周人政治的重要特征。《诗经·大雅·思齐》称赞文王"刑于寡妻,至于兄弟,以御于家邦"[3],将"亲"放在首位。《周语·晋语四》说文王继位前:"孝友二虢,而惠慈二蔡,刑于大姒,比于诸弟……于是乎用四方之贤良。"[4]这是说,文王先"亲亲"后"任贤"。文王继位后,"询于'八虞',而咨于'二虢',度于闳夭而谋于南宫,诹于蔡、原而访于辛、尹,重之以周、邵、毕、荣,忆宁百神,而柔和万民"。[5]"八虞"为"周八士"。除了"八虞","二虢"排在闳夭、南宫等人之前,与《君奭》类似。《左传·僖公五年》说:"虢仲、虢叔,王季之穆也。为文王卿士,勋在王室,藏于盟府。"[6]杨宽说:"文王大臣中最重要的是二虢,即虢仲、虢叔,都是文王之弟,也是执政大臣。"[7]

---

[1] 上海古籍出版社编《十三经注疏·尚书正义》,第224页。
[2] 参见王辉:《商周金文》,第164页。
[3] 上海古籍出版社编《十三经注疏·毛诗正义》,第516页。
[4] 韦昭注,明洁辑评,金良年导读,梁谷整理:《国语》,上海古籍出版社,2008,第179页。
[5] 韦昭注,明洁辑评,金良年导读,梁谷整理:《国语》,第179页。
[6] 杨伯峻:《春秋左传注》(修订本),第308页。
[7] 杨宽:《西周史》,上海人民出版社,2016,第88页。

武王继位后,亦以"亲"为先。《左传·定公四年》载卫祝佗语:"武王之母弟八人,周公为太宰。"[1]太宰,童书业说:"太宰之官在西周时盖甚重要,实掌相职。"[2]《史记·周本纪》说:"武王即位,太公望为师,周公旦为辅,召公、毕公之徒左右王,师修文王绪业。"[3]不过,这个排名十分可疑。[4]《逸周书·克殷》在武王克殷后祭祀:"周公把大钺、召公把小钺以夹王。泰颠、闳夭,皆执轻吕以奏王。"[5]这些夹辅武王的亲信之臣中,周公为先,同姓召公为次,异姓泰颠、闳夭为后。武王进入社庙后,"毛叔郑奉明水,卫叔傅礼。召公奭赞采,师尚父牵牲。"[6]母弟毛叔郑[7]、卫叔在前,同姓召公为次,异姓吕尚排在后面。武王祭祀完毕后,武王"立王子武庚,命管叔相",以母弟留守殷地,委以重任。武王时,母弟最尊贵,也最受信任。

兄弟之亲最受信任。然而,王位继承问题撕裂了亲人间的信任。周人的君

---

[1] 杨伯峻:《春秋左传注》(修订本),第1541页。
[2] 童书业:《春秋左传研究》,上海人民出版社,1980,第171页。
[3] 司马迁:《史记》,第155页。
[4] 在克商战争中,"武王使尚父与伯夫致师"[黄怀信、张懋镕、田旭东:《逸周书汇校集注》(修订本),第341页]。《左传·宣公十二年》载,晋楚邲之战,担任"致师"的分别是楚许伯、车御乐伯,车右摄叔;晋国方面准备向楚国"致师"的是大夫魏锜,不过他连公族大夫都没做成。襄公二十四年(前549年),晋国救郑,"晋侯使张骼、辅跞致楚师",二人似乎皆非大夫。哀公十七年(前478年),"齐国观、陈瓘救卫,得晋人之致师者",晋国"致师者"甚至连名字都没有记载。"致师"十分危险,要先于大军打入对方营垒。吕尚担任"致师"估计在其勇武,《诗经·大雅·大明》说:"牧野洋洋,檀车煌煌,驷騵彭彭。维师尚父,时维鹰扬。凉彼武王,肆伐大商。"(上海古籍出版社编《十三经注疏·毛诗正义》,第508页)然而其权职不甚高,亦可知也。可能吕尚辈分较高,再加上战国时关于吕尚的传说特别多,司马迁因此将之排在最前。张亚初等人通过对西周金文官制研究,对太公于成王时位列"三公"提出疑问。(参见张亚初、刘雨:《西周金文官制研究》,中华书局,1986,第101页)
[5] 黄怀信、张懋镕、田旭东:《逸周书汇校集注》(修订本),第350页。
[6] "师尚父牵牲"有需要解释的地方。《礼记·礼器》云:"太庙之内敬矣。君亲牵牲,大夫赞币而从。君亲制祭,夫人荐盎。君亲割牲,夫人荐酒。"(上海古籍出版社编《十三经注疏·礼记正义》,第1441页)《礼记·祭义》说:"祭之日,君牵牲,穆答君,卿大夫序从。"(上海古籍出版社编《十三经注疏·礼记正义》,第1594页)《礼记》认为,君主亲自牵牲、割牲,牵牲者似为最贵。然《礼记》所记可能只是一种理想礼制。白川静说:"宰系在庙中宰割牺牲之意,宰割一事本来应由王亲执鸾刀进行。作为代替王之长老而行宰割之事者即为宰。"(白川静:《西周史略》,袁林译,徐喜辰校,第80页)此时典礼,牵牲、割牲估计都有人代劳,而"牵牲"不为最贵。
[7] 《史记·周本纪》所列武王母弟十人当中没有"毛叔郑"(见下文),恐非。"文之昭"十六国毛排在第七,仅次于卫,此处排在卫前,毛叔郑应是母弟。

位继承本来似无一定成规，太王没有传位给太伯、虞仲，而传位给王季，王季传位给文王，伯邑考早死，文王传位给武王。相应地，周人亦不辨直系、旁系，似乎缺乏君主世系观念。《逸周书·世俘》说周武王荐俘礼中，"王烈祖自太王、太伯、王季、虞公、文王、邑考以列升"[1]，不论是否为君，皆为"烈祖"。武王临死前，天下未定，武王准备传位给周公，说："旦，汝维朕达弟……乃今我兄弟相后。"[2]然而"叔旦恐，泣涕其手"，未敢答应。[3]

武王死后，周公摄政，"相王室以尹天下"[4]，问题随即而来。《左传·僖公二十四年》记载富辰之言："管、蔡、郕、霍、鲁、卫、毛、聃、郜、雍、曹、滕、毕、原、酆、郇，文之昭也。"[5]这个排行很可能是按照嫡庶长幼顺序来的。《史记·管蔡世家》说："武王同母兄弟十人……其长子曰伯邑考，次曰武王发，次曰管叔鲜，次曰周公旦，次曰蔡叔度，次曰曹叔振铎，次曰成叔武，次曰霍叔处，次曰康叔封，次曰冉季载。"[6]两种排行虽有不同，管叔均在周公之前。按照兄终弟及制度，管叔有优先继位的权利。即使摄政，管叔同样有优先权。两种排行中，蔡叔或远在周公之前，或紧挨周公之后，无论是哪种，蔡叔均是有力的竞争者。[7]

"周公摄政"以及"管蔡之乱"引发了以下信任问题：其一，兄弟之间不信任。《尚书·大诰》说："艰大，民不静，亦惟在王宫邦君室。"管蔡居外反叛，宗周王室中亦有人响应。《尚书·金縢》说："武王既丧，管叔及其群弟乃流言于国，曰：'公将不利于孺子。'"[8]《史记·周本纪》说："管叔、蔡叔群弟疑周公。"[9]"群弟"说明怀疑、反对周公的不止管、蔡。《左传》定公六年载公叔文

---

[1] 黄怀信、张懋镕、田旭东：《逸周书汇校集注》（修订本），第424页。
[2] 黄怀信、张懋镕、田旭东：《逸周书汇校集注》（修订本），第474–478页。
[3] 黄怀信、张懋镕、田旭东：《逸周书汇校集注》（修订本），第479页。
[4] 杨伯峻：《春秋左传注》（修订本），第1536页。
[5] 杨伯峻：《春秋左传注》（修订本），第421页。
[6] 司马迁：《史记》，第1891页。
[7] 管叔、蔡叔之所以联合为"乱"，可能达成了某种协议。按照《左传》排行，管叔如果夺得王位，按照兄终弟及，下一个继位的是蔡叔；按照《史记》排行，管叔如果夺得王位，除掉周公，按照兄终弟及，继位的仍然是蔡叔。这种形势颇似唐初"玄武门之变"，李渊四子，长子建成，次子世民，三子早逝，四子元吉。《资治通鉴·唐纪·武德九年》说："建成许元吉以正位之后，立为太弟，故元吉为之尽死。"（司马光：《资治通鉴》，中华书局，1956，第6012页）
[8] 上海古籍出版社编《十三经注疏·尚书正义》，第197页。
[9] 司马迁：《史记》，第169页。

子之言:"大姒之子,唯周公、康叔为相睦也。"[1]可见周公处于较为孤立的地位。其二,引发了成王对周公的不满。《尚书·金滕》说:"周公居东二年,则罪人斯得。于后,公乃为诗以贻王,名之曰《鸱鸮》。王亦未敢诮公。"[2]周公以保护幼鸟的母鸟自喻,然而成王未见领情,又不敢责备周公。《诗经·豳风·鸱鸮》孔疏说:"成王仍惑管蔡之言,未知周公之志,疑其将篡,心益不悦,故公乃作诗,言不得不诛管蔡之意。"[3]其三,召公对周公不满和怀疑。《书序》说:"召公为保,周公为师,相成王为左右。召公不说,周公作《君奭》。"[4]《史记·燕召公世家》说:"成王既幼,周公摄政,当国践阼,召公疑之,作《君奭》。"[5]

二、对"亲"有所不信与嫡长子继承制度、分封制度

"亲亲"本是周人传统,亲情最受信任。然而"周公摄政""管蔡之乱"以及周公诛杀管、蔡等一系列事件,撕裂了周人对"亲"的信任。这些事件导致周人对"亲"并不完全信任,而开始有所提防——对"亲"的信任之中又带有某种程度的不信任。在制度层面,"信中有所不信"体现在以下几个方面:

首先,周王室建立了嫡长子继承制度。周公通过返政成王,确立了嫡长子继承制度。《公羊传·隐公元年》说:"立適以长不以贤,立子以贵不以长。"[6]《吕氏春秋·慎势》把嫡长子制度中包含的道理讲得很清楚,说:"先王之法,立天子不使诸侯疑焉,立诸侯不使大夫疑焉,立適子不使庶孽疑焉。疑生争,争生乱。是故诸侯失位则天下乱,大夫无等则朝廷乱,妻妾不分则家室乱,適孽无别则宗族乱。"[7]"疑",通"拟",相比拟,即僭越的意思。《慎势》接着说,"慎子曰:'今一兔走,百人逐之。非一兔足为百人分也,由未定。由未定,尧且屈力,而况众人乎?积兔满市,行者不顾。非不欲兔也,分已定矣。分已定,人虽鄙不

---

[1] 杨伯峻:《春秋左传注》(修订本),第1556页。
[2] 上海古籍出版社编《十三经注疏·尚书正义》,第197页。
[3] 上海古籍出版社编《十三经注疏·毛诗正义》,第394页。另外,周公继承武王遗志,营建洛邑,打算迁都于此,但是成王来到洛邑"相宅"后,《尚书·洛诰》说:"王命周公后。"(上海古籍出版社编《十三经注疏·尚书正义》,第217页)让周公留守治洛,成王始终未迁都,不排除有意避之的可能。
[4] 上海古籍出版社编《十三经注疏·尚书正义》,第223页。
[5] 司马迁:《史记》,第1875页。
[6] 上海古籍出版社编《十三经注疏·春秋公羊传注疏》,第2197页。
[7] 高诱注:《吕氏春秋》,载国学整理社编《诸子集成》(第六册),中华书局,2006,第212页。

争。故治天下及国,在乎定分而已矣。'"[1]嫡长子制度的精神,用慎子的话说叫"定分"(用荀子的话叫"明分"),其目的是防范兄弟相争。信任的要素在于积极预期,如果兄弟都有继承的可能,那么就有相争的可能,兄弟便不可信任,就会成为提防的对象。"定分"意味着预期是确定的,当"分"确定下来,兄弟之间相争的可能性便会大大下降,兄弟之间才可能消除相互提防之心。

然而,周王室的嫡长子继承制是否普遍推行很值得怀疑。《史记·宋微子世家》载,春秋初宋宣公说:"父死子继,兄死弟及,天下通义也。"[2]如果《史记》所载不虚,那么似可逆推西周嫡长子继承制只在很小范围内实行。这是因为,嫡长子制度未必是"明分"的唯一途径。诸侯、宗族可能因形势、习俗不同,采用不同的继承制度:畿外诸侯与蛮夷相处,实力较弱,因而需要年长的君主,他们会采取兄终弟及制度,如鲁国采取"一继一及"继承制,[3]宋国也是父子相继与兄终弟及并用;有些宗族如殷人很可能会根据家族习俗,采取自己本有的继嗣制度,如上节对史墙家族世系的讨论。只是我们不知道这些制度之"分"的具体情况。虽然非嫡长子继承制度可能没有嫡长子继承制度稳固,但是王权能够在一定程度上避免宗族或诸侯内部发生篡弑。[4]

其次,分封制度。关于周初分封,春秋战国文献有很多说法。如《左传·僖公二十四年》载,富辰说:"昔周公吊二叔之不咸,故封建亲戚以蕃屏周。管、蔡、郕、霍、鲁、卫、毛、聃、郜、雍、曹、滕、毕、原、酆、郇,文之昭也。邗、晋、应、韩,武

---

[1] 高诱注:《吕氏春秋》,第212页。
[2] 司马迁:《史记》,第1960页。
[3] 《公羊传·庄公三十二年》载,庄公对季友说:"(叔)牙谓我曰:鲁一生一及,君已知之矣。庆父也存。"(上海古籍出版社编《十三经注疏·春秋公羊传注疏》,第2242页)《史记·鲁世家》:"庄公病,而问嗣于弟叔牙。叔牙曰:'一继一及,鲁之常也。庆父在,可为嗣,君何忧?'"(司马迁:《史记》,第1852页)学界对此多有讨论,然而王恩田(《重论西周一继一及继承制——王国维〈殷周制度论〉商榷》,《济南大学学报(社会科学版)》2017年第2期)以鲁国继承制度逆推西周王室继承制度的结论,恐怕很难成立。沈长云根据《竹书纪年》计算平均每个王世23.4年,认为"诸王皆是以长子身份继承王位"。(沈长云:《先秦史》,人民出版社,2006,第115页)其说极有道理,笔者下节亦对周王世系、殷商世系、微氏家族、逨盘世系有所计算,周王世系每代年数是最短的。因而,西周王室实行嫡长子继承制度(孝王例外)应该没有大的问题。
[4] 从《史记》对诸侯世家的记载来看,一些诸侯国在西周时有篡弑,但是比之春秋少很多。

之穆也。凡、蒋、邢、茅、胙、祭,周公之胤也。"[1]《左传·昭公二十六年》载,王子朝派人告于诸侯说:"昔武王克殷,成王靖四方,康王息民,并建母弟,以蕃屏周。"[2]《左传·昭公二十八年》载,成鱄言:"昔武王克商,光有天下,其兄弟之国者十有五人,姬姓之国者四十人,皆举亲也。"[3]《荀子·儒效》说:"(周公)兼制天下立七十一国,姬姓独居五十三人焉;周之子孙,苟不狂惑者,莫不为天下之显诸侯。"[4]清华简《系年》第四章说:"周成王、周公既迁殷民于洛邑,乃追念夏商之亡由,旁设出宗子,以作周厚屏。"[5]

这些文献表达的意思大体一致,即周人"亲亲":母弟、同姓最靠得住,因而分封出去,作为西周之藩屏。值得注意的是,这些文献未明说分封是针对哪些人的。今人多凿实说是针对殷遗民及其他被征服民众,如杨宽说:"(周公)把殷和方国的'士'一级成员,分批配给一些主要的封君,让封君带到远处封国去,使成为封国的'国人',这样既可以消除他们原住地区的威胁,同时又可以被封君利用为统治封国的政治上和军事上的支柱。"[6]

今人之说背后的预设是:周人对殷人及其他被征服者不信任,对亲戚同姓信任,所以分封亲戚同姓以统治殷人及其他被征服者。这个预设大体不错,但是未能深究。难道周人对"亲"就一定信任吗?周人可是刚刚经历过"管蔡之乱"的!其中就存在一个很明显的问题,如果按照这个预设,富辰之言"昔周公吊二叔之不咸,故封建亲戚以蕃屏周"便很难讲得通。

围绕"昔周公吊二叔之不咸,故封建亲戚以蕃屏周",古今学者有三点分歧:第一,"二叔"是指管叔、蔡叔,此说代表者有郑众、贾逵、郑玄、王引之[7]、杨伯峻[8]等,孔疏说:"郑众、贾逵皆以二叔为管叔、蔡叔,伤其不和睦而流言作乱,故封建亲戚。郑玄诗笺亦然。"[9]第二,"二叔"是指"二叔世",指夏、商末年,

---

[1] 杨伯峻:《春秋左传注》(修订本),第420-423页。
[2] 杨伯峻:《春秋左传注》(修订本),第1475页。
[3] 杨伯峻:《春秋左传注》(修订本),第1494-1495页。
[4] 王先谦:《荀子集解》,载国学整理社编《诸子集成》(第二册),中华书局,2006,第85页。
[5] 参见李学勤主编《清华大学藏战国竹简(贰)》,中西书局,2011,第144页。
[6] 杨宽:《西周史》,第399页。
[7] 王引之:《经义述闻·卷十七》,江苏古籍出版社,1985,第410-411页。
[8] 杨伯峻:《春秋左传注》(修订本),第420页。
[9] 上海古籍出版社编《十三经注疏·春秋左传正义》,第1817页。

此说代表者有马融、杜预、孔颖达等,如杜预说:"周公伤夏、殷之叔世,疏其亲戚,以至灭亡,故广封其兄弟。"[1]第三,"二叔"是指管叔、蔡叔,但是富辰的说法有问题。沈长云说:"其称周初封建是汲取管蔡与周室不和而发动叛乱的教训,为安置众亲戚子弟以为枝辅所采取的一项政治措施,这个说法固然不错,但只道出了封建之所以施行的一些表层原因……封建只不过是周人发明的一项旨在加强对新征服地区统治的措施。"[2]

这些说法皆符合周初情况,然而却难符合文献。把"二叔"解释成"二叔世"肯定站不住,王引之对此辨之甚详,故主张"二叔"是指管蔡,说:"言周公闵伤管蔡二叔之不和睦,流言作乱,用兵诛之,致令兄弟之恩疏。"[3]此说把封建原因从"二叔之不咸"悄悄换成了周公诛管蔡。沈长云"只不过"三个字其实把富辰的话给否定了。富辰的话是说,过去周公感伤管叔、蔡叔不和睦,所以封建亲戚来蔽捍周王室。很明显,封建亲戚作为蔽捍,防备的是管蔡之徒。然而,管蔡也属于亲戚,也曾封建,这是其中不好讲的地方。解读这句话的关键之处在于,此封建(封建亲戚)非彼封建(封管蔡)也。

我们应从管蔡何以能够作乱去理解周初大封建。武王征殷后,管、蔡与武庚分治殷民,在武王母弟中属于最先外封者。当时殷遗民数量众多,武王因此彻夜难眠。管、蔡之所以敢"作乱",正是凭借数量众多的殷民,即《左传·定公四年》载,祝佗说:"管、蔡启商,惎间王室。"彼时,周公、康叔等人也有封地[4],但是远不能与管叔、蔡叔之外封相提并论。可以说,正是因为武王专封管叔、蔡叔治殷,结果尾大不掉,以至于后来敢倒戈相向。杜勇先生曾指出武王分封的一个重要问题:"武王所封管、蔡、武庚三监在诸国之中地位最为重要,以其缺乏有效的制约机制终使潜存的危险因素未免致乱,给周初政局的稳定造成很大困难。这只有待周公东征胜利后,分封制才得以全面推行并渐趋完备,成为周王朝巩固统治的一项重要措施。"[5]杜勇先生所言甚是,只是未进一步阐释周公东征后"有效的制约机制"在哪里。

---

[1] 上海古籍出版社编《十三经注疏·春秋左传正义》,第1817页。
[2] 沈长云:《先秦史》,第112页。
[3] 王引之:《经义述闻·卷十七》,江苏古籍出版社,1985,第410-411页。
[4] 如武王克商后,微氏烈祖就安置在周公封地,康叔本是康侯,也有封地。
[5] 杜勇:《从三监看武王大分封的性质》,《人文杂志》1999年第1期。

周初封建亲戚,数量很多。富辰列了二十六个,荀子列了同姓五十三个。这些人受封时,都带去了一些殷民或其他方国之民。但是分下来,每个诸侯国数量都很有限。即使其中大国,如晋国不过分了"怀姓九宗",鲁国分了"殷民六族",卫国分了"殷民七族"。诸侯在封地大都只能占据一些据点,面对众多蛮夷,不少诸侯开国都很艰辛。《左传·昭公十五年》载,周天子责备晋国大夫籍谈空手而来。籍谈说:"诸侯之封也,皆受明器于王室,以镇抚其社稷,故能荐彝器于王。晋居深山,戎狄之与邻,而远于王室。王灵不及,拜戎不暇,其何以献器?"[1]籍谈说没有受器,当场被天子揭穿,然而晋国"拜戎不暇"却是事实,天子亦未否认。鲁国立国之初,《书序》说:"鲁侯伯禽宅曲阜,徐、夷并兴,东郊不开。"[2]《尚书·费誓》载伯禽言:"嗟!人无哗,听命。徂兹淮夷、徐戎并兴。善敹乃甲胄,敿乃干,无敢不吊!备乃弓矢,锻乃戈矛,砺乃锋刃,无敢不善!"[3]从中不难感受到鲁国立国形势之紧张。《史记·齐太公世家》载:"武王已平商而王天下,封师尚父于齐营丘。东就国,道宿行迟。逆旅之人曰:'吾闻时难得而易失。客寝甚安,殆非就国者也。'太公闻之,夜衣而行,犁明至国。莱侯来伐,与之争营丘。"[4]太史公说齐国封在武王时,应非史实,然言齐国立国之艰难,当非无根之谈。

周初分封的大国,力量尚且有限,小国就更不用说了。周王室是诸侯能够立足的根本,分封出去的诸侯国"拜戎不暇",很多针对蛮夷戎狄的战争需要周王室出师征讨,故周天子为诸侯立足之本。诸侯力量有限,更无力对抗周天子,周夷王烹杀齐哀公、周宣王攻打鲁国,两国几无还手之力。西周末,申国为诸侯中的大国,即使如此,申国还是在周王室虚耗且失诸侯的情况下,联合缯国、犬戎才得以灭掉宗周。可以说,终西周之世,单个诸侯与周王室力量对比悬绝,远不可与管、蔡相提并论。

西汉贾谊说:"欲天下之治安,莫若众建诸侯而少其力。力少则易使以义,国小则亡邪心。令海内之势如身之使臂,臂之使指,莫不制从。诸侯之君不敢

---

[1] 杨伯峻:《春秋左传注》(修订本),第1371页。
[2] 上海古籍出版社编《十三经注疏·尚书正义》,第254页。
[3] 上海古籍出版社编《十三经注疏·尚书正义》,第255页。
[4] 司马迁:《史记》,第1792—1793页。

有异心,辐凑并进而归命天子。"[1]贾谊之言虽在八百年之后,然而其论封建,与周初封建若合符契。周初封建,用荀子的话说,周之子孙只要不疯不傻,都能成为诸侯。在这种情况下,诸侯都不能一家独大,不但无人能挑战天子权威,而且还得以"媚"天子为德。《诗经·大雅·下武》:"下武维周,世有哲王。三后在天,王配于京。王配于京,世德作求。永言配命,成王之孚。成王之孚,下土之式。永言孝思,孝思维则。媚兹一人,应侯顺德。"[2]高亨说:"这首诗先歌颂成王的德,然后歌颂应侯的德。"[3]应侯(一说唐侯[4])的"德"是"媚兹一人"。"媚",郑笺曰"爱"[5]。"媚兹一人"是爱戴天子。应侯为成王母弟,封国不大,爱戴天子,既是亲情使然,也是形势使然。

西周之初,封建亲戚,强干弱枝,以达到诸侯团结王室之目的。封建亲戚,是亲亲之道。亲戚众多,则是强干弱枝。韩非子说:"圣人之治国也,固有使人不得不爱我之道,而不恃人之以爱为我也。"[6]周公一改武王时专任少数母弟之政策,广泛地封建亲戚同姓,既因顺亲情使诸侯"爱我",又使弱小诸侯因"拜戎不暇"而"不得不爱我"。即使这些诸侯中出现了管蔡之徒,由于周王室分封甚多,这些封国也能成为周之捍蔽。所以富辰说:"昔周公吊二叔之不咸,故封建亲戚以蕃屏周。"

由此亦可知,周初封建亲戚,包含了对两类人的防范:一是被统治者,即殷遗民和其他被征服地方的土著;二是兄弟之中的不善者,即类似管蔡这些倒戈叛周者。所以,周初分封亲戚,虽然体现了对亲情的信任,但其中也包含了某种不信任。大体而言,西周封建体现的信任格局如下:其一,出于对被统治者的不信任,故诉诸对亲戚同姓的信任;其二,对亲戚同姓的信任亦非等同,对同姓的信任不如对亲戚的信任,在对亲戚的信任中又以对母弟的信任为重,对母弟又非完全信任。此外,王室封建亲戚同姓,可能也有争取他们信任的意思,以补救周公摄政、诛杀管蔡造成的猜忌。

---

[1] 班固:《汉书》,第 2237 页。
[2] 上海古籍出版社编《十三经注疏·毛诗正义》,第 525 页。
[3] 高亨:《诗经今注》,上海古籍出版社,2009,第 395 页。
[4] 《太平御览》引《陈留风俗传》引诗作"唐侯慎德"。
[5] 上海古籍出版社编《十三经注疏·毛诗正义》,第 525 页。
[6] 王先慎:《韩非子集解》,第 70 页。

再次,周初"信中有所不信"还体现在辅政大臣由"亲"向"旧"的转变,即把母弟分封出去,由旧臣(或世臣)辅政。

三、召公出任公卿之首与亲旧信任转变

在周人政治信任的发展过程中,召公站在了由"亲"向"旧"的转折点上。

关于召公的身世,有三种说法。第一,文王庶子说。《白虎通·王者不臣》说:"召公,文王子也。"[1]《论衡·气寿》说:"邵公,周公之兄也。"[2]皇甫谧《帝王世纪》说:"邵公,为文王庶子。"[3]今人学者如晁福林[4]、彭华[5]从其说。第二,周之同姓说。《史记·燕召公世家》说:"召公奭与周同姓,姓姬氏。"[6]《世本·王侯谱》说:"燕,召公奭初封,周同姓。"[7]杜正胜、杜勇[8]等皆从其说。第三,非姬周同姓说。齐思和说:"燕、吴故国皆在中原,始知其后来之燕、吴皆原本夷狄而冒为姬姓者也。"[9]白川静认为,甲骨卜辞中的"召方"就是后来的召族,他说:"《史记》取召公姬姓说,它大约是依据《谷梁传》(庄公十三年)'燕,周之分子也',这是不正确的说法……召公姬姓说与吴、晋称为姬姓相同,似乎用以表示边裔之国和王室的亲近。"[10]

这些说法中,明显站不住的是"文王庶子"说。《左传·僖公二十四年》中,富辰所列"文之昭"十六国里面没有燕国。白川静否认召公为姬姓,其理由是"匽侯"铭文中有"召伯父辛"者。然而,这并不能成为否认姬姓的理由。《左传·庄公二十八年》载,晋献公娶大戎狐姬,娶骊戎骊姬,可知姓族可以跨文化。杜勇先生指出:"召公虽非文王子,但为姬姓应无问题。"[11]其引证材料如下:第

---

[1] 陈立:《白虎通疏证》,吴则虞点校,新编诸子集成,中华书局,1994,第323页。
[2] 王充:《论衡》,上海人民出版社,1974,第13页。
[3] 皇甫谧:《帝王世纪》,宋翔凤、钱宝塘辑,辽宁教育出版社,1997,第36页。
[4] 晁福林:《上博简〈甘棠〉之论与召公奭史事探析——附论〈尚书·召诰〉的性质》,《南都学坛》2003年第5期。
[5] 彭华:《燕国史稿》,中国文史出版社,2005,第55页。
[6] 司马迁:《史记》,第1875页。
[7] 宋衷注,秦嘉谟等辑:《世本八种·秦嘉谟辑补本》,中华书局,2008,第31页。
[8] 杜勇:《〈尚书〉周初八诰研究》,中国社会科学出版社,1998,第125页。
[9] 齐思和:《燕、吴非周封国说》,《燕京学报》第28期,1940年12月。
[10] 白川静:《西周史略》,袁林译,徐喜辰校,第29—30页。
[11] 杜勇:《〈尚书〉周初八诰研究》,中国社会科学出版社,1998,第127页。

一、《左传·僖公二十四年》中富辰言"召穆公思周德之不类,故纠合宗族于成周而作诗"[1]。第二,《逸周书·作雒》说:"周公、召公内弭父兄,外抚诸侯。"[2] 第三,《逸周书·祭公》载祭公谋父言:"有若文祖周公暨列祖召公。"[3]这些材料足以说明召公为姬姓。

召公虽为姬姓,但是估计和周公血缘很远。第一,周公在《康诰》中称康叔为"朕其弟,小子封",在《君奭》中却称召公为"君奭",毫无亲昵称呼。第二代周公被称作"君陈",《书序》说:"周公既没,命君陈分正东郊成周。"[4]"君陈"为成王从父兄弟,故召公与周公至多是从父兄弟关系。第二,出土的召族类器物用日名。如《伯宪鼎》云:"伯宪作召伯父辛宝尊彝";再如《匽侯旨鼎》:"匽侯旨作父辛尊。"[5]第三,甲骨卜辞中有"召方",陈梦家认为是"黎方",姚孝遂对之有驳正。[6] 杜正胜认同白川静《召方考》的观点,并认为召族是"盘踞在今河南省西部一带的同姓别支,已深染东方气息的召族,以召公为族长"[7],杜勇在材料理解上与杜正胜有所不同,但结论大体相同。[8] 总之,把召公一族视为与周王室的文化、血缘相距较远的同姓,大概是没问题的。召族之于周王室,或如大戎、骊戎之于晋。

上文已经指出,文王、武王在任用大臣时,均把母弟排在首位。成王时,周公摄政,以叔父身份排在首位。可以说,文王、武王、成王时期,均是以"亲"为王朝公卿之首。周公还政成王之后的情况,我们不太清楚。不过可以肯定的是,成王之后,情况为之一变。

《书序》说:"成王将崩,命召公、毕公率诸侯相康王,作《顾命》。"[9]《尚书·顾命》载:"惟四月,哉生魄,王不怿。甲子,王乃洮颒水,相被冕服,凭玉几。乃同,召太保奭、芮伯、彤伯、毕公、卫侯、毛公、师氏、虎臣、百尹、御事。"[10]又载

---

[1] 杨伯峻:《春秋左传注》(修订本),第423页。
[2] 黄怀信、张懋镕、田旭东:《逸周书汇校集注》(修订本),第516页。
[3] 黄怀信、张懋镕、田旭东:《逸周书汇校集注》(修订本),第928页。
[4] 上海古籍出版社编《十三经注疏·尚书正义》,第236页。
[5] 参见唐兰:《西周青铜器铭文分代史征(上)》,第159、161页。
[6] 姚孝遂、肖丁:《小屯南地甲骨考释》,中华书局,1985,第95—96页。
[7] 杜正胜:《尚书中的周公》,载《周代城邦》附录,联经出版事业公司,1979,第162页。
[8] 杜勇:《〈尚书〉周初八诰研究》,第128—130页。
[9] 上海古籍出版社编《十三经注疏·尚书正义》,第237页。
[10] 上海古籍出版社编《十三经注疏·尚书正义》,第237页。

成王死后,"太保命仲桓、南宫毛俾爰齐侯吕伋,以二干戈、虎贲百人逆子钊于南门之外。"[1]《尚书·康王之诰》记载了康王继位后的情况,说:"王出,在应门之内,太保率西方诸侯入应门左,毕公率东方诸侯入应门右。"[2]

顾命六公卿,召公、芮伯、彤伯为一班;毕公、卫侯、毛公为另一班。召公至少是武王、成王两朝老臣,排在首位。芮伯,《世本·氏姓》说:"芮伯,周同姓也。"[3]彤伯,《世本·氏姓》说:"彤,姒姓之国。"[4]朱凤瀚先生指出,毕公能够和召公并列,估计是第一代毕公。[5] 毕公在"文之昭"中排第十三,且不见于《史记·管蔡世家》武王母弟十人名单,估计是文王庶子。卫侯、毛公排在后面,估计都不是第一代了。

六位公卿竟然没有一个是成王母弟:"武之穆"四国为邢、晋、应、韩,甚至不见于《顾命》和《康王之诰》。其中的"应",唐兰认为,《诗经·大雅·下武》中的"应侯"是第一代应侯,"大概他在王朝任三公,所以《下武》提到他"。[6] 然而,这终究只是推想。如果应侯真的在成王朝任三公,那么为什么顾命六公卿中没有他呢? 不仅没有成王母弟,而且连康王母弟也没有。我们虽然不能确指康王母弟是哪些人,但是《左传·昭公二十六年》载:"昔武王克殷,成王靖四方,康王息民,并建母弟,以蕃屏周。"由此可知,康王是有母弟的。

召公至少是文王、武王、成王三朝老臣,但是这并非召公成为众臣之首的充分理由。比如《君奭》中文王贤臣有"虢叔、闳夭、散宜生、泰颠、南宫括",然而武王克商后祭祀时,"周公把大钺,召公把小钺,以夹王。泰颠、闳夭,皆执轻吕以奏王",周公、召公排在前,泰颠、闳夭排在后。母弟、同姓、异姓之先后顺序一目了然。如果我们以"三代"为界限判断"亲"与"旧",那么康王初的公卿成分为:没有"亲",召公、毕公、卫侯、毛公于康王为"旧",另外两个情况不明。

成王为什么绝不任母弟辅佐康王呢? 估计是鉴于武王殁后的王室内乱。武王死后,成王叔父们对王位虎视眈眈;周公摄政,架空了成王的权力;管蔡对此不满,抢夺王位;其他叔父又传言周公将对成王不利。叔父们围绕王位展开激烈争

---

[1] 上海古籍出版社编《十三经注疏·尚书正义》,第238页。
[2] 上海古籍出版社编《十三经注疏·尚书正义》,第243页。
[3] 宋衷注,秦嘉谟等辑:《世本八种·秦嘉谟辑补本》,第234页。
[4] 宋衷注,秦嘉谟等辑:《世本八种·秦嘉谟辑补本》,第261页。
[5] 朱凤瀚:《商周家族形态研究》(增订本),第391-392页。
[6] 唐兰:《西周青铜器铭文分代史征(上)》,第84-85页。

夺,而成王只能听凭命运的摆布。《左传·僖公五年》载,宫之奇谏虞公:"桓、庄之族何罪? 而以为戮,不唯偪乎? 亲以宠偪,犹尚害之,况以国乎?"[1]"亲以宠偪"使晋献公尽除公族。成王之所以不用母弟,恐怕也是因为"亲以宠偪"。

召公出任公卿之首,改变了周王室以叔父、母弟执政的传统。自此之后,周代世官世族逐渐形成,出任执政大臣的贵族几乎都是世臣。

大体而言,主要执政大臣均非王之近亲,主要是文王之子的后代,或者文王之臣的后代,而且不专任一家。我们似可得出以下结论:第一,王室对"亲"有所防备,故选择"旧";第二,能被信任的"旧",其祖上多在文王之时作出了贡献;第三,对"旧"亦非完全相信,故不专任一家。参见表1-2。

表1-2 西周所见执政大臣表

诸王	重要执政大臣	官位或职责	身世	文献依据	备注
文王	虢仲、虢叔	卿士	王季之子	见上文	
武王	周公、召公	太宰、不明	文王子、同姓	见上文	
成王	周公、召公	摄政、太保	文王子、同姓	《尚书·召诰》、太保卣、太保簋	
康王	召公、毕公	冢宰/太保、辅政	同姓、文王庶子	《顾命》、《康王之诰》、今本《竹书纪年》	
	(盂)	主管军队、狱讼	聃季载之后	大盂鼎	身世采唐兰说
昭王	明保	尹三事四方,受卿事寮	周公之后	作册令方彝	断代采唐兰说
穆王	虢城公	职位为毛伯班接替,应相同	"二虢"之后	班簋	
	毛伯班	屏王位,作四方极	毛叔郑之后	班簋	
共王	(邢伯、伯邑父、荣伯等)	至少主管狱讼	邢伯为周公后	裘卫盉、五祀卫鼎	
懿王	不明				
孝王	番生	屏王位,兼司公族、卿事、太史僚	自言有"皇祖考",应非王近亲	番生簋	断代采唐兰说

---

[1] 杨伯峻:《春秋左传注》(修订本),第309页。

续表

诸王	重要执政大臣	官位或职责	身世	文献依据	备注
夷王	不明				
厉王	荣夷公	为卿士,用事[1]	荣公后代	《史记·周本纪》、今本《竹书纪年》	
(共和)	共伯和	摄行天子政	卫康叔后代	今本《竹书纪年》	
宣王	周定公、召穆公	辅政、辅政	周公、召公后代	今本《竹书纪年》	
	毛公瘖	主管王家内外,小大政,受卿事寮,太史寮、公族、三有司等		毛公鼎	

四、世官世族的确立与信任仪式化

随着西周政治信任由"亲"转向"旧",世官世族制度普遍确立,新的信任问题应运而生:"亲"之所以被信任,源于天然的深厚情感,亲人间的感情是信任的基础,尽管亲情在面对利益冲突时可能不堪一击;当"亲"转变为"旧"时,关系逐渐疏远,感情自然就淡了,信任度也会下降。

西周为古代礼制之渊薮,政治信任也体现在礼制中。陈戍国以传世文献为主结合部分出土文献,指出"周礼"包括宗法、祭鬼神礼、占卜、例外祭、助祭、丧葬礼、朝觐礼、贡巡礼、军礼、田狩礼、射礼、冠昏礼、飨礼、籍田礼、天子登基礼和封国礼。[2] 白川静从金文资料出发,指出西周礼仪有两大发展:一是昭王、穆王时期盛行的辟雍礼仪;二是穆王、共王时期开始盛行的廷礼册命仪式。[3] 罗泰则根据窖穴及墓葬出土青铜器情况,指出公元前9世纪中叶(约厉王时)出现

---

[1] 司马迁"用事"二字可能为战国至秦汉间语,如《战国策·秦策三》:"今秦,太后、穰侯用事,高陵、泾阳佐之。"(诸祖耿:《战国策集注汇考》,第306页)《战国策·赵策四》:"赵太后新用事。"(诸祖耿:《战国策集注汇考》,第1120页)《大戴礼记·保傅》说:"周公用事。"(王聘珍:《大戴礼记解诂》,中华书局,1983,第63页)表示当权执政。故荣夷公、虢石父均列入。

[2] 陈戍国:《西周礼》,载《先秦礼制研究》,湖南教育出版社,1991,第186-273页。

[3] 白川静:《西周史略》,袁林译,徐喜辰校,第67-83页。

了礼制改革,即"系统地安排祖先与在世的氏族成员以等级,以规格不同的成套礼器盛食祭祀"。[1] 在以上诸家所列西周礼制中,除了早期的"宗法",西周廷礼册命仪式与政治信任的关系最为密切。

据陈汉平研究,根据受命的缘由和受封对象,周代册命礼可分为六类:第一,"始命",封建诸侯需要周王册命之;第二,"袭命",高级贵族去世,子孙袭位需要周王册命;第三,"重命",新王继位会对先王旧臣进行册命;第四,"增命",加官进禄需要周王册命;第五,"改命",改变既往之册命;第六,"追命",即对死者追加册命。[2] 以上所列六种,陈氏所举"始命"之例为"周初大封建","改命"举例为宜侯夨簋铭,然而周初大封建未必皆是初封,[3] 故"始命""改命"可归为一,其仪式和其他很不一样。[4] "追命"所举皆是春秋例子,作者亦承认"未见于册命金文"。西周铭文中最常见的册命礼是"袭命""重命""增命",又称为"廷礼册命",即本书所探讨内容。[5]

从廷礼册命的内容来看,只有受到周天子信任的贵族才可能被册命。"袭命"表达的是周天子对世臣家族的信任,"重命"表达的是王室(先王、今王)对世臣的信任,"增命"表达的是今王对今臣的进一步信任。这不禁让人好奇,为什么要以仪式来表达信任?《道德经》把"礼"视为"忠信之薄",[6]《韩非子·解老》说:"父子之间,其礼朴而不明,故曰:'礼薄也。'……实厚者貌薄,父子之礼是也。由是观之,礼繁者实心衰也。"[7] "亲"之间不需要讲太多"礼",而"旧"则需要"礼"来维持。王室需要通过礼来不断重申对世臣的信任。

廷礼册命仪式是逐渐形成的。白川静指出,"大致从穆、共时期开始,出现

---

[1] 罗泰:《宗子维城:从考古材料的角度看公元前1000至前250年的中国社会》,吴长青等译,第174—175页。
[2] 陈汉平:《西周册命制度研究》,学林出版社,1986,第29—31页。
[3] 如康叔可能由"康侯"改命为"卫侯","鲁国""齐国"也可能由改命而来。
[4] 《逸周书·作雒》说:"乃设丘兆于南郊,以上帝,配□[以]后稷,日月星辰,先王皆与食。诸受命于周,乃建大社于周中。其壇东责土、南赤土、西白土、北骊土,中央叠以黄土。将建诸侯,凿取其方一面之土,苞以黄土,苴以白茅,以为土封,故曰受则土于周室。"[黄怀信、张懋镕、田旭东:《逸周书汇校集注》(修订本),第533—535页]从五方五色土来看,此礼似乎为战国人拟构。周初封建礼仪,金文、《左传》《诗经》似乎皆不见。
[5] 陈汉平在探讨册命仪式时,讲的也是廷礼册命。
[6] 王弼注:《老子注》,载国学整理社编《诸子集成》(第三册),中华书局,2006,第23页。
[7] 王先慎:《韩非子集解》,第97页。

了廷礼册命形式的固定规格"。[1] 廷礼册命持续至西周晚期,其中以宣王时颂壶铭文记载最完备:

> 唯三年五月既死霸甲戌,王在周康昭宫。旦,王格大室,即位。宰引佑颂入门,立中廷,尹氏授王命书,王呼史虢生册命颂。王曰:"颂!命汝官司成周贾廿家,监司新造贾,用宫御。赐汝玄衣黹纯、赤市、朱衡、銮旂、鋚勒,用事。"颂拜稽首,受命册,佩以出,返纳瑾璋。颂敢对扬天子丕显鲁休,用作朕皇考龏叔、皇母龏姒宝尊壶。用追孝祈匄康䚄纯祐,通禄永命。颂其万年眉寿,畯臣天子,令终。子子孙孙宝用。[2]

西周中后期,政治信任走向仪式化,而颂壶铭文正是其代表。从颂壶铭文来看,从颂受到册命到作壶纪念,整个过程展现了周天子信任之"继往开来":

第一,"继往"。廷礼册命仪式的举行地点多在周王的宗庙,如颂壶铭文中册命地点是在昭王庙;有时在臣下宗庙,如《诗经·大雅·常武》中"王命卿士,南仲大祖,大师皇父"[3],就是在南仲祖庙举行册命。王在宗庙册命臣下,表达了"世选尔劳"之意。在《尚书·盘庚》三篇中,盘庚反复向贵族强调"古我先王,亦惟图任旧人共政","古我先王暨乃祖乃父,胥及逸勤,予敢动用非罚?世选尔劳,予不掩尔善",等等。将王的祖先或臣下的祖先作为见证,暗示了今王对臣下之信任,犹如先王对先臣之信任。

第二,"开来"。颂壶铭文显示,册命开始,先由尹氏把(提前作好的)命书授予王,然后王(把命书给史官)让史官来宣读命书,颂接受命书后,"佩以出"。[4] 册命仪式结束后,颂可能会把命书收藏于宗庙。《礼记·祭统》说:"古者,明君爵有德而禄有功,必赐爵禄于大庙……史由君右执策命之。再拜稽首。受书以归,而舍奠于其庙。"[5]颂回去后还在壶上铸铭文记载了册命仪式,预备传给"子子孙孙"。无论是藏书宗庙,还是作壶纪念,都是在向子孙后人表明自己曾经受到周王信任和赏赐,有以此勉励子孙勤劳职务以继续受王之信任

---

[1] 白川静:《西周史略》,袁林译,徐喜辰校,第76页。
[2] 参见王辉:《商周金文》,第238—240页。
[3] 上海古籍出版社编《十三经注疏·毛诗正义》,第576页。
[4] 册命书应该有两份,颂带走一份,王室保留一份。《左传·僖公五年》说:"虢仲、虢叔,王季之穆也;为文王卿士,勋在王室,藏于盟府。"
[5] 上海古籍出版社编《十三经注疏·礼记正义》,第1605页。

的意思。

　　总的来看,周初以对"亲"的信任为主,但并不是完全相信,且在嫡长子继承制度和封建制度中有所体现。而且,"信中有所不信"还促进了周王信任的对象由"亲"向"旧"的转变。随着世官世族制度的普遍确立,周人的政治信任也走向了仪式化,即主要通过廷礼册命仪式表现出来。

　　通过以上对周人政治信任的考察,有个传统说法不免令人生疑:周人亲亲尊尊——周人真的"亲亲"吗？或者说在政治层面,周人"亲亲"吗？"亲亲",就其字面意思是说,亲近该亲近的人,这是一句正确的废话,问题在于谁才是那个"该亲近的人"。在周初,母弟、叔父是周王首要亲近的人,贤臣是次要亲近的人。自召公后,在事实层面,周王最亲近的大都是文王子或臣的后人,然而在价值层面,他们就是"该亲近的人"吗？[1]

第三节　西周晚期的信任危机

　　西周晚期,执政者遭遇到了信任危机,而"皇父"形象由"贤臣"到"奸臣"的变化颇能展现出信任危机的发展。值得一提的是,李峰先生的《西周的灭亡:中国早期国家的地理和政治危机》通过对《节南山》《十月之交》中"皇父"形象的解读,提出了皇父与幽王、褒姒政治斗争的说法,其说不能令人信服。故在讨论时,一并商榷。

一、幽王时"皇父"形象陡然变坏

　　西周末年,有一位显赫的大臣——"太师皇父",他屡见于《诗经》。周原遗址出土有函皇父诸器,李学勤先生说:"按周代礼制,天子用十二鼎,此组器有十

---

[1]《史记·梁孝王世家》载窦太后言:"吾闻殷道亲亲,周道尊尊,其义一也。安车大驾,用梁孝王为寄。"(司马迁:《史记》,第2542页)汉景帝不解,后来袁盎等人告诉他:"殷道质,质者法天,亲其所亲,故立弟。周道文,文者法地,尊者敬也,敬其本始,故立长子。"周王任用文王子或臣之后,可谓"敬其本始"矣。自成王之后,周代政治由"亲亲"而为"尊尊",亦未可知。

一鼎,器主身份的尊显不难想象。前人均以函皇父为《诗经》曾任太师、卿士的皇父,是有道理的。"[1] 杨宽认为:"皇父即是南仲,他以南为氏,字仲皇父。"[2] 此说恐不可信。在宣王时期的诗中,这位"太师皇父"是被歌颂的对象。

《诗经·大雅·常武》称赞道:"赫赫明明。王命卿士,南仲大祖,大师皇父。整我六师,以修我戎。既敬既戒,惠此南国。王谓尹氏,命程伯休父,左右陈行。戒我师旅,率彼淮浦,省此徐土。不留不处,三事就绪。赫赫业业,有严天子。王舒保作,匪绍匪游。徐方绎骚,震惊徐方。如雷如霆,徐方震惊。王奋厥武,如震如怒。进厥虎臣,阚如虓虎。铺敦淮濆,仍执丑虏。截彼淮浦,王师之所。王旅啴啴,如飞如翰。如江如汉,如山之苞。如川之流,绵绵翼翼。不测不克,濯征徐国。王犹允塞,徐方既来。徐方既同,天子之功。四方既平,徐方来庭。徐方不回,王曰还归。"[3]

诗中同时出现了"皇父"和"程伯休父"二人。学界认为,这是宣王诗,应当不错。今本《竹书纪年》载:"(宣王)二年,锡太师皇父、司马休父命。"[4] 又说,"(六年)王帅师伐徐戎,皇父、休父从王伐徐戎,次于淮。王归自伐徐。"[5] 由此推测,《常武》大概作于宣王六年(前822年)左右。

幽王继位元年,今本《竹书纪年》载:"王锡太师尹氏皇父命。"[6] 上文已经指出,周人册命礼中,有"重命",即新王继位会对先王旧臣册命。幽王册命太师尹氏皇父,应该属于"重命"。今本《竹书纪年》和《史记·周本纪》都说周宣王在位四十六年,李峰指出:"鉴于他(皇父)在宣王时期长期的任职以及显赫的地位,到幽王重新册命他为'太师尹氏'时,皇父可能至少已近古稀之年。并且根据他长达四十四年担当'太师'的资历和早先的荣誉,毋庸置疑,皇父是幽王继

---

[1] 李学勤:《青铜器与周原遗址》,《西北大学学报(哲学社会科学版)》1981年第2期。
[2] 杨宽:《西周史》,第345页。
[3] 上海古籍出版社编《十三经注疏·毛诗正义》,第576—577页。
[4] 王国维:《古本竹书纪年辑校·今本竹书纪年疏证》,黄永年校点,辽宁教育出版社,1997,第94页。
[5] 王国维:《古本竹书纪年辑校·今本竹书纪年疏证》,黄永年校点,第95页。
[6] 王国维:《古本竹书纪年辑校·今本竹书纪年疏证》,黄永年校点,第99页。

位时西周王室的一位核心人物。"[1]此言不差。

然而,皇父可能不只是"一位核心人物"。今本《竹书纪年》记载,成王继位时"命冢宰周文公总百官"[2],康王继位时"命冢宰召康公总百官"[3]。今本《竹书纪年》同样把幽王继位和册命皇父相提并论,只是未说"皇父"为冢宰或"总百官"而已。值得注意的是,幽王元年赐"太师尹氏皇父"命,已不同于宣王二年赐"太师皇父"命,幽王元年时皇父多了个"尹氏"头衔。杨宽说:"太师是卿事寮的官长,而尹氏是太史寮的官长。"[4]杨说难以确证。不过"尹氏"与"太师"头衔应大致相当。《尚书·大诰》说:"肆予告我友邦君,越尹氏、庶士、御事。""尹氏"的地位仅次于"友邦君"。张亚初认为:"尹是官吏首长的通称。"[5]"尹氏太师"可谓是大权总揽,其地位之尊贵未必低于周初周、召二公。

到了幽王之时,"皇父"遭遇了严重的信任危机,形象陡然变坏:

> 1 节彼南山,2 维石岩岩。3 赫赫师尹,4 民具尔瞻。5 忧心如惔,6 不敢戏谈。7 国既卒斩,8 何用不监。9 节彼南山,10 有实其猗。11 赫赫师尹,12 不平谓何。13 天方荐瘥,14 丧乱弘多。15 民言无嘉,16 惨莫惩嗟。17 尹氏大师,18 维周之氐;19 秉国之钧,20 四方是维。21 天子是毗,22 俾民不迷。23 不吊昊天,24 不宜空我师。25 弗躬弗亲,26 庶民弗信。27 弗问弗仕,28 勿罔君子。29 式夷式已,30 无小人殆。31 琐琐姻亚,32 则无膴仕。33 昊天不佣,34 降此鞠讻。35 昊天不惠,36 降此大戾。37 君子如届,38 俾民心阕。39 君子如夷,40 恶怒是违。41 不吊昊天,42 乱靡有定。43 式月斯生,44 俾民不宁。45 忧心如酲,46 谁秉国成?47 不自为政,48 卒劳百姓。49 驾彼四牡,50 四牡项领。51 我瞻四方,52 蹙蹙靡所骋。53 方茂尔恶,54 相尔矛矣。55 既夷既怿,56 如相酬矣。57 昊天不平,58 我王不宁。59 不惩其心,60 覆怨其正。61 家父作诵,62 以究王讻。63 式讹尔心,

---

[1] 李峰:《西周的灭亡:中国早期国家的地理和政治危机》(增订本),徐峰译,汤惠生校,上海古籍出版社,2016,第219页。
[2] 王国维:《古本竹书纪年辑校·今本竹书纪年疏证》,黄永年校点,第81页。
[3] 王国维:《古本竹书纪年辑校·今本竹书纪年疏证》,黄永年校点,第85页。
[4] 杨宽:《西周史》,第345页。
[5] 张亚初、刘雨:《西周金文官制研究》,第56页。

64 以畜万邦。[1]

整篇诗充满了质疑、责备，甚至咒骂。第一，不信任。如"弗躬弗亲，庶民弗信。弗问弗仕，勿罔君子"。第二，责备。如"民言无嘉，憯莫惩嗟"。第三，咒骂。把"皇父"比为上天降下的祸害，如"昊天不佣，降此鞠讻。昊天不惠，降此大戾"。

李峰却并非如此认为，他说："在我看来，第1－24行再明白不过地强调了皇父对维持西周国家稳定的重要性，并且也表达了对皇父失势的同情和悲哀。第25－36行谴责皇父的政敌（褒姒及其同党）蒙蔽周王，在政府中随意安插自己的亲信。第37－48行抱怨幽王无视民众愤怒与憎恨心理的增长，允许邪恶之人操纵权力。诗的最后一部分（53－64行）或许是最重要的一部分，诗人呼吁皇父与周王和解，这正是本诗的主旨所在。"[2]

这般解读《节南山》实在令人费解。《节南山》的开头的确在强调皇父的重要性，这不过是欲抑先扬的文学手法而已。李氏说诗作者同情皇父，那么"赫赫师尹，不平谓何"又该如何解读呢？李氏说诗作者于25－36行谴责皇父的政敌——褒姒及其同党。我们却看不到任何关于褒姒的字样，难道诗作者需要对褒姒"为尊者讳，为贤者隐"吗？显然没必要，《小雅·十月之交》说"艳妻煽方处"，《大雅·瞻卬》说"哲妇倾城"[3]，《小雅·正月》说"赫赫宗周，褒姒灭之"[4]。既然李氏认为《节南山》谴责褒姒等人，为什么通篇不见褒姒的任何痕迹呢？其实，第25行前后十分连贯：25行前面用了三个"不"字，25行后面用了五个"弗"字，一连串的否定词，一气呵成，表达了对皇父的不满。李峰认为25行是一个转折，那么为何"弗躬弗亲"没有主语呢？

李峰说诗的主旨是呼吁皇父与周王和解，其实不然。诗的主旨是批评皇父为政不平——"赫赫师尹，不平谓何"，郑笺云："责三公之不均平。"[5]文末"昊

---

[1] 上海古籍出版社编《十三经注疏·毛诗正义》，第440－441页。
[2] 李峰：《西周的灭亡：中国早期国家的地理和政治危机》（增订本），徐峰译，汤惠生校，第227页。
[3] 上海古籍出版社编《十三经注疏·毛诗正义》，第577页。
[4] 上海古籍出版社编《十三经注疏·毛诗正义》，第443页。
[5] 上海古籍出版社编《十三经注疏·毛诗正义》，第440页。案：把师尹解释为"三公"，是受了汉人三公说影响，不确。

天不平,我王不宁",郑笺解释说:"昊天乎! 师尹为政不平,使我王不得安宁。"[1]这显然不是所谓的希望皇父和周王和解。其实,这首诗表达了中国古代思想史中一个常见主题——政治均平问题。均平,又叫"平均"。李振宏先生说:"平者均也,平与均是同一个概念。"[2]所谓政治均平,是指"各得其分"。[3] 诗作者指责皇父为政不均(平),让百姓活不下去——"民言无嘉,惨莫惩嗟"。

为政不均的直接原因,在今本《竹书纪年》中其实有迹可循。从《节南山》的内容来看,诗作者还没有提及更让人愤怒的(幽王五年,即前777年)皇父迁都于向的事情,说明诗作当在幽王五年之前。今本《竹书纪年》载,幽王二年(前780年),周朝发生了两个重大事件:一是"泾、渭、洛竭,岐山崩";二是"初增赋"。[4]

《国语·周语》载:"幽王二年,西周三川皆震。伯阳父曰:'周将亡矣! 夫天地之气,不失其序;若过其序,民乱之也。阳伏而不能出,阴迫而不能烝,于是有地震。今三川实震,是阳失其所而镇阴也。阳失而在阴,川源必塞,源塞国必亡。夫水土演而民用也,水土无所演,民乏财用,不亡何待? 昔伊、洛竭而夏亡,河竭而商亡。今周德若二代之季矣,其川源又塞,塞必竭。夫国必依山川,山崩川竭,亡之征也。川竭,山必崩。若国亡不过十年,数之纪也。夫天之所弃,不过其纪。'是岁也,三川竭,岐山崩。"[5] "民乱之也"是说人类社会出了乱子导致地震,[6]而地震导致"民乏财用",缺乏财用,国家必然会灭亡。

幽王二年的"初增赋"应放在宣王末年至幽王初年的历史序列中来看。西周晚期,战争连绵不断,而宣王晚期,王室出现了兵源危机。今本《竹书纪年》

---

[1] 上海古籍出版社编《十三经注疏·毛诗正义》,第441页。
[2] 李振宏:《儒家"平天下"思想研究》,载《历史与思想》,中华书局,2006,第422页。
[3] 李振宏:《先秦诸子平均思想研究》,载《历史与思想》,第434页。
[4] 王国维:《古本竹书纪年辑校·今本竹书纪年疏证》,黄永年校点,第99页。
[5] 韦昭注,明洁辑评,金良年导读,梁谷整理:《国语》,上海古籍出版社,2008,第12页。
[6] 韦昭注曰:"言民者不敢斥王也。"(韦昭注,明洁辑评,金良年导读,梁谷整理:《国语》,第13页)若按韦昭逻辑,"民乏财用"是特指幽王缺乏财用吗? 恐怕不好这么说。"民"或当作"人"讲,如《诗经·大雅·烝民》"天生烝民,有物则。民之秉彝,好是懿德。"(上海古籍出版社编《十三经注疏·毛诗正义》,第568页)

载:"(宣王)三十九年,王师伐姜戎,战于千亩,王师败逋。"[1]周王室在这次战败中损失惨重。清华简《系年》说:"戎乃大败周师于千亩"[2],称为"大败"。《周语》说:"宣王三十九年,战于千亩,王师败绩于姜氏之戎。"[3]《左传·庄公十一年》说:"大崩曰败绩。"[4]于是,宣王四十年(前788年),"料民于太原"(今本《竹书纪年》)。[5]"料民"即是登记人口。宣王"料民"下距皇父"初增赋"仅有八年。

太师皇父本是宣王旧臣,在宣王时已经任"太师",执掌军事事务,"料民"之事或经其手亦未可知。幽王执政之时又遇到了地震与河流枯竭的情况,再加上战争不断的外部环境,"增赋"估计是其不得已的选择。赋,可能是指"田赋"。今本《竹书纪年》载,宣王元年"复田赋"[6],恢复因厉王被赶跑而停顿的田赋征收。皇父"初增赋",可能是在宣王田赋的基础上继续增加。"料民"是掌握人口,补充兵员;"初增赋"是增加收入,补充军需,其实是对宣王末年政策的延续。然而,"增赋"无异于给遭遇天灾的民众再加上"人祸"。那么,质疑、批评皇父为政不均也在情理之中了。

此外,皇父为政不均还包括搞裙带关系——"琐琐姻亚,则无膴仕"。郑笺

---

[1] 王国维:《古本竹书纪年辑校·今本竹书纪年疏证》,黄永年校点,第98页。千亩之战的年份还有一种说法,《史记·晋世家》认为晋文侯十年(前771年)参加千亩之战(司马迁:《史记》,第1979页),而《十二诸侯年表》对应的是宣王二十六年(前802年)(司马迁:《史记》,第663页)。本书认为当以今本《竹书纪年》为准,其说参见沈长云:《关于千亩之战的几个问题》,载《周秦社会与文化研究》编委会编《周秦社会与文化研究:纪念中国先秦史学会成立20周年学术研讨会论文集》,陕西师范大学出版社,2002,第171-176页。然而沈长云根据《史记·晋世家》"成师"二字认为周人取得胜利,恐非。参见谢乃和、付瑞珣:《从清华简〈系年〉看"千亩之战"及相关问题》,《学术交流》2015年第7期。

[2] 李学勤主编《清华大学藏战国竹简(贰)》,第136页。

[3] 韦昭注,明洁辑评,金良年导读,梁谷整理:《国语》,第8页。

[4] 杨伯峻:《春秋左传注》(修订本),第186页。

[5] 王国维:《古本竹书纪年辑校·今本竹书纪年疏证》,黄永年校点,第98页。《国语·周语上》说:"宣王既丧南国之师,乃料民于太原。"(韦昭注,明洁辑评,金良年导读,梁谷整理:《国语》,第11页)此说法和今本《竹书纪年》有异,沈长云认为应该是(南)申、吕、许等南国诸侯参加了战斗。(参见沈长云:《关于千亩之战的几个问题》,载《周秦社会与文化研究:纪念中国先秦史学会成立20周年学术研讨会论文集》,第181页)案:综合各方观点,千亩之战规模可能很大,王室、晋国、南国之师均参加了战斗,南国之师可能因为不愿与西申(姜戎)作战而失利,晋国有军功,且能全身而退。

[6] 王国维:《古本竹书纪年辑校·今本竹书纪年疏证》,黄永年校点,第94页。

说:"琐琐昏姻,妻党之小人,无厚任用之。"[1]不过,这更像是瓜田李下。大贵族经常通婚,姻亲之所以显贵,未必是受了皇父照顾。比如皇父为"琱娟"作器,琱氏与皇父有姻亲关系。周原遗址亦出土琱氏青铜器。朱凤瀚先生根据相关铭文指出:"琱氏既与召公、皇父之类王朝卿士家族联姻,其在西周晚期地位之尊可想而知。"[2]《节南山》对皇父搞裙带关系的批评,似乎可以这样解释:一旦执政者失去人们的信任,无论他做什么都像是干坏事。

太师皇父形象变坏其实是西周晚期信任危机深化的一个缩影。西周晚期的信任危机是全方位的,民众、大夫、邦君诸侯对执政者(天子或卿士)的不信任在逐渐酝酿,最终走向爆发,太师皇父不过是站在了转折点上而已。

二、"为政不均"引发信任危机

在等级社会中,每个人都有自己的位置,相应地都有自己的"分",政治均平("各得其分")是人们普遍的正义诉求。李振宏先生指出,"政治均平"的基本含义是指"国君、人臣及至普通百姓,各个社会阶层的人们,都能各守其职,不相僭越","这种平均思想,就是强调政治上的均衡态势,以保证君臣之间、臣僚之间地位利益的均衡,最终达到国家政局之稳定"。[3]

第一,财用分配不均平而产生的信任危机。

王室缺乏财用由来久矣。正如李峰指出,西周王室以"恩惠换忠诚",大量赏赐土地导致王室财政缩减。[4] 周厉王大概采取了财政改革措施,《国语·周语下》称之"厉始革典"[5]。周厉王任用"好专利"的容夷公,芮良夫批评他说:"王室其将卑乎! 夫荣公好专利而不知大难。夫利,百物之所生也,天地之所载也,而或专之,其害多矣。天地百物皆将取焉,胡可专也? 所怒甚多而不备大难,以是教王,王能久乎? 夫王人者,将导利而布之上下者也,使神人百物无不得其极,犹曰怵惕,惧怨之来也……荣公若用,周必败。"[6]芮良夫认为,王应该

---

[1] 上海古籍出版社编《十三经注疏·毛诗正义》,第441页。
[2] 朱凤瀚:《商周家族形态研究》(增订本),第354页。
[3] 李振宏:《先秦诸子平均思想研究》,载《历史与思想》,第434页。
[4] 李峰:《西周的灭亡:中国早期国家的地理和政治危机》(增订本),徐峰译,汤惠生校,第132页。
[5] 韦昭注,明洁辑评,金良年导读,梁谷整理:《国语》,第47页。
[6] 韦昭注,明洁辑评,金良年导读,梁谷整理:《国语》,第6页。

让上下各得其利，说的就是为政均平的意思。杜勇先生说："在西周分封制下，山林川泽既不是公有的，也不是完全开放可由庶民自行开采利用的，而是由各级封君占有，其利益由王室、封君、庶民上下均沾。"[1]周厉王"专利"是从贵族、民众那里"夺取"利益，而皇父"初增赋"是从贵族、民众那里"刮取"利益，两次政策均是损下以益上，两次信任危机也很像：一个是"诸侯不享"，"国人谤王"；另一个是"家父作诵，以究王讻"。

第二，兵员征发不均平而产生的信任危机。

今本《竹书纪年》说，宣王三十九年，王师败逃于千亩。《诗·小雅·祈父》可能作在此时。其内容如下："祈父，予王之爪牙。胡转予于恤，靡所止居？祈父，予王之爪士。胡转予于恤，靡所厎止？祈父，亶不聪。胡转予于恤？有母之尸饔。"[2]毛诗序说："《祈父》，刺宣王也。"[3]毛传说："宣王之末，司马职废，姜戎为败。"[4]郑笺说："谓见使从军，与姜戎战于千亩而败之时也。"[5]千亩，是天子举行籍田礼的地方。清华简《系年》说："宣王是始弃帝籍田，立卅又九年，戎乃大败周师于千亩。"

诗作者大概是从千亩战场上逃命回来的士兵。从这首诗可以看出，他对"祈父"十分不满。祈父，毛传说："司马也，职掌封圻之兵甲。"诗作者自称"王之爪士"，郑笺说："爪牙之士当为王闲守之卫。"[6]《祈父》前两章其实是埋怨司马：我是王的守卫，你为什么把我转置于忧患之地，无所止居？第三章是说，祈父，你真不了解下情，为什么把我转置于忧患之地，去时娘在，回来时哭灵堂。[7] 周王的守卫之士被拉到战场打仗，而且作战地点在周王籍田之处，可见形势之严峻。即便如此，对于诗作者而言，这是不公平的，因为他的"分"是为王守卫，这本是闲职，不是卖命。随着战争的继续，王室还会想方设法补充兵员。如果"不该"打仗的人去打仗，他们对王室是否还有信任呢？

---

[1] 杜勇：《多重文献所见厉世政治与厉王再评价》，《历史研究》2017年第1期。
[2] 上海古籍出版社编《十三经注疏·毛诗正义》，第433页。
[3] 上海古籍出版社编《十三经注疏·毛诗正义》，第433页。
[4] 上海古籍出版社编《十三经注疏·毛诗正义》，第433页。
[5] 上海古籍出版社编《十三经注疏·毛诗正义》，第433页。
[6] 上海古籍出版社编《十三经注疏·毛诗正义》，第433页。
[7] "尸饔"，郑笺解释为熟食供养，当解释为熟饭祭祀，参见程俊英、蒋见元：《诗经注析》，中华书局，1991，第533页。

宣王四十年,料民于太原,结果遭到反对。《国语·周语上》载,仲山父劝谏说:"民不可料也!夫古者不料民而知其少多。司民协孤终,司商协民姓,司徒协旅,司寇协奸,牧协职,工协革,场协入,廪协出,是则少多、死生、出入、往来者皆可知也,于是乎又审之以事,王治农于籍,搜于农隙,耨获亦于籍,狝于既烝,狩于毕时,是皆习民数者也,又何料焉?"[1]仲山父的反对有点"此地无银三百两"——既然有司皆知民数,为何宣王还要料民?杨宽认为:"西周天子有'大籍农'之礼,农民要集中耕作籍田……因此农民的总数可以由此统计……自从宣王即位'不籍千亩',农民的总数不能由此统计。"[2]其说恐非,因为"籍田"属于王家经济,由王家直辖的庶民耕种。[3] 那么按照籍田统计出来的不过是直属王家的庶民数量。

宣王"料民"与"籍田"无关,与西周的军事结构有关。西周军事力量有两大组成部分:一是王师,如成周八师和西六师等,直属天子;二是属于贵族家族的武装,如禹鼎、多友鼎铭文中的武公军队。[4] 西周晚期,与王师衰落形成鲜明对比的是,贵族私家武装迅速发展,且异常强大。比如周厉王时期的禹鼎铭文记载,南方的噩侯驭方叛周,率领南淮夷、东夷一直打到"历内"。王室直属的成周八师、西六师均作战不利,于是厉王命武公讨伐噩侯驭方,武公则将命令转达给"禹","禹以武公徒驭至于噩,敦伐噩,休隻(获)氒(厥)君驭方",[5]俘虏了噩侯。

宣王把直属军队打光了,"料民"其实是打算登记属于贵族家族的民众,并由此征兵。《国语》说"司民""司商""司徒"等知道民之数,恐怕需要辨析。[6]因为西周司职有两类,一类为朝廷官员,另一类为地方官员。比如"司徒",有王

---

[1] 韦昭注,明洁辑评,金良年导读,梁谷整理:《国语》,第11页。
[2] 杨宽:《西周史》,第897页。
[3] 朱凤瀚:《商周家族形态研究》(增订本),第334页。
[4] 西周贵族家族武装在西周王朝的军事地位,参见朱凤瀚:《商周家族形态研究》(增订本),第396-401页。
[5] 参见王辉:《商周金文》,第215页。
[6] 《国语·周语》这一段文字可能是后人追述,里面提到的"司民""司商"官职似不见于金文。张亚初指出:"司徒,西周早期和中期作司土,西周晚期才出现司徒……司土,注重的是物,是土;而司徒,注重的则是人,是徒众。"(张亚初、刘雨:《西周金文官制研究》,中华书局,1986,第8页)故知《国语》虽说"古者不料民而知其少多",但是后面说的情况当不早于西周晚期。

室司徒、诸侯司徒、地方司徒、军队司徒等。[1] 比如散氏盘铭文记载,畿内族邦"散氏"和"夨"均有自己的司土(徒)、司工(空)等官员。朱凤瀚先生说:"西周晚期贵族世家之内已仿效王朝官吏而建立了一套完整的官职设置。"[2]《国语》说的应该是地方官员,他们肯定知道"民之数",但这不等于朝廷知道"民之数"。宣王"料民"应是绕开贵族家族,试图直接掌握原本属于贵族家族的民众,这等于越过了自己的"分",动了各个贵族家族的利益。

我们试想,如果各个贵族家族被王室越界征兵,这些原本不该为王室打仗的人被拉上战场,他们还会信任王室吗?

第三,大夫职劳不均平而产生的信任危机。

西周晚期,政治日益衰败。《诗经·小雅·北山》便记录了这种抱怨:"陟彼北山,言采其杞。偕偕士子,朝夕从事。王事靡盬,忧我父母。溥天之下,莫非王土;率土之滨,莫非王臣。大夫不均,我从事独贤。四牡彭彭,王事傍傍。嘉我未老,鲜我方将。旅力方刚,经营四方。或燕燕居息,或尽瘁事国;或息偃在床,或不已于行。或不知叫号,或惨惨劬劳;或栖迟偃仰,或王事鞅掌。或湛乐饮酒,或惨惨畏咎;或出入风议,或靡事不为。"[3]毛诗序说:"《北山》,大夫刺幽王也。役使不均,己劳于从事,而不得养其父母焉。"[4]程俊英则认为:"这是一位士子怨恨大夫分配工作劳逸不均的诗。"[5]进而认为,"这首诗末三章连用六个对比,把大夫与士之间苦乐不等、劳逸不均的情况,充分显示出来了"[6]。

程说或有可商之处。诗中极言普天之下均是王臣,为什么单独役使我一人?这显然不是拿大夫与士作上下级对比,而应该是同级别对比:或是大夫之间对比,或是士人之间对比。文末说有些人天天闲着在家没事,按照诗作者的说法,应该是绝大多数人都如此,唯独极少数人(如作者)辛苦奔波。这显然不是普通士阶层所能为,也和我们看到的《诗经》、铭文中普通士人被贵族驱使的情形不同。故文末或劳或逸的对比,应该是大夫之间的对比。从《北山》反映的

---

[1] 张亚初、刘雨:《西周金文官制研究》,第9页。
[2] 朱凤瀚:《商周家族形态研究》(增订本),第319页。
[3] 上海古籍出版社编《十三经注疏·毛诗正义》,第463页。
[4] 上海古籍出版社编《十三经注疏·毛诗正义》,第463页。
[5] 程俊英、蒋见元:《诗经注析》,第641页。
[6] 程俊英、蒋见元:《诗经注析》,第642页。

主旨来看,大夫阶层大多人浮于事,即使少数为王驱使的大夫,也心存不满。这首诗揭露了一个问题:大夫职劳分配不均,谁还愿意为王奔走效劳呢?

第四,周王对待邦君、诸侯不均平而产生的信任危机。

今本《竹书纪年》载,周夷王三年(前883年)烹杀齐哀公,八年夷王有疾,"诸侯祈于山川"。[1]《左传·昭公二十六年》说:"至于夷王,王愆于厥身,诸侯莫不并走其望,以祈王身。"[2]彼时周夷王虽然杀无辜,但是王室未丧失人心,诸侯仍然为王室效劳。即使周厉王暴虐,诸侯仍然对王室抱有信心。《左传·昭公二十六年》说:"至于厉王,王心戾虐,万民弗忍,居王于彘。诸侯释位,以间王政。"[3]召穆公保护太子静,而诸侯拥戴共伯和摄天子位。然而,到了宣王时期,诸侯对王室的信任发生动摇。

今本《竹书纪年》载,宣王八年(前820年)的时候,鲁武公来朝见,[4]以括与戏二子见宣王,结果宣王废嫡立庶,立少子戏为太子。《史记·鲁周公世家》载,戏(鲁懿公)立九年后,"懿公兄括之子伯御与鲁人攻弑懿公,而立伯御为君。伯御即位十一年,周宣王伐鲁,杀其君伯御。"[5]宣王废嫡立庶,触碰了周人的底线。伯御与鲁人一起杀掉懿公,说明伯御得到鲁人的拥护,结果宣王又杀掉已经即位十一年的伯御。宣王破坏宗法制度,且滥杀诸侯,《鲁周公世家》说:"自是后,诸侯多叛王命。"

宣王滥杀还有一例。今本《竹书纪年》载:"四十三年,王杀大夫杜伯。其子隰叔出奔晋。"[6]这个事件后来被演绎成一个故事。《墨子·明鬼下》:"周宣王杀其臣杜伯而不辜……其三年,周宣王合诸侯而田于圃,田车数百乘,从数千,人满野。日中,杜伯乘白马素车,朱衣冠,执朱弓,挟朱矢,追周宣王,射之车上,中心折脊,殪车中,伏弢而死。当是之时,周人从者莫不见,远者莫不闻,著

---

[1] 王国维:《古本竹书纪年辑校·今本竹书纪年疏证》,黄永年校点,第92页。
[2] 杨伯峻:《春秋左传注》(修订本),第1475-1476页。
[3] 杨伯峻:《春秋左传注》(修订本),第1476页。
[4] 王国维:《古本竹书纪年辑校·今本竹书纪年疏证》,黄永年校点,第96页。《史记·周本纪》说宣王十二年,鲁武公来朝见。
[5] 司马迁:《史记》,第1847页。
[6] 王国维:《古本竹书纪年辑校·今本竹书纪年疏证》,黄永年校点,第98页。

在周之《春秋》。"[1]杜伯当为周畿内邦君。[2] 宣王最后大概死于非命,人们将之设计为"因果报应"记载下来。周宣王遭报应与周夷王生病时诸侯为之祈祷有着天壤之别,说明西周晚期时王室已经不得人心。

西周晚期王室为政不均,诸侯、大夫、庶民均不能"各得其分"。人们对王室失望的同时,"信任"或从政治层面下沉到宗族层面,或从周王转向贤臣。

其一是信任下沉。人们强调宗族情谊,主要见于"二雅"。如《小雅·伐木》:"笾豆有践,兄弟无远。"[3]《小雅·楚茨》:"诸父兄弟,备言燕私。"[4]《大雅·行苇》:"戚戚兄弟,莫远具尔。"[5]《小雅·斯干》:"兄及弟矣,式相好矣,无相犹矣"[6]《小雅·頍弁》:"尔酒既旨,尔殽既阜。岂伊异人,兄弟甥舅。"[7]《小雅·角弓》:"兄弟昏姻,无胥远矣。"[8]这些诗篇中,以《小雅·常棣》最具代表性:"常棣之华,鄂不韡韡。凡今之人,莫如兄弟。死丧之威,兄弟孔怀。原隰裒矣,兄弟求矣。脊令在原,兄弟急难。每有良朋,况也永叹。兄弟阋于墙,外御其侮。每有良朋,烝也无戎。丧乱既平,既安且宁。虽有兄弟,不如友生?"[9]《左传·僖公二十四年》载:"召穆公思周德之不类,故纠合宗族于成周而作诗。""兄弟",狭义是指同族兄弟,广义是指同宗族人。[10]《常棣》认为在"死丧""急难""外侮""丧乱"的情况下,没有人能比同宗族人更靠得住。

召伯虎有"徇私舞弊"嫌疑的两篇簋铭,恰恰为宗族团结提供了实例。五年琱生簋、六年琱生簋两件连铭,由于铭文复杂,不再引出,其文大意如下:王五年

---

[1] 孙诒让:《墨子间诂》,收入国学整理社编《诸子集成》(第四册),中华书局,2006,第139-141页。
[2] 《左传·襄公二十四年》载范宣子之言:"昔匄之祖,自虞以上为陶唐氏,在夏为御龙氏,在商为豕韦氏,在周为唐杜氏,晋主夏盟为范氏。"[杨伯峻:《春秋左传注》(修订本),第1087-1088页]范宣子是杜伯之后。
[3] 上海古籍出版社编《十三经注疏·毛诗正义》,第411页。
[4] 上海古籍出版社编《十三经注疏·毛诗正义》,第469页。
[5] 上海古籍出版社编《十三经注疏·毛诗正义》,第534页。
[6] 上海古籍出版社编《十三经注疏·毛诗正义》,第436页。
[7] 上海古籍出版社编《十三经注疏·毛诗正义》,第481页。
[8] 上海古籍出版社编《十三经注疏·毛诗正义》,第490页。
[9] 上海古籍出版社编《十三经注疏·毛诗正义》,第408页。
[10] 朱凤瀚:《商周家族形态研究》(增订本),第408页。

正月己丑,召氏小宗琱生有事,召伯虎协同处理此事。琱生献壶给召伯虎之母。召伯虎之母告诉召伯,你的父亲有遗命,琱生在土田附庸方面多诉讼,你应该承担起责任。琱生受此恩惠,再向召伯虎母亲献上帛和璜。召伯虎向琱生承诺在讼事中帮助他,于是琱生再向召伯虎献以圭。六年四月甲子,召伯虎告诉琱生讼事获得成功,这也是他遵守父母遗命(母亲已逝世)的结果,召伯虎已经将相关事项向有司讯问,有司表示遵从召伯虎命令。琱生对扬召伯虎美德,作烈祖召公之尝簋,子子孙孙万年享祭于宗。[1]

召伯作为大宗,在诉讼中帮助小宗琱生,体现了"凡今之人,莫如兄弟"之意。值得注意的是,在诉讼中靠徇私而获得胜利,并不是一件光彩的事情。《左传·桓公二年》载,鲁国把宋国贿赂的鼎放到太庙,时人就批评君主应该"昭令德以示子孙"[2]。琱生铸簋记下这不光彩的事情,还希望子孙用此享祭,这种不以为耻,反以为荣的行为,说明其价值观已经发生转变:宗族情谊已经盖过了政治均平,故值得拿来给子孙炫耀。由此不难看出:政治不均使人们的信任对象下沉到宗族层面,强调宗族团结一致对外,而对宗族的强调反过来又作用于政治,加剧了政治不均,引发进一步的政治信任危机。

其二是信任转向。人们推崇贤臣,主要见于"二雅"宣王时诗。如《小雅·出车》赞美南仲伐狁:"赫赫南仲,狁于襄。"[3]《小雅·六月》赞美尹吉甫伐狁:"文武吉甫,万邦为宪。"[4]《小雅·采芑》赞美方叔征荆蛮:"方叔元老,克壮其犹。"[5]《小雅·黍苗》赞美召伯虎营谢:"肃肃谢功,召伯营之。烈烈征师,召伯成之。"[6]《大雅·崧高》载尹吉甫赞美申侯:"不显申伯,王之元舅,文武是宪。申伯之德,柔惠且直。揉此万邦,闻于四国。"[7]《大雅·江汉》借周王之口称赞召伯虎:"王命召虎:来旬来宣。文武受命,召公维翰。无曰予

---

[1] 铭文释读参考朱凤瀚:《商周家族形态研究》(增订本),第408—410页。
[2] 杨伯峻:《春秋左传注》(修订本),第86页。
[3] 上海古籍出版社编《十三经注疏·毛诗正义》,第416页。
[4] 上海古籍出版社编《十三经注疏·毛诗正义》,第425页。
[5] 上海古籍出版社编《十三经注疏·毛诗正义》,第426页。犹,通"猷",谋略。见程俊英、蒋见元:《诗经注析》,第510页。
[6] 上海古籍出版社编《十三经注疏·毛诗正义》,第495页。
[7] 上海古籍出版社编《十三经注疏·毛诗正义》,第567页。

小子,召公是似。"[1]

这些诗作中,《大雅·烝民》最具代表性。《烝民》为尹吉甫所作,称赞仲山甫:"柔嘉维则。令仪令色,小心翼翼。古训是式,威仪是力。"[2]其又赞扬仲山甫刚正不阿:"柔亦不茹,刚亦不吐。不侮矜寡,不畏强御。"[3]不过,其中有三处赞美值得注意:其一,称赞仲山甫为上天所降:"天监有周,昭假于下。保兹天子,生仲山甫。"若按其所言,上天降生仲山甫,"天子"往哪摆? 其二,称赞仲山甫"既明且哲,以保其身"[4]。孔颖达说:"以此明哲,择安去危,而保全其身,不有祸败。"[5]那么"祸"从哪里来呢? 其三,称赞仲山甫"衮职有阙,维仲山甫补之"[6]。毛传说:"有衮冕者,君之上服也,仲山甫补之,善补过也。"[7]宣王犯了错误,仲山甫能够补正。细绎以上三处文意,我们不难察觉,信任的对象已经发生转向。

在"二雅"中,主要有两类政治人物被大加赞扬:一类是周人的先公、先王、先妣,如后稷、公刘、太王、王季、文王、武王、成王、姜嫄、太姜、太任、太姒等;另一类是周宣王的贤臣,如南仲、尹吉甫、仲山甫、方叔、召伯虎、申侯、太师皇父等。后者的出现其实是一种"不正常"现象。贤臣被大加赞扬从侧面说明:人们

---

[1] 上海古籍出版社编《十三经注疏·毛诗正义》,第573-574页。有学者指出《江汉》与铭文关系,如朱熹认为《江汉》与古器物铭"语正相类"(朱熹:《新刊四书五经·诗经集传》,中国书店,1994,第228页)。方玉润认为:"此诗即铭词,《集传》既知考成为铭器而不敢断者,何也?"(方玉润:《诗经原始》,李先耕点校,中华书局,1986,第564页)郭沫若认为:"《江汉》之诗实簋铭之一。"(郭沫若:《周代彝器进化观》,载《青铜时代》附录,群益出版社,1946,第281页)不少诗经研究者从郭氏之说。案:长篇铭文开篇一般以时间,作器缘由或"某人曰"开头,《江汉》前两章为:"江汉浮浮,武夫滔滔。匪安匪游,淮夷来求。既出我车,既设我旟。匪安匪舒,淮夷来铺。江汉汤汤,武夫洸洸。经营四方,告成于王。四方既平,王国庶定。时靡有争,王心载宁。"(上海古籍出版社编《十三经注疏·毛诗正义》,第573页)此文重章叠句,是典型的诗作,绝不类铭文。铭文应该只是诗作的取材对象,经过了作者的加工处理。《江汉》应是他人称赞召伯虎南征淮夷的诗篇。
[2] 上海古籍出版社编《十三经注疏·毛诗正义》,第568页。
[3] 上海古籍出版社编《十三经注疏·毛诗正义》,第569页。
[4] 上海古籍出版社编《十三经注疏·毛诗正义》,第568页。
[5] 上海古籍出版社编《十三经注疏·毛诗正义》,第568页。
[6] 上海古籍出版社编《十三经注疏·毛诗正义》,第569页。
[7] 上海古籍出版社编《十三经注疏·毛诗正义》,第569页。

对周天子的信任度已经很低了,人们对朝廷的信任只能靠这些贤臣维持。接下来的问题是,如果贤臣没了,人们还会信任谁?

三、幽王五年后信任危机全面爆发

皇父在宣王初诗《常武》中被视为"贤臣",在宣、幽之际的信任危机中变成了"奸臣",但是这事儿还没完。今本《竹书纪年》载,幽王三年"王嬖褒姒",而五年则发生了两件大事:一是"王世子宜臼出奔申",二是"皇父作都于向"。[1]不久就出现了谴责皇父的《诗·小雅·十月之交》:

> 1 十月之交,2 朔月辛卯。3 日有食之,4 亦孔之丑。5 彼月而微,6 此日而微。7 今此下民,8 亦孔之哀。9 日月告凶,10 不用其行。11 四国无政,12 不用其良。13 彼月而食,14 则维其常;15 此日而食,16 于何不臧。17 烨烨震电,18 不宁不令。19 百川沸腾,20 山冢崒崩。21 高岸为谷,22 深谷为陵。23 哀今之人,24 胡憯莫惩? 25 皇父卿士,26 番维司徒。27 家伯维宰,28 仲允膳夫。29 棸子内史,30 蹶维趣马。31 楀维师氏,32 艳妻煽方处。33 抑此皇父,34 岂曰不时? 35 胡为我作,36 不即我谋? 37 彻我墙屋,38 田卒污莱。39 曰予不戕,40 礼则然矣。41 皇父孔圣,42 作都于向。43 择三有事,44 亶侯多藏。45 不慭遗一老,46 俾守我王。47 择有车马,48 以居徂向。49 黾勉从事,50 不敢告劳。51 无罪无辜,52 谗口嚣嚣。53 下民之孽,54 匪降自天。55 噂沓背憎,56 职竞由人。57 悠悠我里,58 亦孔之痗。59 四方有羡,60 我独居忧。61 民莫不逸,62 我独不敢休。63 天命不彻,64 我不敢效我友自逸。[2]

传统说法根据日食断定诗作年代,如程俊英说:"据此(日食,笔者注)可以确定诗作于周幽王六年。"[3]这种断代方法是不对的。《十月之交》其实糅合了多个事件。1—16 行的日食应当发生在幽王元年(前 781 年 6 月 4 日),而非

---

[1] 王国维:《古本竹书纪年辑校·今本竹书纪年疏证》,黄永年校点,第 99 页。
[2] 上海古籍出版社编《十三经注疏·毛诗正义》,第 445—447 页。
[3] 程俊英、蒋见元:《诗经注析》,第 314 页。

幽王六年(前776年9月6日)。[1] 但这只能视为诗篇的创作年代上限。第17—24行说的百川沸腾和地震,其实是幽王二年"三川竭,岐山崩"。25—32行的艳妻褒姒正受宠幸,应在幽王三年之后。第41—48行皇父迁都发生在幽王五年。第26行说番维任司徒,而郑桓公于幽王八年始任司徒。故《十月之交》的创作下限应在幽王五年皇父迁"向"(今河南济源)后不久,最迟不会晚于幽王八年。

对于《十月之交》的主题。李峰说:"这首诗实际上揭示了地位显赫的皇父与新近即位的幽王之间严重的政治裂痕,并且这一政治冲突最终迫使皇父离开周都。"该说似乎没有注意到皇父作都于向距幽王即位已有一定时间。对于诗人的态度,李峰说:"诗人对皇父也明显抱有同情之心,认为他是政治诽谤(52—56行)及周王猜忌(11—12行)的牺牲品。"诗人竟然对"彻我墙屋,田卒污莱"的皇父有同情心。对于25—32行皇父与褒姒同章的情况,他说:"将皇父和其他四位官员均视为褒姒的同党显然是不明周王室的实际权力结构。"还说,"在与皇父的政治争斗中,幽王可能得到了他年轻妃子褒姒的协助"[2]。李峰竟然能从《十月之交》(以及《节南山》)中解读出皇父与幽王、褒姒的政治斗争。这些观点实在是匪夷所思。

第41—48行皇父迁都于"向"[3]尤为重要。它或许刺激了诗人,使诗人把

---

[1] 关于《十月之交》的日食,学界有以下几种说法:第一,幽王六年说。今本《竹书纪年》说:"(幽王六年)冬十月辛卯朔,日有食之。"(王国维:《古本竹书纪年辑校·今本竹书纪年疏证》,黄永年校点,第99页)古代天文学家及现代天文学者如陈遵妫主张此说。然而,是年虽有日食,但是西安地区观察不到,北边的大同7:21食分仅0.08。第二,厉王说。毛诗序说:"《十月之交》,大夫刺幽王也。"郑玄驳之说:"当为刺厉王。"(上海古籍出版社《十三经注疏·毛诗正义》,第445页)但是厉王时日食,无辛卯日者,学界亦不从。第三,幽王元年说。是年辛卯日食,西安7:22食分0.39。今学界多从此说。有学者还指出,"七""十"往往互讹,"十月之交"应为"七月之交"。(赵光贤:《〈诗·十月之交〉应为七月之交说》,《人文杂志》1992年第5期;郑慧生:《"七"、"十"互讹之疑团——再说上古典籍读法之谜》,《华侨大学学报(人文社会科学版)》1999年第2期)第四,平王三十六年(前735年11月30日)说。是年辛卯日日食,西安上午10:21食分0.93,国外有人主张此说。然而该说与《十月之交》所描述历史内容不合。日食数据参见张培瑜:《三千五百年历日天象》,大象出版社,1997,第979—980页。

[2] 李峰:《西周的灭亡:中国早期国家的地理和政治危机》(增订本),徐峰译,汤惠生校,第223—225页。

[3] 杨宽:《西周史》,第904页。

幽王元年至五年的各种坏事联系起来。这八行诗描述的是迁都时的现象,深层原因大概有两个:

其一,躲避旱灾。西周晚期宗周天灾不断。今本《竹书纪年》载,周厉王二十二至二十六年(前856—前852年)连续五年都是"大旱",其灾情"大旱既久,庐舍俱焚"。[1] 宣王二十五年(前803年)遭遇了一次"大旱",但是"王祷于郊庙,遂雨"[2]。幽王二年(前780年),三川枯竭,岐山崩,估计同时还有大旱降临。《诗·大雅·云汉》说:"天降丧乱,饥馑荐臻。靡神不举,靡爱斯牲。圭璧既卒,宁莫我听……周余黎民,靡有孑遗。昊天上帝,则不我遗……旱既大甚,涤涤山川。旱魃为虐,如惔如焚……鞫哉庶正,疚哉冢宰。趣马师氏,膳夫左右。靡人不周,无不能止。"[3]《诗·召旻》说:"旻天疾威,天笃降丧。瘨我饥馑,民卒流亡。我居圉卒荒。天降罪罟,蟊贼内讧。昏椓靡共,溃溃回遹,实靖夷我邦……昔先王受命,有如召公,日辟国百里,今也日蹙国百里。"[4]

《云汉》《诗序》说:"仍叔美宣王也。"[5]《召旻》《诗序》说:"凡伯刺幽王大坏也。"[6]《云汉》恐怕也是幽王诗。许倬云指出:"其中所提到冢宰、趣马、师氏、膳夫,大约与'十月之交'一诗中的近臣是同一批人物。"[7]而且,宣王时期旱情并不持续,而《云汉》说山川植被枯死,周民近乎没有孑遗。《召旻》提到旱灾导致人民流散,加之大臣内讧,日蹙国百里。此非宣王气象,应如《诗序》所言为幽王情况。许倬云说:"地震可使三川塞竭,岐山崩坍,地层变动,则地下水分布的情况,也必受极大的干扰。"[8]估计地下水层多年受影响,加上降水少造成了持久旱情。从《云汉》《召旻》描述的情况来看,宗周生态破坏,人民死亡流散,土地榛莽,已处于不宜生存的状况。

其二,防备西申。宣王时期,边患连绵不止。宣王三十九年,与姜戎大战千

---

[1] 王国维:《古本竹书纪年辑校·今本竹书纪年疏证》,黄永年校点,第93—94页。周厉王于十二年出奔彘,今本《竹书纪年》共和未单独纪年,大旱实为共和晚期。

[2] 王国维:《古本竹书纪年辑校·今本竹书纪年疏证》,黄永年校点,第97页。

[3] 上海古籍出版社编《十三经注疏·毛诗正义》,第561—562页。

[4] 上海古籍出版社编《十三经注疏·毛诗正义》,第579—580页。

[5] 上海古籍出版社编《十三经注疏·毛诗正义》,第561页。

[6] 上海古籍出版社编《十三经注疏·毛诗正义》,第579页。

[7] 许倬云:《西周史》(增补二版),第321—322页。

[8] 许倬云:《西周史》(增补二版),第321页。

亩,王师大败。姜戎,《后汉书·西羌传》引《竹书纪年》作"征申戎"。[1] 沈长云先生指出,这个申戎其实就是和周王室有亲戚关系的申国。[2] 晁福林先生指出,"申"分申伯之国、申侯之国,最初都在宗周西部,后来申伯之国迁往谢邑。但是他认为,申伯就是"申戎"的首领,"它和周王朝之间虽然偶有战事,但基本上是友好和睦的关系"。[3] 问题在于,据今本《竹书纪年》,周宣王七年,"王锡申伯命"[4],已经将申伯迁往南阳盆地,如何又在三十九年与之战于千亩?[5] 若依晁先生申伯、申侯二分之说,"申戎"应是申侯之国,而非申伯之国。《史记·秦本纪》载申侯之言:"昔我先郦山之女,为戎胥轩妻,生中潏,以亲故归周,保西垂,西垂以其故和睦。"[6] 故西申当在宗周之西,能战于千亩,故距宗周不会太远。[7]

幽王后为申侯之女,可能幽王未立之时已经娶申侯之女,并生下宜臼。宣王末年与申侯大战,周、申关系自然不会和睦。沈长云说:"造成西周王朝覆亡的直接原因,是他继承其父周宣王实行的与过去的姻亲兼盟友姜氏集团的敌对政策。"[8] 这个观点把周、申关系破裂归到幽王头上,其实是传统观点的延续。在传统观点中,褒姒得宠,所以幽王废申后。但是,这也不能排除另外一种可能,即由于周王和申侯关系本来已经紧张,故申后不受幽王待见。幽王或许本来就已经有了废申后的想法,而褒姒是在这个前提下得宠、上位的。幽王有了废申后的想法,势必会得罪积怨已久的申侯。那么,将官员、物资转移到东方,

---

[1] 范晔:《后汉书》,点校本二十四史,中华书局,1965,第2872页。
[2] 沈长云:《关于千亩之战的几个问题》,载《周秦社会与文化研究:纪念中国先秦史学会成立20周年学术研讨会论文集》,第174页。
[3] 晁福林:《论平王东迁》,《历史研究》1991年第6期。
[4] 王国维:《古本竹书纪年辑校·今本竹书纪年疏证》,黄永年校点,第96页。
[5] 如果今本《竹书纪年》所记宣王九年赐申伯命为伪,申伯南迁在千亩之战后,又存在难以疏通的地方。宣王三十九年败于千亩,不仅见于今本《竹书纪年》,也见于《国语》,晁先生也承认是年宣王败于千亩。宣王在位四十六年诸家也无异议。(参见朱凤瀚、张荣明:《西周诸王年代诸说一览表》,载《西周诸王年代研究》,贵州人民出版社,1998,第432页)那么,千亩之战后七年之内宣王便封申伯于谢,宣王与申伯和解如此之快,于理难通。
[6] 司马迁:《史记》,第228页。
[7] 晁福林先生说,申侯之国在骊山附近,而骊山在宗周东部附近,也有可能。《国语》《系年》均说幽王主动攻击申侯之国,而幽王又被杀死于骊山下。参见晁福林:《论平王东迁》,《历史研究》1991年第6期。
[8] 沈长云:《先秦史》,第168页。

以宗周为前线防备申侯,可能是迁都于向的另一原因。

总的来看,皇父迁都于向有其严峻的客观形势——旱灾之下,宗周民众死亡流散,还可能有主动的战略转移考虑——把人员、物资调到后方,防备与申侯的潜在战争。皇父迁都也绝非个人行为,《十月之交》说皇父"择三有事"。《尚书·立政》:"立政:任人、准夫、牧,作三事。"[1]"立政"即"立正",是指建立官长,组织政权。[2] 有专家指出:"西周文献和金文中的'三事',是指治民、理政、执法三件事;所谓'三事大夫',是负责治民、理政、执法等事务的大夫级官吏。"[3]皇父"择三有事",应该属于"立政"性质,即组织政权。"不慭遗一老"说明不少官员都迁了过去。

然而,诗人把迁都的事情看得很坏,完全是皇父的私心——结成党羽,聚敛财富,不顾国家危难跑路了。诗人这种"不惮以最坏的恶意去揣测"迁都的做法,其实是执政集团信任破产的结果。在西周晚期"为政不均"造成了全面信任危机的情况下,天灾(日食、地震、干旱、饥馑)及人祸(幽王宠幸褒姒,废后立妾,废嫡立庶,政事窳败)无异于雪上加霜,导致执政者政治信任的全面破产,而批评的矛头必然指向以皇父为首的执政集团。

信任破产的后果是人心尽失。《诗经·小雅·雨无正》说:"正大夫离居,莫知我勚。三事大夫,莫肯夙夜。邦君诸侯,莫肯朝夕。"[4]周王室众叛亲离,大夫们不肯奔走于王室,更为严重的是,诸侯也不愿为王室捍蔽。

今本《竹书纪年》载:"九年,申侯聘西戎及鄫。十年春,王及诸侯盟于太室。秋九月,桃杏实。王师伐申。十一年春正月,日晕。申人、鄫人及犬戎入宗周,弑王及郑桓公。犬戎杀王子伯服。执褒姒以归。"[5]幽王九年的时候,申侯、鄫

---

[1] 上海古籍出版社编《十三经注疏·尚书正义》,第231页。
[2] 顾颉刚、刘起釪:《尚书校释译论》,第1661页。
[3] 杨善群:《西周"三事大夫"析》,《史林》1990年第3期。
[4] 上海古籍出版社编《十三经注疏·毛诗正义》,第447页。关于《雨无正》的创作年代,毛诗序说:"大夫刺幽王也。"(上海古籍出版社编《十三经注疏·毛诗正义》,第447页)有学者持怀疑态度,主要在于诗中有"周宗既灭"四字,《左传》引为"宗周既灭"。案:"宗周既灭"未必就是犬戎攻破镐京,灭掉宗周的意思。如《节南山》"国既卒斩",并不等于国家真的灭亡。再如《韩非子·有度》:"(楚)庄王之氓社稷也而荆以亡","(齐)桓公之氓社稷也而齐以亡。"(王先慎:《韩非子集解》,第21页)事实上楚国、齐国并没有灭亡。除了"周宗既灭"四字外,诗中其他描述很契合幽王政治,如群臣不敢进谏,诗人希望官员迁回王都等。
[5] 王国维:《古本竹书纪年辑校·今本竹书纪年疏证》,黄永年校点,第100页。

侯、犬戎已经联合起来。幽王十年盟诸侯。天子盟诸侯,是极不正常的事情。如果天子打算攻打西申,直接向诸侯下命令就是了。《周礼·司盟》说:"凡邦国有疑会同,则掌其盟约之载及其礼仪,北面诏明神。既盟,则贰之。"[1]《左传·昭公十三年》说:"盟以厎信。"幽王盟诸侯,说明诸侯已经不协于王室。这次盟誓估计是为了取信诸侯,共同对付西申。"王师伐申"颇值得注意,"王师"不包括诸侯。如《左传·隐公元年》:"郑人以王师、虢师伐卫南鄙。""王师伐申"说明太室之盟无效,诸侯没有参战,其结果是宗周覆灭。

关于西周灭亡,后人讲了个故事。《史记·周本纪》说:"褒姒不好笑,幽王欲其笑万方,故不笑。幽王为烽燧大鼓,有寇至则举烽火。诸侯悉至,至而无寇,褒姒乃大笑。幽王说之,为数举烽火。其后不信,诸侯益亦不至……申侯怒,与缯、西夷犬戎攻幽王。幽王举烽火征兵,兵莫至。遂杀幽王骊山下,虏褒姒,尽取周赂而去。"[2]李峰先生说:"司马迁却利用它来显示邪恶、心怀鬼胎的褒姒是如何引起西周灭亡的。"[3]其实,这个故事还说了西周灭亡的另一原因:周幽王失去了诸侯的信任,以至于无人愿为王室捍蔽,最终幽王身死国灭。

总之,西周末期,王室已经陷入信任危机,原来备受王室信任的大夫、邦君、诸侯均不愿为王室效劳,西周在众叛亲离中灭亡。此外,周幽王试图通过盟誓取信于诸侯,或开春秋盟誓信任之先河。

本章小结

本章探讨了周人与殷人的族群融合、周人统治集团内部关系、西周灭亡中的信任问题。

殷周族群信任关系的确立大体经历了三个阶段:第一阶段为文武时期,文王通过树立德政,武王通过武力征服,使得少数宗族、方国前来归附,周人和他

---

[1] 上海古籍出版社编《十三经注疏·周礼注疏》,上海古籍出版社,1997,第881页。
[2] 司马迁:《史记》,第187—188页。
[3] 李峰:《西周的灭亡:中国早期国家的地理和政治危机》(增订本),徐峰译,汤惠生校,第216页。

们建立了信任关系;第二阶段始自周公东征,周公平定叛乱后,以殷商灭亡和殷人反抗为鉴,采取了有利于增进殷周族群信任的积极措施,如分配给殷人以生产生活资料,让殷人"多士"参与到政权建设,尊重殷人习俗,等等;第三阶段为西周中后期,由于周人采取安抚措施,殷周之间世代通婚,殷人世官世劳,殷周族群信任关系普遍确立。

周人统治集团内部的信任关系演变经历了四个阶段。第一阶段,信任"亲"。文王、武王、成王以叔父或兄弟为执政大臣。第二阶段,防范"亲"夺取王位和举兵叛乱。为了防范具有王位继承权的"亲"争夺王位,周人确立了嫡长子继承制度;为了防止分封出去的"亲"举兵叛乱,周人通过广泛分封使诸侯不具备与王室对抗的实力。第三阶段,由"亲"而"旧"。成王临去世前以召公为公卿之首,标志着周王的信任对象从"亲"转变为"旧"。第四阶段,信任仪式化。世官世族制度普遍确立后,周王通过大量的廷礼册命仪式表达对臣下的信任。

西周宣、幽之际,王室开始遭遇信任危机。太师皇父作为执政大臣,从周宣王时的歌颂对象变成周幽王时的声讨对象。太师皇父形象变坏是西周晚期信任危机深化的一个缩影。西周晚期的信任危机是全方位的。宣王晚年出现了为政不均问题——财用分配不均、兵员征发不均、大夫职劳不均、周王对待邦君诸侯不均,这些问题使得诸侯、大夫、庶民均不能各得其分。在"为政不均"造成全面信任危机的情况下,幽王时天灾人祸不断,最终导致人们对执政者的信任彻底破产。大夫们不肯为王室奔走,邦君、诸侯也不愿为王室捍蔽,西周最终走向灭亡。

第二章
春秋政治信任

盟誓是春秋政治信任的一大表征。学界关于盟誓的研究,可谓汗牛充栋,但关于盟誓信任的研究,却寥寥无几。据笔者所见,对此作专门研究的仅有吴柱的《先秦盟誓的信任机制及其演变》一文。[1] 吴氏把先秦盟誓自原始氏族社会到战国时期分为八个阶段,其中第六阶段是西周末期到春秋初期,诚信和利益是这一时期盟誓的核心因素;第七阶段是春秋中期,霸权、诚信、利益三者是这一时期盟誓的核心因素;第八阶段是春秋末期到战国时期,利益因素成为这一时期盟誓的核心因素。仅就西周末到战国三个阶段而言,其时间划分大体是可靠的,然而第六、七阶段的核心要素应有可商之处。

首先,吴民过高地估计了春秋时期的人文主义精神,过早地把"神权"要素驱逐出去。春秋时期,少数贤人君子对鬼神的理性看法能否代表当时社会的普遍观念?即使春秋时人不迷信鬼神,但也不等于不敬畏鬼神。"迷信"与"敬畏"有所不同。比如孔子"敬鬼神而远之",就是对鬼神敬畏而不迷信的态度。春秋时期,人们对鬼神至少是有敬畏之心的,要不然无法解释人们选择盟誓这种仪式来构建信任。而且,鬼神与道德因素应是并存的。其次,诚信和霸权、利益显然不是一个层面的因素。诚信是社会意识,而霸权、利益是社会存在。具体到单个盟誓事件,诚信是核心要素,但是如果放到普遍性的历史现象中去观察,诚信更像是浮于表面的因素。比如,郑国屡次叛盟,宋国很少叛盟,难道是

---

[1] 吴柱:《先秦盟誓的信任机制及其演变》,《史学月刊》2016 年第 11 期。

郑国道德败坏而宋国道德高尚？还有,第七阶段显然没有顾及诸侯国内盟誓的情况。

需要指出的是,春秋政治信任并非都与盟誓有关。这是因为随着政治秩序瓦解,在无天子权威维持现状的情况下,盟誓是建立信任关系进而维持秩序的有效手段。春秋政治秩序有一个自上而下的瓦解过程,"礼乐征伐自天子出"的秩序最先崩解,故盟誓首先体现在诸侯国层面,且以霸主盟誓最为显著。诸侯国内政治秩序虽然呈现出逐渐失效的过程,但政治实体仍然存在,故诸侯国内政治信任并不以盟誓为主导,盟誓信任集中于春秋中后期。

第一节 春秋前期诸侯国的盟誓信任

荀子说:"义立而王,信立而霸。"[1]春秋是诸侯争霸的时代,能否获得诸侯信任,是霸业能否成功的关键。霸者立信于诸侯,通过盟誓将诸侯结成信任关系,故盟誓信任包括两个层面:第一,诸侯对霸主的信任;第二,诸侯之间的信任。前者决定后者,霸主只有取信于诸侯,才能将诸侯结合成同一信任群体。

一、春秋对西周政治信任的继承与发展

(一) 兄弟之国

西周给春秋留下的重要遗产之一是分封的诸侯具有宗姓关系。有专家指出:"所谓宗姓,主要是指具有相同祖系及姓氏的带有血缘源溯和承继关系的血缘伦常系统。"[2]关于西周分封的诸侯之间的信任关系,由于缺乏史料,我们只好这样推测:周初分封的诸侯血缘较近,相互信任度可能较高,但是时间越长,基于血缘的信任度会下降。不过,基于"宗姓"的信任起到了调节作用。《左

---

[1] 王先谦:《荀子集解》,第131页。案:荀子所言立信,包括了诸侯国内、诸侯间两个方面。文章只用了立信诸侯之义。

[2] 王连儒、李廷安:《〈左传〉所见诸侯婚姻中的宗姓认同与"兄弟之国"》,《管子学刊》1999年第2期。

传》载,鲁僖公五年(前655年),晋献公向虞国借道伐虢,宫之奇劝谏不可,而虞公说:"晋,吾宗也,岂害我哉?"虞公所言应该代表了当时的普遍观念,即同宗不相害,因而值得信任。虞公这个观念可能由来已久,不幸的是,他遇到了六亲不认的晋国。

西周时期似乎已有"兄弟之国"的观念。《尚书·梓材》说:"兄弟方来,亦既用明德,后式典集,庶邦丕享。"[1]顾颉刚等人解释道:"许多兄弟之国的君主来了,他们为这伟大的德行所感召,所以无论做什么事情都能成功,而无数邦国也就自动地归附了。"[2]《诗经·大雅·皇矣》:"帝谓文王,询尔仇方,同尔兄弟。以尔钩援,与尔临冲,以伐崇墉。"[3]郑笺解释"同尔兄弟"为"以和协女(汝)兄弟之国"[4]。但是我们还看不出西周"兄弟之国"与春秋"兄弟之国"的具体联系。有学者认为:"《左传》中所记载的那些同姓诸侯,大多能够结成以宗姓血缘为纽带的政治军事盟体,故由此形成'春秋'时期许多所谓的'兄弟之国'。"[5]春秋"兄弟之国"应该主要基于宗姓血缘发展而来。

学界对春秋"兄弟之国"的内涵似未深究,如有人认为这是:"(先秦)同姓诸侯别称。"[6]事实上,春秋的"兄弟之国"是个逐渐发展的多层次概念:

首先,始封君为同父兄弟,是为"兄弟之国",是不需要前提的绝对概念。《左传·昭公二十八年》,成鱄说:"昔武王克商,光有天下,其兄弟之国者十有五人;姬姓之国者四十人,皆举亲也。"[7]"兄弟之国"和"姬姓之国"界限分明,二者同属于"亲",可见"兄弟"与"亲""姬姓"均不相同。僖公二十四年(前636

---

[1] 上海古籍出版社编《十三经注疏·尚书正义》,第208页。案:此段文字诸家断句不同,引文采用顾颉刚、刘起釪的断句。

[2] 顾颉刚、刘起釪:《尚书校释译论》,第1428页。《梓材》中"先王既勤用明德怀为夹庶邦享作兄弟方来亦既用明德后式典集庶邦丕享",各家断句不同。伪孔传、孔疏均把"兄弟"释为"兄弟之国"。《书经集传》则认为:"兄弟,言友爱也。"(蔡沈注:《新刊四书五经·书经集传》,中国书店,1994,第143页)

[3] 上海古籍出版社编《十三经注疏·毛诗正义》,第522页。

[4] 上海古籍出版社编《十三经注疏·毛诗正义》,第522页。

[5] 王连儒、李廷安:《〈左传〉所见诸侯婚姻中的宗姓认同与"兄弟之国"》,《管子学刊》1999年第2期。

[6] 龚延明:《中国历代职官别名大辞典》,上海辞书出版社,2006,第210页。

[7] 杨伯峻:《春秋左传注》(修订本),第1494—1495页。

年),富辰说:"管、蔡、郕、霍、鲁、卫、毛、聃、郜、雍、曹、滕、毕、原、酆、郇,文之昭也。"[1]文王之后有十六个封国,其中十五、十六略有差异。成鲋所言武王"兄弟之国"是指"文之昭"。以此推知,"武之穆""周公之胤",凡是始封君为兄弟的,均应是"兄弟之国"。

第二种,"文之昭"与"武之穆"之间,最初只称"亲"。如《国语·晋语四》载,宁庄子劝谏不礼重耳的卫文公:"晋公子善人也,而卫亲也。"[2]僖负羁劝谏曹伯说:"先君叔振,出自文王,晋祖唐叔,出自武王,文、武之功,实建诸姬。故二王之嗣,世不废亲。今君弃之,不爱亲也。"[3]到了晋国称霸时,人们开始以异姓为参照,强调"文昭武穆"为"兄弟"。如《左传·僖公二十八年》载,晋国筮史对晋文公说:"齐桓公为会而封异姓,今君为会而灭同姓。曹叔振铎,文之昭也,先君唐叔,武之穆也。且合诸侯而灭兄弟,非礼也。"[4]晋人认可了这一说法。鲁成公二年(前589年),晋、齐鞌笄之战前,晋国将领对齐国使者说:"晋与鲁、卫,兄弟也。"在齐人异姓面前,晋与鲁、卫是"兄弟"。随着"文昭武穆"为"兄弟"观念的深入,"文昭""武穆"之间可以直接称"兄弟"。如《左传·襄公二十年》载,蔡文侯打算投奔晋国:"先君与于践土之盟,晋不可弃,且兄弟也。"[5]《国语·楚语上》载,楚令尹子木对蔡声子说:"子虽兄弟于晋,然蔡吾甥也。"[6](合鲁襄公二十六年,即前547年)《左传·鲁哀公十六年》载,卫侯派人告诉周室:"蒯聩得罪于君父、君母,逋窜于晋。晋以王室之故,不弃兄弟,置诸河上。"[7]

第三种,同姓之间,最初不称兄弟之国。如鲁僖公五年(前655年),虞公说:"晋,吾宗也,岂害我哉?"虞公出自太王,晋国出自武王,彼此相去甚远,故只称"同宗之国"。《国语·晋语四》载,叔詹劝谏郑文公:"吾先君武公与晋文侯戮力一心,股肱周室,夹辅平王,平王劳而德之,而赐之盟质……若礼兄弟,晋、

---

[1] 杨伯峻:《春秋左传注》(修订本),第421页。
[2] 韦昭注,明洁辑评,金良年导读,梁谷整理:《国语》,第159页。
[3] 韦昭注,明洁辑评,金良年导读,梁谷整理:《国语》,第159-160页。
[4] 杨伯峻:《春秋左传注》(修订本),第474页。
[5] 杨伯峻:《春秋左传注》(修订本),第1053-1054页。
[6] 韦昭注,明洁辑评,金良年导读,梁谷整理:《国语》,第251页。
[7] 杨伯峻:《春秋左传注》(修订本),第1697-1698页。

郑之亲,王之遗命,可谓兄弟。"[1]郑为周厉王之后,与晋国相去甚远,本来只能称"亲",因为两者共同辅佐王室并接受周王赐命,故"可谓兄弟"。《左传·僖公二十三年》载叔詹之言为"晋、郑同侪"[2],亦不称"兄弟"。

晋、郑有了交往,才开始有条件地称兄道弟。晋国往往在对付异姓的时候,才称同姓为"兄弟"。鲁僖公三十三年(前627年),秦国偷袭郑国不成,灭掉滑国返回,晋国先轸说:"秦不哀吾丧,而伐吾同姓。"[3]晋称滑只是同姓而已,到了鲁成公十三年(前578年),晋侯使吕相与秦国绝交,却说:"穆为不吊……伐我保城,殄灭我费滑,散离我兄弟,挠乱我同盟,倾覆我国家。"[4]杨伯峻解释说:"郑、滑与晋同为姬姓,兄弟之国。"[5]晋国主动称小国为"兄弟"的情况很少。唯有鲁昭公元年(前541年),郑简公宴飨晋赵孟、鲁叔孙豹和曹大夫时,赵孟赋《常棣》,然后说:"吾兄弟比以安,尨也可使无吠。"于是郑、鲁、曹大夫赶紧下拜,举杯说:"小国赖子,知免于戾矣。"

第四种,比较少见,同盟为兄弟。鲁襄公三年(前570年),晋国打算会盟诸侯,怕齐国不参与,于是派士匄威胁齐国:"寡君使匄,以岁之不易不虞之不戒,寡君愿与一二兄弟相见,以谋不协。请君临之,使匄乞盟。"杜注说:"列国之君,相谓兄弟。"[6]杜注解释有些含糊,没有说清楚"列国"是否包括齐国。杨伯峻说:"不协实暗指齐国。"[7]其说其确,"一二兄弟"其实就是晋之同盟。晋国挟同盟之威,要挟齐国加入晋国主持的盟誓。还有鲁襄公二十年(前553年),鲁国季武子去宋国回报向戌的聘问,在宋公的宴会上赋《常棣》的第七章"妻子好合,如鼓瑟琴。宜尔室家,乐尔妻帑"和第八章"宜尔室家,乐尔妻帑。是究是图,亶其然乎"。鲁国、宋国本来谈不上"兄弟",季武子通过赋诗含蓄地表达两国情如兄弟,宋人十分感动,送了很多财礼给季武子。像这类脱离了血缘关系的"兄弟",应是春秋中后期"兄弟"观念泛化的产物。如"公孙,同乘,兄弟

---

[1] 韦昭注,明洁辑评,金良年导读,梁谷整理:《国语》,第161页。
[2] 杨伯峻:《春秋左传注》(修订本),第408页。
[3] 杨伯峻:《春秋左传注》(修订本),第497页。
[4] 杨伯峻:《春秋左传注》(修订本),第862—863页。
[5] 杨伯峻:《春秋左传注》(修订本),第863页。
[6] 上海古籍出版社编《十三经注疏·春秋左传正义》,第1930页。
[7] 杨伯峻:《春秋左传注》(修订本),第926页。

也!"(《左传·襄公二十四年》),"四海之内皆兄弟也"[1]。

大体而言,"兄弟之国"以一种拟血缘的称呼,促进了诸侯之间的信任关系。特别是在晋国主持盟誓的情况下,晋国为"武之穆",而鲁、卫、曹、蔡为"文之昭";晋、郑同姓,也算是兄弟之国。"兄弟之国"在一定程度上加强了小国对晋国的信任感。不过,因为"兄弟之国"呈现出差序性,有些称兄道弟的行为是要看场合的,故"兄弟之国"对信任关系的促进作用也是不同的。

(二) 盟誓结信

在正式探讨春秋盟誓信任之前,有个问题值得关注:春秋盟誓给我们的感觉似乎是突然迸发的,春秋之前的盟誓情况如何?对于这个问题,吕静指出:"至少到目前为止尚没有发现可信的有关盟誓事件的文字记录,包括甲骨文和青铜器铭文。而盟誓记录、盟辞记录极少被保留甚或几乎不存,与盟誓行为的特点有关。"[2]这个说法不完全正确。的确,无论是甲骨文还是铭文材料,尚未发现春秋之前的盟誓记录。

但是,传世文献还是有"可信"记录的,至少西周末年的盟誓是如此,[3]如幽王太室之盟。《左传·昭公四年》说:"周幽为大室之盟,戎狄叛之。"[4]今本《竹书纪年》载,幽王十年春,"王及诸侯盟于太室"。上文"释'盟誓'"已经论及,周幽王时诸侯已经离心,幽王寄希望于盟誓以取信于诸侯。除了幽王太室之盟,还有"君子屡盟",其说见本章第三节"春秋诸侯国内的政治信任状况"。西周末年屡次出现的靠盟誓取信的手段,后来为春秋所沿用。春秋初期,周平王东迁,晋国、郑国起到了非常大的作用,《国语·晋语四》载郑国叔詹之语:"吾先君武公与晋文侯戮力一心,股肱周室,夹辅平王,平王劳而德之,而赐之盟质,

---

[1] 《论语·颜渊》,载上海古籍出版社编《十三经注疏·论语注疏》,第2503页。

[2] 吕静:《春秋时期盟誓研究:神灵崇拜下的社会秩序再构建》,第92页。

[3] 雒有仓的《论西周的盟誓制度》(《考古与文物》2007年第2期)问题颇多,难以为据,其文章所论很多"盟誓"其实只是"誓",如册命宣誓、司法立誓。吕静指出:"盟和誓至少在商周时代是两个完全不同的、独立的概念。"(吕静:《春秋时期盟誓研究:神灵崇拜下的社会秩序再构建》,第69页)本书绪论亦指出,春秋时期,"盟"必可以称"盟誓",而"誓"并非可称"盟誓"。

[4] 杨伯峻:《春秋左传注》(修订本),第1252页。

曰：'世相起也。'"[1]盟质，或当为盟誓。[2] 幽王盟誓及平王赐盟，实际上开辟了春秋诸侯在危机中通过盟誓取得信任的先河。

盟誓，就其自身而言，只是一种仪式。在这个仪式中，结盟的人杀牲、歃血、读载书、掩埋，载书写上"凡我同盟之人，既盟之后，言归于好"（葵丘盟辞），"有渝此盟，明神殛之，俾坠其师，无克祚国"（践土盟辞）之类的话。对于崇尚德行、敬畏鬼神的春秋时代的人而言，若想轻易打破盟誓，有不小的心理门槛。如襄公九年（前564年），晋国前来攻打郑国，刚与之盟誓而还，楚国就打上了门。郑国执政子驷打算与楚人媾和，子孔、子蟜问他："与大国盟，口血未干而背之，可乎？"子驷说，"盟誓之言，岂敢背之"，但是"要盟无质，神弗临也"。[3] 只有找到了自我安慰和安慰他人的理由，才能心安理得地与楚人结盟。正是因为人们不轻易背盟，而且"盟+盟辞"包含的平等精神（皆受盟辞约束）契合了诸侯相对平等的地位，故盟誓成为诸侯建立信任关系的手段。

诸侯信任关系之建立绝不只是"台上"仪式的功劳，"台后"的工作同样重要，这就牵涉霸主如何建立和维持盟誓信任的问题。《左传·文公七年》载，郤缺批评赵宣子："非威非怀，何以示德？无德，何以主盟？"[4]霸主依靠向小国施加"威"和"怀"来主持盟誓。《左传·成公八年》载，季文子对晋国大夫韩穿说："大国制义，以为盟主，是以诸侯怀德畏讨，无有贰心。"[5]小国畏惧盟主之威，怀念盟主德义，所以不敢背弃盟誓。由此，我们可以看到，"盟誓之信"主要由三个方面组成：盟主之"威"（力）与"怀"（德）及人们对鬼神的敬畏。

春秋初期，重要的盟誓有"小霸"郑庄公、齐僖公举行的盟誓，此后即是以齐桓公、晋国、楚国主持的霸主盟誓最为重要。他们举行的盟誓仪式大致相同，然而取得的效果却截然不同。这里面有客观因素的作用，如"兄弟之国"对晋国的影响，此非人力所能为也。文章接下来所要探讨的，是在人力之所及的情况下，

---

[1] 韦昭注，明洁辑评，金良年导读，梁谷整理：《国语》，第161页。
[2] 韦昭注："质，信也。"（韦昭注，明洁辑评，金良年导读，梁谷整理：《国语》，第162页）或非。《侯马盟书》整理者将盟书分为六种，其中有"委质类"，如某人"自质于君所"，唐兰指出："不是质字……应读为誓。"（唐兰《侯马出土晋国赵嘉之盟载书新释》，《文物》1972年第8期）《国语·晋语》的"盟质"或本作"盟誓"，后来传写过程中讹为"盟质"。
[3] 杨伯峻：《春秋左传注》（修订本），第971页。
[4] 杨伯峻：《春秋左传注》（修订本），第563页。
[5] 杨伯峻：《春秋左传注》（修订本），第837页。

人们能动地构建盟誓信任的方式。

二、郑庄公、齐僖公的盟誓信任

春秋初期,郑庄公、齐僖公为"小霸",两位君主为同时代之人。郑国实力虽在齐国之上,然而在取信诸侯问题上,郑庄公的成果却不如齐僖公。这与当时诸侯间的关系密切相关。

周平王东迁之后,周王室失去了对天下诸侯的控制。西方不亮东方亮,童书业说:"到了西周灭亡,周室在东方的压力大去,于是黄河下游诸国就首先兴起了。"[1]对于中原诸侯而言,周室虽衰,但却出现了一支令人不安的力量——郑国。《周语·郑语》载,郑桓公未东迁之前的中原形势:"当成周者,南有荆、蛮、申、吕、应、邓、陈、蔡、随、唐;北有卫、燕、狄、鲜虞、潞、洛、泉、徐、蒲;西有虞、虢、晋、隗、霍、杨、魏、芮;东有齐、鲁、曹、宋、滕、薛、邹、莒;是非王之支子母弟甥舅也,则皆蛮、荆、戎、狄之人也。"[2]此时以成周为中心,强大诸侯遍布四周之地,难以立足,只有"济、洛、河、颍"之间的诸侯实力较弱。郑桓公东迁建立郑国,犹如一颗钉子,楔入中原,然后迅速扩张,挤占其他诸侯的空间。清华简《郑文公问太伯》记载了桓公、武公、庄公三代开疆拓土的过程:桓公时,"以车七乘,徒三十人……获函、訾……克郐",才有"容社之处";武公时,"西城伊、涧,北就邬、刘,萦轭蒍、邘之国,鲁、卫、蓼、蔡来见";庄公时,"北城温、原,遗阴、鄂次,东启陧、乐"。[3]

郑国的迅速扩张必然引发与周边诸侯国的矛盾。童书业说春秋初期郑国面临的形势:"他虽是小国,但挟了王臣的地位,足以东向与宋争雄,宋合卫、陈、蔡四国之力尚不足以抑制他的新兴之势。他又东面与齐、鲁联欢,夹攻宋、卫。"[4]卫国(后来是宋)本是郑国宿敌,清华简《郑武夫人规孺子》说郑武公曾经"处于卫三年,不见其邦",大概是被卫人扣押了三年。《左传》载,鲁隐公元年(前722年),郑国发生共叔段之乱,共叔段的儿子公孙滑逃到卫国,而卫国借此攻打郑国。鲁隐公四年(前719年),卫国州吁弑君篡位,打算"修先君之怨于

---

[1] 童书业:《春秋史》(校订本),童教英校订,中华书局,2012,第144页。
[2] 韦昭注,明洁辑评,金良年导读,梁谷整理:《国语》,第239页。
[3] 参见李学勤主编《清华大学藏战国竹简(陆)》,中西书局,2016,第119页。
[4] 童书业:《春秋史》(校订本),童教英校订,第145页。

郑"来讨好诸侯,此时宋国发生内乱,公子冯逃到郑国,"郑人欲纳之"。于是宋、卫、陈、蔡联合起来伐郑,"围其东门,五日而还"。自此,以郑国为一方,以宋、卫、陈、蔡为一方,成为互不信任的对立双方。

学界通常认为,盟誓具有维持社会秩序的作用。有学者却认为春秋初期是个例外,如徐连成说:"'盟'的最初意义是对神发誓,歃血为凭……由于这种军事性质的'盟'的存在,就使得春秋初年黄河下游地区诸夏国家间的战争加多了。"[1]吕静说:"梳理春秋初年的政治局势,与其说盟誓维持了社会的安定秩序,不如说盟誓反成为社会不安定因素……正由于同盟的结缔,原来一国对一国的战争,升级为集团对集团的战争。"[2]这其实未能区分"盟誓"与"同盟"。我们看到宋、卫、陈、蔡确实一起对付郑国,我们或可因四国一致行动而称他们的关系为"同盟",但是《左传》从未说这四国之间举行过"盟誓"。况且,郑国与齐国、鲁国均举行了"盟誓",齐、鲁并未与郑站在一起,参加对付宋、卫、陈、蔡的战争,也不存在针对四国的"军事盟友"。再如,鲁隐公元年,隐公与曾经打过仗的宋国在宿地举行盟誓,然而隐公四年宋国联合卫、陈、蔡攻打郑国时,曾请求鲁国出兵,结果遭到隐公拒绝。这说明,隐公与宋国"盟誓",只是捐弃前嫌而已,和军事同盟无关。所以,混淆"同盟"与"盟誓",进而归罪于"盟誓",并不符合历史实情——春秋初期靠"盟誓"结成军事集团打仗的情况并不多。

春秋初期,郑庄公试图通过"盟誓"与诸侯消除嫌隙(邓之盟例外)。《左传·隐公十一年》载,鲁隐公还未即位时,曾经和郑国打过仗,结果成了郑国的俘虏,被囚在郑国尹氏之家,隐公贿赂尹氏,后来带着尹氏一起逃到鲁国。[3]鲁隐公元年,郑国借邾国的关系联系上了鲁国的公子豫,鲁隐公虽不乐意,但公子豫还是参加了和郑人、邾人在翼地的盟誓。翼之盟对弥补郑、鲁嫌隙发挥了积极作用。鲁隐公三年(前720年),郑国试图加强与齐国的友好关系,"齐、郑盟于石门,寻卢之盟也"[4],巩固了信任关系。此外,《左传·隐公六年》载,郑庄公曾经请求和陈国媾和,结果遭到拒绝,于是该年郑国攻打陈国,以战求和,迫使陈国于隐公七年(前716年)派大夫与郑伯举行盟誓,而郑国也派大夫与陈

---

[1] 徐连成:《春秋初年"盟"的探讨》,《文史哲》1957年第11期。
[2] 吕静:《春秋时期盟誓研究:神灵崇拜下的社会秩序再构建》,第99页。
[3] 杨伯峻:《春秋左传注》(修订本),第79页。
[4] 杨伯峻:《春秋左传注》(修订本),第30页。

侯盟誓。从中我们能看到，郑国与陈国盟誓，并非希望与陈国结成军事同盟，只是为了消除嫌隙，化干戈为玉帛。

史家多认为郑庄公"小霸"，或叹昭、厉之乱断送了霸业。然而，郑国身处与宋、卫、陈、蔡的斗争旋涡中，无法取信于周边诸侯，又怎么能为诸侯盟主呢？

齐国盟誓是在调和郑国与宋、卫、陈、蔡的斗争中成熟的。对于郑国与宋、卫、陈、蔡的斗争，齐国、鲁国在多数情况下是中立者[1]。其不同之处在于：鲁国比较被动，希望置身事外。鲁隐公摄政，本希望与诸侯结好，于是捐弃前嫌与宋盟于宿。隐公四年，宋国乞师伐郑，隐公拒绝出兵。五年（前718年），郑国打宋国，宋国再次乞师，隐公知道宋国情况紧急，却又明知故问：郑国打到哪儿了？宋国使者回答：还没打到国都呢，鲁公大怒，拒绝出兵。九年（前714年），郑国又打宋国，宋国干脆不向鲁国派使者，鲁隐公又很生气。再加上郑国频繁向鲁国示好，于是鲁国联合郑国打宋国。这说明，在诸侯纷争中，想独善其身很难。

与鲁国被动卷入不同，齐国积极介入收到了良好效果。齐僖公在位期间，与鲁隐公一样试图与诸侯交好。如隐公三年齐僖公与郑国在石门重温卢之盟，隐公六年（前717年），齐僖公与鲁国在艾地盟誓。齐僖公比隐公的高明之处在于，善于抓住机会，调和郑国与宋、卫矛盾。当时的背景是，隐公七年（前716年）秋天，郑国与宋国讲和，与陈国盟誓且联姻。齐僖公敏锐地捕捉到时机，八年（前715年）春天，便与宋、卫相约，夏天齐僖公让宋、卫与郑讲和，秋天在瓦屋立下盟誓，冬天派使者向鲁隐公报告讲和的事情，鲁隐公不得不说："君释三国之图，以鸠其民，君之惠也。寡君闻命矣，敢不承受君之明德。"[2]齐僖公一举而取信于郑、宋、卫、鲁四国，不可谓不高明。齐僖公召集的瓦屋盟誓有个特点：超越敌对双方建立信任关系。

如果不能超越敌对关系，而又不得不身处其中，齐僖公会选择"从众"或顺从"道义"，不至于把自己置于孤立的地位。比如，瓦屋之盟后，郑国以宋公不朝见天子为名，征伐宋国，由于宋国不向鲁国派使者，鲁隐公打算加入郑国伐宋行列，而齐国本来与郑交好。鲁隐公十年（前713年），郑国、齐国、鲁国三国在邓地盟誓，一起攻打宋国。再如，鲁桓公六年（前706年），北戎攻打齐国，郑国太

---

[1] 鲁国中立应该始于鲁隐公，清华简《郑文公问太伯》说郑武公时，"鲁、卫、蓼、蔡"来见，估计鲁国也曾经是反郑势力。

[2] 杨伯峻：《春秋左传注》（修订本），第60页。

子忽帅师救齐,后来诸侯大夫戍守齐国,齐国馈送食物,让鲁国定次序,结果鲁国把郑国排在后面,于是鲁桓公十年(前702年)冬天,郑国、齐国、卫国"来战于郎"。桓公十一年(前701年)正月,齐、卫、郑、宋在恶曹举行盟誓,其中虽然没有鲁国,但不能说四国借盟誓建立针对鲁国的军事同盟,因为军事行动已经过去,之后并无针对鲁国的战争。[1] 恶曹之盟应是齐僖公借郎之战修复与诸侯嫌隙的手段。这次盟誓与瓦屋之盟十分相似:盟誓以齐国为首,而其中有郑、宋、卫之宿敌。

从瓦屋之盟和恶曹之盟,我们能够看到齐僖公的过人之处。齐国当时并非实力最强的国家(实力最强的是郑国),但是齐僖公却总能够捕捉到机会,将郑、宋、卫等宿敌拉在一起举行盟誓,修补诸侯之间的嫌隙,虽然其结果并不成功,但至少对齐国而言,增强了诸侯对他的信任——齐僖公能将各国拉在一起,即是各国对齐国信任之表现,两次盟誓均以诸侯对齐国的信任为基础。相比之下,无论是鲁隐公还是鲁桓公,其总能把自己置于窘迫地步:鲁隐公想置身事外,与郑、宋双方都结好,但最终不得不选边站;鲁桓公排次序得罪一众诸侯,桓公十二年(前700年)鲁国想与宋国结好而不能,于是就和郑国在武父盟誓去攻打宋国。春秋初期,齐国、鲁国实力相当,一个能超越郑、宋敌对关系建立盟誓,一个掉进郑、宋对立之"陷阱",齐僖公与鲁隐公、鲁桓公高下立判。

齐僖公的盟誓信任对齐桓公产生了影响。齐桓公与齐僖公构建的盟誓信任关系有内在逻辑一致性:超越郑国与周边国家的对立,建立普遍的信任关系。

三、齐桓公主导的盟誓信任

齐桓公继承了其父僖公之事业。对于齐桓公的霸业,顾栋高说:"管仲佐桓公图伯以来,以大义服人,未尝交兵,与诸侯一战,其意以爱养民力,勤恤诸侯为事。"[2] 其意得之,但不尽然。桓公取信于诸侯而为盟主,凭借的是"威"和"怀"。《国语·齐语》说桓公:"拘之以利,结之以信,示之以武,故天下小国诸

---

[1] 《左传》记载的时间十分可疑,鲁国排班次在鲁桓公六年,郎之战却在十年,时间过久。郎之战后虽然立即举行盟誓,但是却没有继续对鲁国采取军事行动,鲁国也并未因此孤立。

[2] 顾栋高:《春秋齐楚争盟表·叙》,载《春秋大事表》,中华书局,1993,第1952页。

侯既许桓公,莫之敢背,就其利而信其仁、畏其武。"[1]其中就包括了"威"(武)和"怀"("利"与"信")的意思。齐桓公取信于诸侯可分为两个阶段:

第一阶段,以力服人。《左传》载,庄公十年至二十七年(前684—前667年),齐桓公以"威"为主,威服屡叛盟誓的诸侯,将华夏诸侯拧成一团。

齐桓公立威的基础是管仲改革。据《齐语》,管仲改革主要有以下几个方面:一是划定行政区域,"参其国而伍其鄙";二是内政与军事合一,"作内政而寄军令";三是财政改革,"相地而衰征",通鱼盐之利,"关市幾而不征"(稽查而不征税)。管仲改革增强了齐国国力,打下了霸业的基础。[2] 齐桓公立"威"于诸侯,自征伐鲁国、郑国、宋国开始。《左传》载,齐桓公于鲁庄公九年(前685年)即位,十年(前684年)征伐"站错队"(纳公子纠)的鲁国,结果吃了败仗,又灭掉桓公逃亡时"无礼"的谭国。十三年(前681年)六月,桓公征集诸侯会于北杏,以平宋乱,遂人不至,于是灭遂恐吓诸侯,效果出人意料:冬天,挟北杏之威与鲁侯于柯地盟誓,在盟坛上被曹沫劫持,威风扫地;[3]宋人也在这时背叛齐国;五年后,遂国遗民尽杀齐国驻遂军队。十四年(前680年),齐国借天子之名伐宋,方才服宋。十五年(前679年),齐、宋、陈、卫、郑在鄄地会见,将包括郑、宋宿敌在内的中原大国聚在一起,《左传》说这是霸业的开始。[4]

从鲁庄公十年到十五年,齐桓公试图靠武力征伐诸侯,靠强力将诸侯连成一体。但是,以力服人是不够的。孟子说:"以力服人者,非心服也,力不赡也;以德服人者,中心悦而诚服也。"[5]在构建信任方面,"柯之盟"发挥了积极作用。《史记·齐太公世家》说,桓公许诺归还鲁国土地后想反悔,并想杀掉曹沫,管仲劝说桓公:"弃信于诸侯,失天下之援,不可。"[6]于是桓公奉守承诺,遵守盟誓之言,司马迁说"诸侯闻之,皆信齐而欲附焉"[7]。其中虽有夸大之处,不

---

[1] 韦昭注,明洁辑评,金良年导读,梁谷整理:《国语》,第114页。案:童书业说:"虽然《国语》等书的记载未可尽信,但必保存些当时的真相的影子。"[童书业:《春秋史》(校订本),童教英校订,第165页]

[2] 韦昭注,明洁辑评,金良年导读,梁谷整理:《国语》,第103—114页。

[3] 司马迁:《史记》,第3054页。

[4] 杨伯峻:《春秋左传注》(修订本),第200页。

[5] 《孟子·公孙丑上》,载上海古籍出版社编《十三经注疏·孟子注疏》,第2689页。

[6] 司马迁:《史记》,第1800页。

[7] 司马迁:《史记》,第1800页。

过也多少发挥了积极作用。十六年(前678年)诸侯在幽地盟誓后,诸侯除郑外,偶有叛者。鲁庄公二十七年(前667年),齐率诸侯平定郑、陈,诸侯再次在幽地盟誓,随后周天子派召伯赐齐侯命,承认其盟主地位。

第二阶段,以德服人。鲁庄公二十八年至僖公十七年(前666—前643年),齐桓公以"怀"为主,示诸侯以"德"。自是诸侯不叛盟誓(郑文公逃盟例外),即使齐国力衰,诸侯亦信任之。齐桓公示诸侯以德义,包括两个方面:

第一,安定王室,尊崇天子。《左传·僖公二十五年》说:"求诸侯莫如勤王。诸侯信之,且大义也。"[1]为王室效劳是获得诸侯信任的重要手段。鲁庄公二十八年,齐国奉周惠王之命讨伐参与王子颓之乱的卫国,"数之以王命"。周惠王欲废太子郑而立少子叔带,鲁僖公五年,齐桓公率领诸侯于首止盟誓,安定太子郑的地位。周惠王很生气,暗地指使郑文公叛齐。齐桓公又以"威"(出师)"怀"(不勾结郑太子华)讨郑。鲁僖公八年(前652年),周惠王死后,齐桓公率领诸侯安定周襄王(太子郑)之位,于洮地盟誓,郑国主动请盟。鲁僖公九年(前651年),齐桓公率领诸侯在葵丘相会,准备寻盟。周王室再次派人前来赐命,并"赐一级,无下拜",齐桓公坚持下拜。孔子称赞"齐桓公正而不谲",于此有焉。

第二,恤诸侯之内忧外患。一是伐山戎。山戎经常侵扰燕国,鲁庄公三十年(前664年),齐桓公起兵讨伐山戎,据《国语·齐语》说:"北伐山戎,刜令支、斩孤竹而南归。"[2]二是平鲁难。鲁庄公死后,庆父相继杀死太子般和鲁闵公。鲁闵公元年(前661年),齐桓公召回逃难的季友辅助闵公,派仲孙湫省难。闵公二年(前660年),齐人杀掉与庆父通奸作乱的哀姜,并派上卿高子前来盟誓,安定鲁国。三是救邢存卫。鲁闵公元年,狄人侵伐邢国,齐桓公派军队救邢,并在第二年将邢国迁到夷仪;鲁闵公二年,狄人灭掉卫国,齐桓公又为卫人修筑楚丘重建卫国。《左传》说:"邢迁如归,卫国忘亡。"[3]《国语·齐语》说:"天下诸侯称仁焉。于是天下诸侯知桓公之非为己动也,是故诸侯归之。"[4]齐桓公以德怀柔诸侯,让诸侯感到齐桓公不是出于私心,故能够信任之。

---

[1] 杨伯峻:《春秋左传注》(修订本),第431页。
[2] 韦昭注,明洁辑评,金良年导读,梁谷整理:《国语》,第112页。
[3] 杨伯峻:《春秋左传注》(修订本),第273页。
[4] 韦昭注,明洁辑评,金良年导读,梁谷整理:《国语》,第114页。

桓公示诸侯以"德",获得诸侯信任,而他又将"德"贯穿到桓公的盟誓当中。齐桓公有两大代表性盟誓:一是鲁僖公四年(前656年)的召陵之盟,二是鲁僖公九年(前651年)的葵丘会盟。[1] 人们或扬"召陵",[2]或扬"葵丘",[3]其实二者均为桓公之盛业。

其一,召陵之盟。楚成王于鲁僖公元年(前659年)、二年(前658年)、三年(前657年)接连伐郑。此时,以郑国为中心,北有狄人,南有楚国,《公羊传·僖公四年》说:"南夷与北狄交,中国不绝若线。"[4]齐桓公"救邢存卫"之后,又谋楚患。鲁僖公二年,齐桓公、宋公与南方的江、黄两国在贯地盟誓,鲁僖公三年,四国又相会于阳谷。四年春,齐桓公率领诸侯军队侵蔡,伐楚。后来楚国派来屈完求和。齐桓公布阵示威说:"以此众战,谁能御之?以此攻城,何城不克?"屈完回答:"君若以德绥诸侯,谁敢不服?君若以力,楚国方城以为城,汉水以为池,虽众,无所用之。"[5]在"威"与"德"之间,齐桓公选择"以德绥诸侯",于是屈完与诸侯结下盟誓。

其二,葵丘之盟。鲁僖公九年,齐桓公先会诸侯于葵丘,周天子派人赐命,接着桓公与诸侯举行盟誓。关于这次盟誓的盟辞,《左传》记载很简略:"凡我同盟之人,既盟之后,言归于好。"[6]《孟子·告子下》说得比较详细:"初命曰:'诛不孝,无易树子,无以妾为妻。'再命曰:'尊贤育才,以彰有德。'三命曰:'敬老慈幼,无忘宾旅。'四命曰:'士无世官,官事无摄,取士必得,无专杀大夫。'五命曰:'无曲防,无遏籴,无有封而不告。'曰:'凡我同盟之人,既盟之后,言归于好。'"[7]《穀梁传》说:"毋雍泉,毋讫籴,毋易树子,毋以妾为妻,毋使妇人与

---

[1] 葵丘先"会"而后"盟",故连言"会盟"。
[2] 如《左传·昭公四年》载楚令尹椒举之言:"齐桓有召陵之师,晋文有践土之盟。"[杨伯峻:《春秋左传注》(修订本),第1251页]《公羊传》赞扬召陵之盟"王者之事",而贬葵丘之盟齐桓公有骄傲之心。(上海古籍出版社编《十三经注疏·春秋公羊传注疏》,第2249、2252页)
[3] 如《国语·齐语》载葵丘之会,而对召陵之盟只字不谈,今人亦多谈"葵丘",如童书业《春秋史》花了大篇幅谈葵丘之会,而于召陵之盟则寥寥数语。
[4] 上海古籍出版社编《十三经注疏·春秋公羊传注疏》,第2249页。
[5] 杨伯峻:《春秋左传注》(修订本),第293页。
[6] 杨伯峻:《春秋左传注》(修订本),第327页。
[7] 上海古籍出版社编《十三经注疏·孟子注疏》,第2759页。

国事。"[1]

两次盟誓的共同特征都是以德服人。童书业指出:"(齐)如以半数出征则五百乘。召陵之师除齐外,凡宋、鲁、卫、郑、陈、许、曹七国,宋、鲁亦皆千乘之国,如各出车三百乘,卫、郑各出车二百乘,陈、许、曹各出车百乘,则全军可能有一千数百乘之兵力,在春秋前期此为极可惊之军数。"[2]然而齐桓公没有诉诸大规模战争,这和城濮战前晋国求战心态(见下文)完全不同。葵丘之盟的盟辞表明,齐桓公更关心的是诸侯的德行和德政,而这些大多都靠诸侯的道德自觉。这两次盟誓也展现出齐桓公对齐僖公盟誓信任的发展:以武力纠合诸侯,然后以德取信于诸侯,这是齐僖公构建盟誓信任没有的内容;超越诸侯对立,齐桓公试图将齐僖公时超越郑与宋、卫、陈、蔡的对立发展为超越华夏诸侯与楚国的对立。

第二节　春秋中后期诸侯国的盟誓信任

一、晋国类型的盟誓信任

齐桓、晋文往往并称,如《左传·昭公四年》载椒举之言:"齐桓有召陵之师,晋文有践土之盟。"《孟子·梁惠王上》记齐宣王问孟子曰:"齐桓、晋文之事可得闻乎?"[3]二者虽然并称,但是却有很大不同。孔子只称许齐桓,"桓公九合诸侯,不以兵车"[4],并认为这是"管仲之力",并许以为"仁"。[5] "不以兵

---

[1] 上海古籍出版社编《十三经注疏·春秋穀梁传注疏》,上海古籍出版社,1997,第2396页。
[2] 童书业:《春秋左传研究》,第52页。
[3] 上海古籍出版社编《十三经注疏·孟子注疏》,第2670页。
[4] 孔子说齐桓公"不以兵车",而《国语·齐语》说齐桓公"兵车之属六,乘车之会三",似乎与孔子之言相反,但是《齐语》接着说:"诸侯甲不解累,兵不解翳,弢无弓,服无矢。隐武事,行文道,帅诸侯而朝天子。"(韦昭注,明洁辑评,金良年导读,梁谷整理:《国语》,第112页)诸侯卸甲休兵。由此可知,孔子"不以兵车"非实指,而是说不诉诸大规模战争。
[5] 《论语·宪问》,载上海古籍出版社编《十三经注疏·论语注疏》,第2511页。

车"不是说和兵车无关,是指不诉诸大规模战争。这与晋文公以城濮之战而霸诸侯显然不同。是否诉诸暴力,正是晋国与齐国构建盟誓信任方式的重要区别。

(一) 晋国取信于诸侯

晋国的两大传统使其很难获得诸侯信任。一是尚诈。晋献公时,挑拨群公子关系而除桓、庄之族;两次向虞国借道伐虢,灭掉虢国旋即灭虞。晋惠公时,为了获得秦国支持回国即位,向秦穆公许诺以土地,结果朝渡黄河而夕设防御设施,向秦穆姬许诺尽纳群公子,同样未兑现。晋国饥荒,秦国输粟救济,而秦国饥荒,晋惠公拒绝救济。晋惠公弃信背邻,引发了秦、晋韩原之战,结果晋惠公被秦国俘虏。自是后,晋人尚诈成分下降很多。二是灭国。自春秋以来,晋武公灭荀,晋献公灭东山皋落氏、冀、董、贾、杨、耿、魏、霍、虞、虢、随、沈、姒、蓐、黄。[1] 晋国人自己也承认:"虞、虢、焦、滑、霍、杨、韩、魏,皆姬姓也,晋是以大。若非侵小,将何所取? 武、献以下,兼国多矣。"[2] 晋惠公上台后,晋国不再灭同姓国。[3] 晋文公即位后,尚诈、灭国传统得到改变,这对取信诸侯具有积极的意义。

晋文公得信于诸侯有两大手段。第一,武力打败楚国,救宋国患难,树威信于诸侯。

鲁僖公二十三年(前637年),重耳逃难到楚国,楚成王问他返国后何以为报,重耳回答说:"若以君之灵,得反晋国。晋、楚治兵,遇于中原,其辟君三舍。若不获命,其左执鞭、弭,右属櫜、鞬,以与君周旋。"[4]可见重耳称霸的敌对目标(楚国)与解决方式(战争)十分明确。鲁僖公二十七年(前633年),楚成王率诸侯围宋,宋国向晋国告急,先轸说:"报施、救患,取威、定霸,于是乎在矣。"[5]晋于是作三军,扩军备战,谋划攻打楚国的与国曹、卫。鲁僖公二十八

---

[1] 卫文选:《晋国灭国略考》,《晋阳学刊》1982年第6期。

[2] 杨伯峻:《春秋左传注》(修订本),第1160页。

[3] 鲁僖公二十五年,周天子赏赐给晋文公阳樊、温、原、攒茅之田。原为姬姓诸侯,属于"文之昭"。原拒不投降晋人,晋文公遂灭原。这和晋献公灭诸侯不是一个性质。

[4] 杨伯峻:《春秋左传注》(修订本),第409页。

[5] 杨伯峻:《春秋左传注》(修订本),第445页。

年(前632年),晋侵曹、伐卫。宋国再次告急,晋文公说:"宋人告急,舍之则绝,告楚不许。我欲战矣,齐、秦未可,若之何?"[1]可见其求战之心未变。楚成王不欲战,打算释宋之围而退师。子玉求战,而晋人又故意惹怒子玉。临战之前,楚国占据了有利地形,而晋军又有歌谣,晋文公有所犹豫。子犯说:"战也!战而捷,必得诸侯。若其不捷,表里山河,必无害也。"这种好战心态近乎投机。晋文公又问:"若楚惠何?"栾枝说:"汉阳诸姬,楚实尽之。思小惠而忘大耻,不如战也。"[2]

第二,取得王室信任,获得周天子策命,进而取得诸侯信任。

鲁僖公二十五年(前635年),秦人准备纳因叔带之乱出奔在外的周襄王,狐偃对晋文公说:"求诸侯莫如勤王。诸侯信之,且大义也。继文之业,而信宣于诸侯,今为可矣。"[3]于是晋文公辞退秦人,纳周襄王于王城而杀叔带。有学者指出:"在与周王室的邦交中,晋国比齐桓公更加尊王。"[4]城濮之战后,晋文公向王室献楚俘,获得了王室的赐命,命辞为:"王谓叔父:敬服王命,以绥四国,纠逖王慝。"[5]晋文公受策命后,又与王室代表、诸侯举行盟誓,《左传》记下了部分盟辞:"凡我同盟,各复旧职"[6],"皆奖王室,无相害也!有渝此盟,明神殛之,俾队其师,无克祚国,及而玄孙,无有老幼。"[7]这段盟辞制定的规则是对各诸侯国的共同约束,但是晋国是主盟者,且受了王命,这等于晋国给王室、诸侯下了承诺:恢复对王室的职贡,辅佐王室,诸侯互不侵害。再结合当时打败楚国的背景,这其实还暗含了保证诸侯不受盟国之外势力(如楚国)的侵害。晋国靠什么维护规则,践行承诺呢?主要靠武力。晋国实际上成了王室和诸侯的"保护国"。

---

[1] 杨伯峻:《春秋左传注》(修订本),第455页。
[2] 杨伯峻:《春秋左传注》(修订本),第459页。
[3] 杨伯峻:《春秋左传注》(修订本),第431页。
[4] 张建明:《春秋时期晋国邦交钩沉》,《内蒙古大学学报(哲学社会科学版)》2016年第1期。
[5] 杨伯峻:《春秋左传注》(修订本),第465页。
[6] 杨伯峻:《春秋左传注》(修订本),第1523页。
[7] 杨伯峻:《春秋左传注》(修订本),第467页。

需要指出的是,暴力思维贯穿了晋国君臣的头脑,以德怀柔诸侯的观念很少。[1] 卫国、曹国、郑国在重耳流亡时没有施以礼遇,且与楚交好,结果在城濮之战前后均遭到了报复:晋国攻打卫国,卫侯想请盟,晋国不许,卫侯想投靠楚国,卫国人不许,国人把卫侯赶跑来讨好晋文公;接着晋国攻打曹国后,抓住曹伯后,把他交给曹国的仇敌宋国,[2] 且分曹、卫之田给宋国。卫侯回国后杀了自己的弟弟,晋人又把卫侯抓了起来。卫侯、曹伯最终靠贿赂而得以脱身。践土之盟后第二年,晋文公又拉上秦穆公同郑国"秋后算账":"以其无礼于晋,且贰于楚也。"[3] 郑国靠离间秦、晋关系才得以脱身,而郑国立了跟随晋国的公子兰为太子,晋文公才答应与郑国讲和。

晋国轻视施德,臣下又热衷于收取诸侯贿赂,这些几乎成了晋国称霸后长期的弊端,对于晋国构建盟誓信任产生严重的负面影响。

(二) 晋国盟誓信任结构

自鲁僖公二十八年践土之盟至鲁定公四年(前506年)召陵之会晋失诸侯。晋国的盟誓信任大体上维持了一百多年。与晋国具有经常性盟誓关系的诸侯有齐国、鲁国、宋国、卫国、郑国、邾国、小邾国、曹国、莒国、杞国、滕国、薛国。晋

---

[1] 《左传·僖公二十八年》载"君子"评价践土之盟:"晋于是役也,能以德攻。"所谓"德攻",杜预注"以文德教民而后用之",和德绥诸侯无关。(上海古籍出版社编《十三经注疏·春秋左传正义》,第1826页)

[2] 童书业认为:"曹本是宋的属国,现在降楚与宋为敌,所以晋文公有这举动。"[童书业:《春秋史》(校订本),童教英校订,第191页]案:曹本不是宋的属国。曹国为曹叔振铎之后,为"文之昭"十六国之一。《逸周书·克殷》载,武王伐纣祭祀时,"叔振奏拜假,又陈常车"。[黄怀信、张懋镕、田旭东:《逸周书汇校集注》(修订本),第349—350页]可见地位不低。《周语·郑语》载,史伯向郑桓公罗列成周四周的大国:"东有齐、鲁、曹、宋、滕、薛、邹、莒。"此时,曹国排在宋国之前。曹国之弱,或在春秋之初:宋国侵损曹国而晋国分其土田,曹国遂衰微矣。即便衰微,其非宋国附属。定公元年(前509年),宋国仲几说:"滕、薛、郳,吾役也。"其中无曹。《左传·定公四年》载卫国祝佗说:"曹为伯甸。"[杨伯峻:《春秋左传注》(修订本),第1541页]童书业也承认,"侯、甸、男、采、卫"为"周爵五等",其中采、卫为附庸。(童书业:《春秋左传研究》,第310页)曹国为"甸",固不当为属国,此时诸侯以"甸"称之,亦不视曹为宋属国。《左传》载,早在鲁僖公十九年(前641年),"宋人围曹",可见宋国为曹国之仇敌,晋文公把曹伯交给宋人,有借刀杀人之意。韩非说:"生害事,死伤名,则行饮食;不然,而与其仇。"(王先慎:《韩非子集解》,第333页)

[3] 杨伯峻:《春秋左传注》(修订本),第479页。

国与诸侯虽有盟誓,但是信任关系却十分不同:

第一,晋国始终无法与齐国建立稳定的信任关系。晋国主持的盟誓对大国形成约束而有利于小国。齐国像昼伏夜出的老鼠一样,晋国强大时不敢轻举妄动,晋国一旦势衰便出来侵伐周围小国。[1] 晋国为了维持"无相害"的盟约,立信于诸侯,必然要征讨齐国。晋国与齐国有两次大战:第一次是"鞌之战"。晋国在邲地败于楚国后,齐国遂不把晋国放在眼里。鲁成公二年,齐顷公攻打鲁国,又打败前来救援的卫国,鲁、卫求救于晋,于是晋国郤克率领鲁、卫、曹在鞌地打败齐国。第二次是"平阴之战"。鲁襄公十五年(前558年),晋国雄主悼公去世,齐国叛逃诸侯盟会,又趁着晋国势衰,连年攻打鲁国。鲁襄公十八年(前555年),晋平公亲征,率领晋、鲁、卫等十二国军队在平阴打败齐国。此外,规模不大的还有宣公十八年(前591年)晋、卫伐齐等。虽然晋国接连打败齐国,并结下盟誓,但是始终难以与之建立信任关系。如昭公十二年(前530年),齐侯朝晋,投壶说:"有酒如渑,有肉如陵。寡人中此,与君代兴。"[2] 由此可见,其取代晋国霸主地位的心思昭然若揭。

第二,晋国无法与郑国建立稳定的信任关系。郑国夹居晋国、楚国之间,服叛无常。城濮之战后,晋、秦包围郑国,郑国服晋。楚穆王北略,郑又贰于楚。楚庄王多次北上伐郑,郑大夫子良说:"晋、楚不务德而兵争,与其来者可也。晋、楚无信,我焉得有信?"[3] 于是与楚盟誓,没过多久又跑过去事晋。郑国就是这样在两大国之间来回摇摆。到了鲁襄公时期,晋、楚争夺更加激烈。杨伯峻说:"自襄公以来,几至年年有战事。"[4] 襄公八年(前536年),郑子驷说:"敬共币帛,以待来者,小国之道也。牺牲玉帛,待于二竟,以待强者而庇民焉。"[5] 襄公九年(前535年),郑、晋结盟而在盟辞上发生争执,郑子驷对晋人说:"天祸郑国,使介居二大国之间,大国不加德音,而乱以要之……自今日既盟

---

[1] 《左传·襄公二十三年》载,齐侯与鲁亡臣臧纥讨论伐晋,臧纥说:"多则多矣,抑君似鼠。夫鼠,昼伏夜动,不穴于寝庙,畏人故也。今君闻晋之乱而后作焉,宁将事之,非鼠如何?"[杨伯峻:《春秋左传注》(修订本),第1085页]

[2] 杨伯峻:《春秋左传注》(修订本),第1333页。

[3] 杨伯峻:《春秋左传注》(修订本),第711页。

[4] 杨伯峻:《春秋左传注》(修订本),第988页。

[5] 杨伯峻:《春秋左传注》(修订本),第957页。

之后,郑国而不唯有礼与强可以庇民者是从,而敢有异志者,亦如之!"[1]从根本上讲,晋国无法保护郑国,故郑国与晋国虽有大量盟誓,但几乎都无信任可言。

第三,晋国与鲁国、卫国、宋国信任关系较为稳定。齐国常有称霸之心,其谋求霸业又往往从征服周边国家开始,鲁国往往首当其冲,卫国亦常受其逼迫。鲁、卫为兄弟之国,故常结盟对付齐国。但总体上实力很有限,故不得不寻找靠山。由于晋国能够长期压制齐国,故受鲁国、卫国信任。鲁昭公四年,楚灵王按照弭兵之会"晋、楚之从交相见"之约召集诸侯会盟,问子产,诸侯是否前来,子产说:"必来……不来者,其鲁、卫、曹、邾乎!曹畏宋,邾畏鲁,鲁、卫偪于齐而亲于晋,唯是不来。"[2]卫国还受戎狄威胁,靠晋国北击戎狄才得以安全。鲁国、卫国按照条约可以朝楚,但最终均推辞不去,可见两国对晋国信任之专一。反过来,晋国亦视鲁、卫为压制齐国的左膀右臂而信任之。此外,晋国与鲁、卫,亦因"兄弟之国"关系而增强相互的信任感。[3]

宋国虽处中原,但是不像郑国那样,介于大国之间被来回争夺,故有可以选择靠山的余地。宋国受楚国欺压,宋襄公曾经厚待重耳,晋人报施救宋,在城濮打败楚国。鲁文公十年(前617年),宋昭公与楚王在孟诸打猎,楚大夫申舟在军中责打昭公仆人,更坚定了宋国对晋国的信任。鲁宣公十四年(前595年),宋国被楚庄王率军包围时,晋国欺骗宋国援军将至,宋国"易子而食,析骸以炊"坚守。即使一度受骗,宋国仍然相信晋国,很少叛盟。有学者统计指出:"载于史书的楚国为征服宋国,单独或联合郑国,或指使郑国对宋发动的战争共有17次之多,但是,宋国只有两次服从于楚,共计10年,不及争霸时间的八分之一,其余时间则是与晋结盟。"[4]由于宋国坚定跟随晋国,是制约楚国的重要力量,

---

[1] 杨伯峻:《春秋左传注》(修订本),第969页。
[2] 杨伯峻:《春秋左传注》(修订本),第1248页。
[3] 鲁成公二年,晋郤克说:"晋与鲁、卫,兄弟也。"鲁昭公七年(前535年),晋大夫言于范献子曰:"卫事晋为睦……《诗》曰:'脊令在原,兄弟急难。'又曰:'死丧之威,兄弟孔怀。'兄弟之不睦,于是乎不吊;况远人,谁敢归之?"鲁昭公十三年(前529年),鲁子服惠伯私下对晋中行穆子曰:"鲁事晋,何以不如夷之小国?鲁,兄弟也。"[分别参见杨伯峻:《春秋左传注》(修订本),第790、1293-1294、1361页]
[4] 陈玉兰:《晋楚争霸时期宋国外交述论》,硕士学位论文,吉林大学,2006年,第38页。

春秋中后期宋国又是通吴的必经之路,故晋国视宋国为压制楚国的得力助手,甚至不惜灭偪阳而封之。

第四,晋国备受莒、邾、小邾、薛、滕、曹之类的小国信任。一个很有趣的现象,即践土之盟,与盟的有晋、齐、鲁、宋、蔡、郑、卫、莒,基本上都是大国。后来一些小国如邾、小邾、薛、滕、曹纷纷加入晋国主持的盟誓,很少叛盟。究其根本,除了畏晋,恐怕与当时形势密切相关。

莒国、邾国与鲁国接壤,皆为东夷国家,顾栋高说它们的形势:"鲁与邾、莒僻处一隅,非有关于天下之故。然鲁虐邾、莒,莒灭向、灭鄫,邾灭须句、灭鄅而其后皆为鲁所吞并,最后'以邾子益来',几亡邾矣。"[1]莒、邾寄希望于晋国的保护。如鲁昭公十三年,莒人、邾人向晋国告状:"鲁朝夕伐我,几亡矣。我之不共,鲁故之以。"[2]于是晋国率军来到邾国,叔向恐吓鲁国说:"寡君有甲车四千乘在,虽以无道行之,必可畏也……用诸侯之师,因邾、莒、杞、鄫之怒,以讨鲁罪,间其二忧,何求而弗克?"[3]由于鲁常侵莒、邾,晋国先后于昭公元年、昭公十三年、昭公二十三年(前519年)拘鲁卿叔孙豹、季孙意如和叔孙婼,故莒、邾常参加晋盟。小邾情况不详,或因受鲁、宋欺压而与晋盟。[4]

薛、滕小国受宋国欺压。如鲁定公元年,晋国率领诸侯为天子城成周,宋国大夫仲几不接受任务,说:"滕、薛、郳,吾役也。"于是,薛国宰臣控诉宋国:"宋为无道,绝我小国于周,以我适楚,故我常从宋。晋文公为践土之盟,曰:'凡我同盟,各复旧职。'若从践土,若从宋,亦唯命。"宋人态度蛮横,晋人大怒:"必以仲几为戮。"于是把仲几抓了回去。[5] 曹国生存同样艰难。僖公十五年(前645年),宋伐曹,鲁僖公二十八年,晋文公公报私仇伐曹,后曹与晋扈之盟后,所见仅有两次受侵伐:鲁文公十五年(前612年),曹伯朝鲁公,结果遭到齐国讨伐;

---

[1] 顾栋高:《春秋鲁邾莒交兵表·叙》,载《春秋大事表》,第2105页。莒国除受鲁国压迫外,还受齐、楚压迫。有学者统计,春秋时期莒国被齐国侵伐5次,遭到鲁国大的侵伐有4次,遭楚国侵伐次数少,却曾被连克三都。(参见逄振镐:《莒国史略》,《东岳论丛》1999年第4期)

[2] 杨伯峻:《春秋左传注》(修订本),第1357页。

[3] 杨伯峻:《春秋左传注》(修订本),第1357页。

[4] 《春秋》说鲁哀公四年(前491年)"宋人执小邾子",经、传说,哀公十七年,小邾大夫射以句绎归鲁,而子说"鲁有事于小邾"。两件事虽然都发生在哀公时期,或可推知晋国主盟时小邾也受二国欺压。

[5] 杨伯峻:《春秋左传注》(修订本),第1523−1524页。

鲁襄公十七年(前556年),卫国伐曹,曹国向晋国告状。昭公五年,子产说:"曹畏宋。"晋失诸侯后,定公十二年(前498年)、十三年,卫国接连伐曹;哀公三年(前492年)、六年(前489年)宋国伐曹,八年(前487年)灭曹,所以不难理解曹国为何积极参盟。

通过以上分析,我们不难发现晋国盟誓的信任机制有赖于两大要素:一是诸侯国的层层对立关系。正是因为宋国畏惧楚国,鲁、卫畏惧齐国,莒、邾畏惧鲁国,薛、滕、曹畏惧宋国,弱势的一方不得不寻找靠山。晋国作为盟主,有维持秩序的责任,故对于小国,晋国往往以"保护国"的身份受到他们信任。二是晋国的武力。若要充当"保护国"的角色,必须有武力,而晋国也崇尚以武力解决问题。晋国武力强大,能够保护大多结盟国家,故受这些国家的信任。如果无力保护小国,便会失去诸侯信任。郑国之所以屡叛,正是因为晋国武力不足以压制楚国,无法保护郑国的安全。齐国在山东半岛处于对立关系中的强势地位,武力与晋国相距不是太大,不但不需要晋国保护,而且试图与晋国争夺小国,故晋、齐基本上无信任可言。

(三) 晋国失信任于诸侯

鲁定公四年,由于楚国令尹囊瓦欺凌小国,众多小国纷纷转向晋国,其中蔡国也受到欺辱,故投靠晋国。于是,众诸侯在召陵召开大会谋划讨伐楚国,大会由刘文公主持,晋、鲁、宋、蔡、卫、郑、许、曹、莒、邾、顿、胡、滕、薛、杞、小邾十六国国君及齐国国夏参加大会。从名单可以看出,陈、蔡、顿、胡这些不常参会的诸侯国都来了,可见大家对晋国抱有很高期望。然而,晋大夫荀寅向蔡侯索贿不成,于是劝说执政范献子放弃攻楚,结果大会不欢而散。《左传》说"晋于是乎失诸侯"。[1] 诸侯对晋国失去信任,不久又发展为敌对。定公十三年,晋国爆发范氏、中行氏之乱。不久,齐国、鲁国、卫国、郑国、宋国,甚至周人、狄人、鲜虞都支持范氏、中行氏,反对晋国。

晋得诸侯,何其勃焉,晋失诸侯,何其忽焉!为何诸侯对晋国失去信任?失去信任不过是诸侯散伙而已,为何又迅速转化为对晋国的敌对?

从晋文公对卫、曹、郑不依不饶,到晋国失去诸侯信任,"重威轻怀"始终是

---

[1] 杨伯峻:《春秋左传注》(修订本),第1534页。

晋国对待诸侯的一大特点。有两件事很能说明问题：

一是鲁成公八年（前583年），由于齐国与晋国讲和，晋国要求鲁国把汶阳之田送给齐国。季文子私下对晋大夫韩穿说："大国制义，以为盟主，是以诸侯怀德畏讨，无有贰心。谓汶阳之田，敝邑之旧也，而用师于齐，使归诸敝邑。今有二命，曰'归诸齐'。信以行义，义以成命，小国所望而怀也。信不可知，义无所立，四方诸侯，其谁不解体？……霸主将德是以，而二三之，其何以长有诸侯乎？"[1]季文子提醒晋国要以德怀柔诸侯，否则会遭遇信任危机，晋人并未理会。因这事诸侯稍有叛心，晋人害怕起来，第二年在蒲地会见诸侯，准备靠寻盟防止诸侯离心。季文子批评晋国范文子："德则不竞，寻盟何为？"范文子回答："勤以抚之，宽以待之，坚强以御之，明神以要之，柔服而伐贰，德之次也。"[2]宋司马子鱼曾说："齐桓公存三亡国以属诸侯，义士犹曰薄德。"[3]晋国不过重温旧盟而已，竟然也觉得与"德"沾边。

二是鲁昭公十三年，晋国建成虒祁宫，十分奢侈，诸侯前往朝见晋国后，遂有离心。此时鲁国又侵伐莒国。叔向说："诸侯不可以不示威。"[4]于是带了四千辆战车到邾地示威，又使出了所谓"德之次"的手段——重温旧盟。齐人认为，诸侯有二心才温盟，没二心就不用温盟。叔向认为："明王之制，使诸侯岁聘以志业，间朝以讲礼，再朝而会以示威，再会而盟以显昭明。"[5]其竟然把"示威"与"再盟"说成是明王之制。叔向说："诸侯有间矣，不可以不示众。"[6]于是晋人拿出杀手锏——检阅军队，先是建立旌旗不加飘带，然后又加上飘带摆出作战架势，于是"诸侯畏之"。莒、邾向晋国告状，叔向接着又恐吓鲁国："寡君有甲车四千乘在，虽以无道行之，必可畏也。"这虽是恐吓，但是道出了晋国的阴暗心理：即使我不讲道理，你奈我何！

范文子、叔向是晋国的贤大夫，特别是叔向，竟然也拿武力胁迫诸侯。高士奇批评晋失诸侯，说："……晋犹不悟，恃甲兵之威，逞恫疑之术，欲以力征经营，

---

[1] 杨伯峻：《春秋左传注》（修订本），第837页。
[2] 杨伯峻：《春秋左传注》（修订本），第842－843页。
[3] 杨伯峻：《春秋左传注》（修订本），第382页。
[4] 杨伯峻：《春秋左传注》（修订本），第1353页。
[5] 杨伯峻：《春秋左传注》（修订本），第1355页。
[6] 杨伯峻：《春秋左传注》（修订本），第1356页。

不已过乎！吁！以叔向之贤而见不及此,可惜也!"[1]从根本上讲,重威轻怀与晋国的立国精神密切相关。晋国曲沃小宗吞灭大宗取得诸侯地位。晋献公又靠灭国壮大晋国。晋文公"一战而霸"[2]。晋国靠武力取得霸主地位,又靠武力维持霸主地位。鲁宣公十二年（前597年）,晋、楚邲之战前,中军佐先縠还在强调："晋所以霸,师武、臣力也。"[3]

虽然晋国不以德怀柔诸侯,但是还能以武力保护诸侯,这也是诸侯对晋国信任之所在。晋国中后期,"晋公室卑,政在侈家"[4],"政在家门"[5],导致晋国难以有所作为。就在叔向恐吓诸侯之时,子产看透了晋国："晋政多门,贰偷之不暇,何暇讨？"[6]鲁定公四年,楚国丧失人心,诸侯归附晋国。荀寅却因索贿不成,对执政范献子说："国家方危,诸侯方贰,将以袭敌,不亦难乎！水潦方降,疾疟方起,中山不服,弃盟取怨,无损于楚,而失中山,不如辞蔡侯。吾自方城以来,楚未可以得志,只取勤焉。"[7]召陵之会,诸侯看到晋国软弱而且毫无诚意。无威无怀,其谁信之？

那么,诸侯对晋国的不信任为何很快转化为敌对？这与晋国盟誓的信任机制密切相关。晋国与诸侯的盟誓信任,以层层的对立关系为前提。在对立关系中失去诸侯的信任,往往意味着为渊驱鱼,为丛驱雀。

齐景公看准了晋国的衰弱,于是抓住时机,"威""怀"并用,拉拢诸侯。定公六年,郑国背叛弭兵之盟,趁楚国被吴国攻破,吞并了许国,正害怕晋国来讨之时,齐国送来橄榄枝,成了郑国的靠山。卫灵公打算叛晋,卫国大夫不愿意,于是齐国侵卫,卫侯便与齐国盟誓。定公八年（前502年）,齐国派兵侵鲁,晋人打算救鲁国,顺便与卫灵公结盟,但是晋国毫无诚意,借盟羞辱卫灵公,结果卫国成为齐国最坚定的盟友。鲁国本来不叛晋,且为晋国讨郑国吞许之罪,齐景公攻打鲁国,迫使鲁国在定公十年（前500年）与齐国在夹谷相会。齐国把晋国讨好他送来的汶阳之田转手送还鲁国,齐、鲁和好。于是,齐国把鲁、郑、卫都拉

---

[1] 高士奇:《左传纪事本末》,中华书局,2015,第528页。
[2] 杨伯峻:《春秋左传注》(修订本),第447页。
[3] 杨伯峻:《春秋左传注》(修订本),第726页。
[4] 杨伯峻:《春秋左传注》(修订本),第1184页。
[5] 杨伯峻:《春秋左传注》(修订本),第1236页。
[6] 杨伯峻:《春秋左传注》(修订本),第1359页。
[7] 杨伯峻:《春秋左传注》(修订本),第1534页。

在一起。定公六年,不叛晋的宋国出于友好派乐祁出使晋国,结果晋国扣押乐祁三年,乐祁死在返宋途中,晋国又扣押其尸体防止宋叛,后来宋国也叛晋。

原来处于对立关系中的诸侯因信任并依赖晋国,而晋国的一系列行为失去了诸侯的信任。与此同时,齐景公使用手段,使诸侯对立关系发生改变,晋国成为公敌,诸侯因为将晋国作为共同的敌人而纷纷信任并投靠齐国。诸侯在齐国的率领下,支持范氏、中行氏,攻打晋国,也就不足为怪了。相比之下,齐僖公、齐桓公试图超越对立关系建立盟誓信任,即使霸业不再,由于他们没有对立面,也不会成为众矢之的。齐桓公去世两年后,"陈穆公请修好于诸侯,以无忘齐桓之德"。[1] 于是鲁、陈、蔡、楚、郑在齐国结盟,"修桓公之好也",可见桓公之"德"深入人心,齐桓盟誓信任未绝。

二、楚国类型的盟誓信任

楚人本在周的封建体系内。楚灵王说:"昔我先王熊绎与吕汲、王孙牟、燮父、禽父并事康王。"[2] 陕西周原甲骨卜辞有"曰今秋,楚子来告","其微、楚口氒奠,师氏受奠"之语。[3] 后来楚人脱离周的束缚,周王室对楚进行征伐,如"弘鲁昭王,广笞楚荆"(引自《史墙盘》),结果"南征而不复"[4]。春秋初期,周王室衰微,诸侯战乱不已,楚国趁机靠灭国发展壮大。《左传·宣公十二年》说:"若敖、蚡冒筚路蓝缕以启山林。"[5] 自若敖至楚文王,楚国兼并周围众多小国。有学者指出该阶段楚所灭国:蚡冒"启濮",征服陉隰;楚武王灭权、罗、卢戎;楚文王灭郧、申、息、缯、应、厉、贰、蓼、州。[6]《左传·昭公二十三年》说:"若敖、蚡冒至于武、文,土不过同。"[7] 到了楚成王时,楚国征服的范围更大更广:灭谷、绞、西黄、弦、黄、英、蒋、皖、夔、道、柏、房、轸。[8]《史记·楚世家》

---

[1] 杨伯峻:《春秋左传注》(修订本),第384页。
[2] 杨伯峻:《春秋左传注》(修订本),第1339页。
[3] 陕西周原考古队:《陕西岐山凤雏村发现周初甲骨文》,《文物》1979年第10期。
[4] 杨伯峻:《春秋左传注》(修订本),第290-291页。
[5] 杨伯峻:《春秋左传注》(修订本),第731页。
[6] 何浩:《楚灭国研究》,武汉出版社,1989,第382页。
[7] 杨伯峻:《春秋左传注》(修订本),第1448页。
[8] 何浩:《楚灭国研究》,第383页。

说楚成王时"楚地千里"[1]。楚国正是靠了灭掉众多诸侯小国,奠定了霸业的基础。

大体而言,经常与楚国保持盟誓关系的诸侯国,大体上可分三类:一是秦国、齐国等实力较强的大国,地位与楚国平等,"晋、楚、齐、秦,匹也"[2];二是郑国、陈国、蔡国等中等诸侯国;三是许国、随国之类的附庸小国。在这三类诸侯国中,能够建立稳定信任关系的只有第一类和第三类。这些诸侯国要么和楚国处于平等地位(秦、齐),要么是附庸(随、许)。相对而言,楚国与郑、陈、蔡之间的盟誓最多,反倒谈不上有多少信任。此外,楚国一直想争取的宋国,甚至连盟誓都很难结成,更不用谈信任。而且楚国与小国的盟誓要比晋国早得多(就《左传》所见),[3]经验理应更加丰富,但是取信小国的成效却远不如晋国。

(一) 楚国取信诸侯不存在"蛮夷"问题

纵观春秋时期,楚国与中原诸侯国举行的盟誓并不算少,然而与齐国(齐桓公)、晋国相比,楚国似乎很难与其他诸侯国建立起稳定的信任关系。为何楚国难以获得宋、郑、陈、蔡的信任?我们可以从两个角度切入分析:一是客观的族群或文化差异;二是主观上的政策问题。

《史记·楚世家》载,楚先公熊渠、楚武王熊通皆说"我蛮夷也"[4]。《左传》载,鲁成公打算叛晋即楚,季文子说:"史佚之志有之曰:'非我族类,其心必异。'楚虽大,非吾族也,其肯字我乎?"[5]人们评价齐桓公的霸业时,总免不了提及"尊王攘夷"。所谓"攘夷",重在攘楚。清人又认为晋文高于齐桓,顾栋高评价城濮之战说:"齐桓攘楚之功十分不及晋文之一。"[6]童书业先生也说:"一班伯主的中心事业便是'尊王'和'攘夷'。'尊王'是团结本族的手段,'攘夷'是抵御外寇的口号。"[7]从这些材料来看,似乎楚国就是"蛮夷",自然为中原各国所排斥。依照这个思路,华夏与蛮夷之间谈不上信任。然而,这些问题

---

[1] 司马迁:《史记》,第 2048 页。
[2] 杨伯峻:《春秋左传注》(修订本),第 1130 页。
[3] 如鲁桓公八年(前 704 年),楚国与随国结下盟誓。
[4] 司马迁:《史记》,第 2043、2046 页。
[5] 杨伯峻:《春秋左传注》(修订本),第 818 页。
[6] 顾栋高:《春秋齐楚争盟表·叙》,载《春秋大事表》,第 1951 页。
[7] 童书业:《春秋史》(校订本),童教英校订,第 279 页。

不得不辨:第一,楚国是不是"蛮夷"？第二,所谓"攘夷"究竟是后人构建起来的排外意识,还是齐桓、晋文时就有的观念？

首先,熊渠、熊通自称"蛮夷"是有原因的。《史记·楚世家》说:"当周夷王之时,王室微,诸侯或不朝,相伐。熊渠甚得江汉间民和,乃兴兵伐庸、杨粤,至于鄂。熊渠曰:'我蛮夷也,不与中国之号谥。'乃立其长子康为句亶王,中子红为鄂王,少子执疵为越章王,皆在江上楚蛮之地。"[1]对于楚人自称蛮夷的原因,有两种解释,有学者认为:"楚人自称蛮夷,是对问鼎中原责难的托词。"[2]也有学者指出:"熊渠以自己是蛮夷,'不与中国之号谥'为借口,企图摆脱周王室的羁绊,建立与周王室相对立的政治体系。"[3]熊通自称"蛮夷"的背景是楚国伐随。《楚世家》载:"随曰:'我无罪。'楚曰:'我蛮夷也。'"[4]可见"蛮夷"是楚国征伐他国的借口。同样的例子见于勾践灭吴。《国语·越语》载,吴国被灭之前,多次派使者向勾践求和,"辞愈卑,礼愈尊"。勾践招架不住,打算答应吴人。他对范蠡说:"吾欲勿许,而难对其使者。"于是范蠡对吴国使者说:"王孙子,昔吾先君固周室之不成子也,故滨于东海之陂,鼋龟鱼鳖之与处,而蛙黾之与同渚。余虽腼然而人面哉,吾犹禽兽也,又安知是谈谈者乎？"[5]楚国自称"蛮夷"与越国自称"禽兽"类似,无非是想说:别给我讲道理,我是蛮夷,听不懂,咱们用拳头说话!

其次,春秋诸侯并不把楚国称为"蛮夷"。西周人称楚人为"荆蛮",如《小雅·采芑》说:"蠢尔蛮荆,大邦为仇。"这倒像是蔑称。即使西周时期楚为蛮夷,也不能代表春秋时期其仍为蛮夷。例如,周共王时器《询簋》有"秦夷",有学者指出便是秦人。秦人出自东夷,然春秋时不被视为蛮夷。楚国入春秋后也是如此。在《左传》中,鲁、卫好给人冠以蛮夷,鲁称邾、莒、吴为蛮夷,卫称越国为蛮夷,但是从不称楚国为"蛮"或"夷"。晋国也不称楚国为蛮夷,如鲁成公十六年(前575年),郤至说:"楚有六间,不可失也。其二卿相恶,王卒以旧,郑陈而不整,蛮军而不陈,陈不违晦……"[6]《左传》作者在叙述史实时,也不把楚国视

---

[1] 司马迁:《史记》,第2043页。
[2] 王宏:《早期楚文化探索的几个问题》,《华夏考古》2014年第3期。
[3] 李玉洁:《楚国史》,河南大学出版社,2002,第44-45页。
[4] 司马迁:《史记》,第2046页。
[5] 韦昭注,明洁辑评,金良年导读,梁谷整理:《国语》,第304页。
[6] 杨伯峻:《春秋左传注》(修订本),第883页。

为蛮夷,如"庸人帅群蛮以叛楚"[1],"蛮夷属于楚者,吴尽取之"[2]。而且,楚人并不自称蛮夷,鲁襄公十三年(前560年),楚令尹子囊评价楚共王:"赫赫楚国,而君临之,抚有蛮夷,奄征南海,以属诸夏。"[3]鲁哀公十七年,楚大夫子谷说:"观丁父,鄀俘也,武王以为军率,是以克州、蓼,服随、唐,大启群蛮。"[4]《左传》中,唯见王子朝奔楚后,向诸侯说自己"窜在荆蛮"。

再次,"攘夷"观念、华夷之辨并非春秋共识。据笔者所查,"攘夷"二字最早见于《公羊传·僖公四年》:"楚有王者则后服,无王者则先叛。夷狄也,而亟病中国,南夷与北狄交。中国不绝若线,桓公救中国,而攘夷狄。"[5]《穀梁传》也说"攘夷",鲁定公四年,"蔡侯以吴子及楚人战于伯举……吴信中国而攘夷狄"[6]。"攘夷"在公羊、穀梁中都是明显针对楚国,这是后来观念。《公羊传》把"南夷"(楚国)与"北狄"相提并论,并不合适。童书业指出:"楚之灭国县之而已,无甚残杀……楚之文化或尚有过于晋。春秋时楚人若有中原,经济文化未必遂受摧残,或且得发展也……狄入卫之后,'卫之遗民男女七百有三十人'(闵二年),亦不可谓摧残不甚矣,故北狄非'南夷'之比。"[7]

周人本来并不排斥蛮夷。周幽王的王后为申后,出自西申,而西申又被称作"申戎"。僖公二十四年(前636年),周襄王带领狄人伐郑,又以狄女为王后,后来狄后与叔带私通,襄王废之。叔带又联合了狄人赶跑襄王,自己娶了狄后。可见周王室并不排斥蛮夷。再如,晋献公娶骊戎的骊姬生奚齐,娶大戎狐姬生重耳、小戎子生夷吾,晋文公逃到狄人那里,娶了狄女,可见晋人也不避戎狄。鲁国排斥蛮夷,但是不排斥楚国。"非我族类,其心必异"和华夷之辨也没有关系。鲁僖公十年(前650年),狐突说:"神不歆非类,民不祀非族。"[8]鲁僖公三十一年(前629年),宁武子说:"鬼神非其族类,不歆其祀。"[9]孔颖达说:

---

[1] 杨伯峻:《春秋左传注》(修订本),第617页。
[2] 杨伯峻:《春秋左传注》(修订本),第835页。
[3] 杨伯峻:《春秋左传注》(修订本),第1002页。
[4] 杨伯峻:《春秋左传注》(修订本),第1708页。
[5] 上海古籍出版社编《十三经注疏·春秋公羊传注疏》,第2249页。
[6] 上海古籍出版社编《十三经注疏·春秋穀梁传注疏》,第2444页。
[7] 童书业:《春秋左传研究》,第50-51页。
[8] 杨伯峻:《春秋左传注》(修订本),第334页。
[9] 杨伯峻:《春秋左传注》(修订本),第487页。

"传称'非我族类,其心必异',则类、族一也,皆谓非其子孙,妄祀他人父祖,则鬼神不歆享之耳。"[1] 族类是宗族、姓族,鲁国与晋国为兄弟之国,于理优先于异姓楚国。

周人也无明确排斥楚人的观念。最强调华夷之辨的是鲁国,然而鲁国对楚国也谈不上排斥,如鲁僖公二十六年(前634年),鲁国向楚国借兵讨伐齐国。鲁宣公十八年,鲁国再次向楚国借兵伐齐,不过因楚庄王去世未成,于是鲁国又向晋国借兵,而这距季文子说"非我族类,其心必异"不过才四年而已。季文子所言或有别意:鲁国刚弃楚国向晋国借兵,再回过头背晋与楚讲和,不怕两边都得罪?还有,鲁襄公曾经去过楚国,回来后作"楚宫",最后又死在那里。可见,鲁国不仅不排斥楚国,反而有羡慕楚国之处。更值得注意的是,后人虽大加赞扬齐桓、晋文"攘夷",而当时人似乎无此明确意识。如葵丘之会,宰孔对齐桓公说:"天子有事于文、武,使孔赐伯舅胙。"践土之盟,王子虎对晋文公说:"王谓叔父:敬服王命,以绥四国,纠逖王慝。"王室赐命都不强调齐桓、晋文的"攘夷"之功,甚至鲁僖公五年时,周惠王教郑伯叛齐说:"吾辅女以从楚,辅之以晋,可以少安。"

最后,即使春秋时所言"蛮夷"如吴、越,中原诸侯也未必真的排斥。比如鲁昭公娶了吴国的女子,号称"吴孟子";蔡侯申嫁女于吴,作"蔡侯申盘"为媵器;鲁哀公为了驱逐"三桓"去越国借兵;卫出公为了回国去越国借兵。中原诸侯不惜违背同姓不婚的原则去巴结"蛮夷",哪里还真的会去搞排斥?

春秋时的确有华夷之辨,如阳樊人对包围他们的晋文公说:"德以柔中国,刑以威四夷。"[2] 也有类似"攘夷"的观念,如富辰以狄有"四奸"劝周襄王不要带领狄人攻打郑国。但总的来看,春秋"攘夷"观念仍然是个别的、具体的,有的甚至别有用心,如鲁称莒、邾为蛮夷。春秋时并无"攘夷"的社会共识。楚国在春秋时期并不被视为"蛮夷",春秋时期也不存在针对楚国的"攘夷"口号。所以,对于楚国而言,"蛮夷"问题不是构建信任的障碍。

(二) 楚国自我定位不清引发了严重的信任问题

春秋时期,晋、楚争霸是一大主流。但是楚国与晋国有很大的不同。楚国

---

[1] 上海古籍出版社编《十三经注疏·春秋左传正义》,第1801页。
[2] 杨伯峻:《春秋左传注》(修订本),第434页。

君主自称为"王",致力于吞并周边小国,这带来的直接问题便是:楚国究竟是想当诸侯之君(王),还是想当诸侯之长(霸),还是想吞并诸侯?

楚国称王是最关键的问题。在探讨楚国称王问题之前,不妨先探讨一下同样称王的吴、越两国,然后比较一下吴国、越国与楚国称王的性质差异。

吴国虽然称王,却仍尊周天子。《左传·哀公十三年》载,吴国和晋国在黄池争歃血次序,吴人说:"于周室,我为长。"晋人说:"于姬姓,我为伯。"[1]两国争盟,不出"周室"范围。《国语·吴语》载夫差对晋国使者之言:"天子有命,周室卑约,贡献莫入,上帝鬼神而不可以告。无姬姓之振也,徒遽来告……孤欲守吾先君之班爵,进则不敢,退则不可。"[2]晋国则要求吴国去掉王号:"今君掩王东海,以淫名闻于天子,君有短垣而自逾之,况蛮、荆则何有于周室?夫命圭有命,固曰吴伯,不曰吴王。诸侯是以敢辞。夫诸侯无二君,而周无二王,君若无卑天子,以干其不祥,而曰吴公,孤敢不顺从君命长弟!"[3]夫差允诺。后来,他派人去周王室那里告劳,自称"夫差",说先君阖闾和他都为王室效劳,征讨不共王命的楚国、齐国,而周王室则称夫差为"伯父",承认其霸主地位。

越国虽然称王,同样尊周天子。《史记·越世家》说:"句践已平吴,乃以兵北渡淮,与齐、晋诸侯会于徐州,致贡于周。周元王使人赐句践胙,命为伯。"[4]勾践向周王室"致贡",亦是尊周天子,王室命为"伯",即承认勾践的霸主地位。勾践早已称王,如《左传·定公十四年》载,夫差派人立于庭,天天提醒他:"夫差!而忘越王之杀而父乎?"[5]从吴人称勾践为"越王"来看,吴人并不觉得"王"有特殊意义。蛮夷称王,在他们自己看来或是正常事情。清华简有《越公其事》,称之为"越公"。"越公"应是勾践在华夏政治体系中的称呼。有专家指出:"西周生称公者多为王室最高执政大臣,贵族也可尊称其君长为公,诸侯境内称公即为后一种情况。春秋之世,公之称号渐被诸侯、国君僭用,但基本上仍可视作境内称公之惯例"[6]"越公"应与夫差称"吴公"一样,降"王"为"公",既尊敬天子又不失尊贵地位。

---

[1] 杨伯峻:《春秋左传注》(修订本),第1677页。
[2] 韦昭注,明洁辑评,金良年导读,梁谷整理:《国语》,第284页。
[3] 韦昭注,明洁辑评,金良年导读,梁谷整理:《国语》,第284-285页。
[4] 司马迁:《史记》,第2107页。
[5] 杨伯峻:《春秋左传注》(修订本),第1596页。
[6] 刘源:《"五等爵"制与殷周贵族政治体系》,《历史研究》2014年第1期。

我们再来看楚国称王。周天子自称"王",不过是分封诸"侯"而已,而熊渠却分封三个儿子为"王",这不只是想与周天子平起平坐,而是想高周天子一头,明显是挑衅。《史记·楚世家》说:"及周厉王之时,暴虐,熊渠畏其伐楚,亦去其王。"[1]关于熊渠去王号的原因,李玉洁指出,厉王"暴虐"只会使西周王室混乱,此时恰恰是称王的好时机,她认为:"周厉王的专利政策,扭转了西周王室的财力匮竭,使周王室出现了一度的强盛。这个时期,周厉王开始对夷狄进行攻击。……楚国熊渠正是在周厉王这种强大军事力量和经济实力的威慑下自动去弃王号,重新臣服于西周的。"[2]笔者推测,熊渠去王号,或与厉王伐噩直接相关。厉王时器《禹鼎》[3]记载,原本归附周人的噩侯驭方率领南淮夷、东夷造反,声势极大,结果被武公派遣的家兵活捉。噩,典籍又作鄂。《楚世家》说熊渠"兴兵伐庸、杨粤,至于鄂"[4],可见楚离噩不远。从《禹鼎》来看,周厉王下达的战斗命令是"无遗寿幼",也算得上"暴虐"。估计周厉王武功烈烈,以残酷手段灭掉噩国,吓坏了楚人。

春秋初期,楚国趁着中原内乱壮大实力。《史记·楚世家》载,自称"蛮夷"的熊通伐随,让随国给周天子带话:"请王室尊吾号。"[5]结果遭到周王室拒绝,熊通大怒:"吾先鬻熊,文王之师也,蚤终。成王举我先公,乃以子男田令居楚,蛮夷皆率服,而王不加位,我自尊耳。"[6]熊通说"蛮夷皆率服",又不把自个儿当"蛮夷"了,于是"自立为武王"[7]。此后,楚国加快了对周边诸侯的吞并,楚文王时基本上灭掉了藩屏周室的"汉阳诸姬"。《楚世家》说,楚成王刚即位时,"布德施惠,结旧好于诸侯,使人献天子",然后周天子派人赐祭肉说:"镇尔南方夷越之乱,无侵中国。"[8]然而,这条材料颇令人怀疑。首先,楚国于鲁桓公二年(前710年)入《左传》,然而天子赐胙(前671年),《左传》却无记载;其次,楚成王时楚国扩张更快,灭国更多(见上文),根本看不出楚人结好诸侯、求好于天

---

[1] 司马迁:《史记》,第2043页。
[2] 李玉洁:《楚国史》,第45-46页。
[3] 断代采用徐中舒、王晖先生说。
[4] 司马迁:《史记》,第2043页。
[5] 司马迁:《史记》,第2046页。
[6] 司马迁:《史记》,第2046页。
[7] 司马迁:《史记》,第2046页。
[8] 司马迁:《史记》,第2048页。

子的意思。

相对而言,吴国、越国称王和周天子没有什么关系。他们虽然称王,但自我定位就比楚国清晰得多:在国内称"王",在华夏政治体系中称"吴公""越公",尊崇天子。这种情况不算过分——在西周时期,有些君主在国内称王,而在周天子那里不称王,如《乖伯簋》《录伯 䥧 簋》载,器主乖伯、录伯又称其皇考为"武乖几王""釐王",《散氏盘》则载矢国君主在国内自称"矢王",《尚书·吕刑》则称"惟吕命王"[1]。王国维说:"盖古时天泽之分未严,诸侯在其国自有称王之俗,即徐楚吴楚之称王者,亦沿周初旧习,不得尽以僭窃目之。"[2]王国维之说,当一分为二看待,其他诸侯如吴、越称王当非僭越,而楚国称王是为了与周王室对抗:周王室武力强盛时,楚人老老实实;一旦周王室武力衰弱,楚人便趁机称王,吞并诸侯。

楚人是否尊奉周天子,对楚国的战略影响极大。楚人尊奉周天子,意味着接受华夏诸侯的"天子—方伯—诸侯"的政治秩序。尊王虽不能必然得到诸侯信任,但至少是信任的前提。霸主为诸侯之长,称霸就会获得相应的权利与义务,就有相应的交往礼仪。

有学者通过对春秋霸主与诸侯交往的方式,总结出霸主对诸侯有以下"权利"和"义务":第一,"救患",在诸侯遭遇外侵或发生内乱的情况下,霸主进行救援;第二,"分灾",即当诸侯遭遇灾荒的时候,霸主进行救济,然而春秋霸主很少履行这个义务;第三,"讨罪",这既是霸主的权利,也是义务。讨罪的情况分为三种:一是发生弑君之乱;二是无故侵伐他国;三是不忠于盟主。讨罪的方式有出师征讨、执其大夫、执其国君。[3] 在霸主的"权利"中,没有"灭国"这一项。即使"讨罪",也不至于灭人之国。需要指出的是,"救患""分灾""讨罪"说法本自《左传·僖公元年》"凡侯伯,救患、分灾、讨罪,礼也"[4],而这句话是典型的解经语。《左传》本来不解经,并非《春秋》之传,解经语实为后代经师加入。"凡侯伯,救患、分灾、讨罪,礼也",未必本来就如此。

---

[1] 上海古籍出版社编《十三经注疏·尚书正义》,第247页。
[2] 王国维:《古诸侯称王说》,载《观堂集林(外二种)》,河北教育出版社,2003,第623页。
[3] 陈筱芳:《论春秋霸主与诸侯的关系》,《西南民族学院学报(哲学社会科学版)》1995年第3期。
[4] 杨伯峻:《春秋左传注》(修订本),第278页。

其实，霸主本来是可以"灭国"的。《左传》载，鲁闵公元年，仲孙湫对齐桓公说："亲有礼，因重固，间携贰，覆昏乱，霸王之器也。""霸王"是指称霸、称王，其中包括了"覆昏乱"，即灭人之国。关于"霸"的权利与义务，《左传·鲁成公二年》载："五伯之霸也，勤而抚之，以役王命。"《白虎通·号》说："霸者，伯也，行方伯之职，会诸侯，朝天子，不失人臣之义。"[1]但是，率领诸侯"以役王命"只说出了"霸"的一个侧面。周文王为殷商"西伯"，可谓是"霸"。一方面，文王率领诸侯侍奉殷商。《左传·襄公四年》说"文王帅殷之叛国以事纣"[2]，孔子说文王"三分天下有其二，以服事殷"。另一方面，文王臣服或吞并周边国家，如《左传·襄公三十一年》载北宫文子之言："文王伐崇，再驾而降为臣，蛮夷帅服。"[3]《史记·周本纪》说文王受命之后，"明年，伐犬戎。明年，伐密须。明年，败耆国……明年，伐邘。明年，伐崇侯虎，而作丰邑，自岐下而徙都丰。"[4]所以，"覆昏乱"本是霸主所以为霸的内容之一。之所以如此，是因为"霸"和"王"本来就差别不大，王国维说周初以前："盖诸侯之于天子，犹后世诸侯之于盟主，未有君臣之分也。"[5]

西周无"霸"，情况难以明了。至少到了春秋，"霸"是不能灭国的，尤其是不能灭周天子分封的诸侯国。这是因为，西周君臣之分已定："王"是诸侯之君，"霸"是诸侯之长，界限分明。霸主欲取得诸侯信任，就需要以秩序维护者自居，而周天子又是秩序的标志，故需要尊崇周天子。反过来，尊崇周天子也意味着维护以周王室为代表的天下秩序。践土盟辞是"凡我同盟，各复旧职"，又说"皆奖王室，无相害也"，霸主以恢复旧秩序为口号，团结诸侯，一起保卫王室。那么，灭国从道义上就讲不过去。另外，周天子分封的诸侯，哪个不是王之"兄弟甥舅"？打狗还要看主人，更何况灭国。比如，晋国在鞌之战打败齐国，打算向王室献捷，周天子派人拒绝说："兄弟甥舅，侵败王略，王命伐之，告事而已，不献其功。"[6]

齐桓公最初灭谭、遂，但是称霸后便不再灭国。《国语·齐语》载，管仲对齐

---

[1] 陈立:《白虎通疏证》,吴则虞点校,新编诸子集成,第62页。
[2] 杨伯峻:《春秋左传注》(修订本),第932页。
[3] 杨伯峻:《春秋左传注》(修订本),第1195页。
[4] 司马迁:《史记》,第153页。
[5] 王国维:《殷周制度论》,载《观堂集林》(上册),中华书局,1959,第466—467页。
[6] 杨伯峻:《春秋左传注》(修订本),第809页。

桓公说要"亲诸侯"："审吾疆场,而反其侵地。"即要归还鲁国的棠、潜,卫国的台、原、姑、漆里,燕国的柴夫、吠狗,等等。[1] 齐国不仅不再灭国,还要存卫、救邢,《左传·僖公二十八年》说"齐桓公为会而封异姓"。晋国灭国主要在晋献公时期。晋献公死后,晋惠公、晋怀公、晋文公、晋襄公、晋灵公、晋成公一连六位君主未曾灭国。晋文公曾试图灭曹,结果被劝止。晋国在邲之战败给楚人后,为了壮大实力才开始灭蛮夷:潞氏、留吁、甲氏、铎辰、廧咎如、肥国、鼓国、偪阳、陆浑、仇由。[2] 如果说春秋初期还有霸主"覆昏乱"的说法,那么到了春秋晚期这个观念就已经发生了很大改变。鲁哀公十七年,晋赵简子征伐卫国,攻入卫国外城,准备入内城时说："止,叔向有言曰:'怙乱灭国者无后。'"[3]"覆昏乱"已经成了无后嗣的诅咒。

相比之下,楚国基本上不存在因争霸而"不灭国"的转折。楚成王时,楚国土地千里,国力空前强盛。楚成王因为郑国服齐国的缘故,于鲁僖公元年、二年、三年接连北上伐郑。鲁僖公四年,齐桓公率领诸侯在召陵之会与楚国结下盟誓,不过暂时抵挡住楚国北上势头而已。李玉洁说："召陵之盟后,楚对中原也改变了过去一味进攻的方针。采取了又打又拉的策略。"[4]这个说法恐怕不确。召陵之盟后,楚成王继续他的灭国事业,顾栋高说："齐桓盟召陵,未逾年而楚人灭弦,又逾年而楚人围许、灭黄、伐徐,楚之桀骜曾不能稍减其分毫。"[5]鲁僖公十七年,齐桓公去世,楚成王在灭国的同时,似乎也有了称霸中原的心思,该年郑国去朝楚。僖公二十一年(前639年),楚国假意支持宋襄公称霸,然后捉住宋襄公伐宋,第二年在泓地打败宋襄公,宋襄公伤重而死。僖公二十三年,楚国热情招待逃亡的晋文公重耳,把重耳送往秦国,希望借此拉拢晋国。僖公二十四年,宋成公去楚国,与楚国讲和。城濮之战前,鲁国投靠楚国,向楚国借兵伐齐,楚"始得曹,而新婚于卫"。此时,楚成王霸业几成。城濮之战败于晋国后,楚国又专心于吞并小国。

由以上来看,吞并小国才是楚国的基本政策,争霸更像是对齐国、宋国、晋

---

[1] 韦昭注,明洁辑评,金良年导读,梁谷整理:《国语》,第110-112页。
[2] 卫文选:《晋国灭国略考》,《晋阳学刊》1982年第6期。案:该文晋国灭国表中出现两次"沈国",鲁定公四年,蔡国灭掉姬姓沈国,非晋国所灭。
[3] 杨伯峻:《春秋左传注》(修订本),第1710页。
[4] 李玉洁:《楚国史》,第112-113页。
[5] 顾栋高:《春秋齐楚争盟表·叙》,载《春秋大事表》,第1951页。

国刺激的反应。相比之下,齐国、宋国、晋国的称霸目标十分明确:管仲辅佐齐桓公,有"诛无道""屏周室"的目标[1];宋襄公打算代替齐桓公而霸;晋文公在流亡楚国时就想着打败楚国而得诸侯。楚成王在齐桓、晋文的空档竟然没有纠合诸侯会盟,可见楚国争霸并不是很主动。

楚国对外战略目标不明确,这给他取信于诸侯带来了极大困难。我们且以霸业最盛的楚庄王为例。

鲁宣公三年(前606年),楚庄王讨伐陆浑之戎时到达周疆,向周王室使者"问鼎之大小、轻重"[2],摆出一副欲取而代之的架势。这对他的"霸业"产生极大影响。宣公十年(前599年),陈国爆发"夏征舒之乱"。十一年(前598年),楚庄王率兵北上,对陈国人说:不必惊慌,我只征讨夏征舒。楚庄王把夏征舒杀死后,随即把陈国变为楚县。楚大夫申叔时以"蹊田夺牛"劝谏,且说:"诸侯之从也,曰讨有罪也。今县陈,贪其富也。以讨召诸侯,而以贪归之,无乃不可乎?"申叔时事实上分析了两种行为:楚庄王以霸主身份讨罪,所以诸侯跟从楚国;楚庄王把陈国变为楚县,自然要失信于诸侯。楚庄王说:"善哉!吾未之闻也。"随即恢复陈国。[3] "吾未之闻"足以说明:楚庄王压根儿就不知道称霸是怎么回事。楚庄王"县陈"影响很坏。过去,楚国与晋国攻打郑国,郑国是墙头草——谁来打便倒向谁,"县陈"事件发生后,郑国看准了楚国的企图,再次倒向晋国。

鲁宣公十二年,楚庄王攻打郑国,郑国坚决不从。郑国人被围了十七天后,城里人在太庙大哭,守城人在城墙上大哭——实为哭国之将亡。郑国被攻破后,"郑伯肉袒牵羊以逆,曰:'孤不天,不能事君,使君怀怒以及敝邑,孤之罪也,敢不唯命是听?其俘诸江南,以实海滨,亦唯命;其翦以赐诸侯,使臣妾之,亦唯命。若惠顾前好,徼福于厉、宣、桓、武,不泯其社稷,使改事君,夷于九县,君之惠也,孤之愿也,非所敢望也。敢布腹心,君实图之。'左右曰:'不可许也,得国无赦。'王曰:'其君能下人,必能信用其民矣,庸可几乎?'"[4]郑伯所言,其实是两种选择:一是郑国被楚国吞并;二是郑为楚之臣。楚大夫希望吞并郑国。

---

[1] 韦昭注,明洁辑评,金良年导读,梁谷整理:《国语》,第105页。
[2] 杨伯峻:《春秋左传注》(修订本),第669页。
[3] 杨伯峻:《春秋左传注》(修订本),第715页。
[4] 杨伯峻:《春秋左传注》(修订本),第720页。

楚庄王觉得郑君得民，楚国即使灭郑也守不住，于是选择与郑国结盟。可见，楚人在"灭国""霸""王"问题上目标仍不甚明确。

类似情况也发生在宋国。宋国曾试图讨好楚国，鲁文公十年，宋昭公与郑穆公充当楚穆王打猎的左右两队，杜注说："宋、郑执卑，苟免为楚仆任，受役于司马。"[1]宋、郑充当楚国臣仆的低姿态，明显是为了讨好楚人。类似情况也发生在晋国，如鲁襄公向晋悼公磕头，行君臣之礼，晋人却不敢接受："天子在，而君辱稽首，寡君惧矣。"[2]楚王本来就想取代周天子，这次真把自个儿当"王"了。宋昭公的仆人在打猎时犯了错，楚大夫申舟责打他并向全军示众。宋人讨好楚人，结果自取其辱，这使得宋对楚再无信任。鲁宣公十二年，楚庄王在邲地打败晋军，声势极大，但宋人坚决不服楚。十四年，楚庄王派申舟出使齐国，告诉他过宋国不要借道，宋大夫华元说："过我而不假道，鄙我也。鄙我，亡也。杀其使者，必伐我。伐我，亦亡也。亡一也。"[3]因此，宋人杀掉了申舟。楚庄王率军包围宋国，宋国坚守九个月才投降，并与楚国讲和，其盟辞竟然是"我无尔诈，尔无我虞"，可见即使双方讲和，仍然谈不上信任。

春秋时期，诸侯因战争失利而求和的情况十分常见，但郑国、宋国坚守而不投降的情况，极为罕见。这是因为，楚国始终没有一个明确的对外战略目标，既想灭国，又想让诸侯服从，还想进一步取代周天子。从楚国战略中，也看不出灭国、称霸、称王三者之间的界限。中原诸侯只能够接受相对平等的盟誓，对楚国吞并诸侯或者把诸侯变成附庸十分警惕。郑国、宋国正是看准了楚国有灭人之国的想法，所以才抱定决心坚守都城。

楚庄王之后，楚国的战略目标仍然处于模糊状态，比如楚灵王先是想着会盟诸侯，向晋国求取诸侯，然后采用齐桓公"召陵之师"的礼仪会合诸侯（鲁昭公四年）；接着又想灭国，先是趁陈国内乱，告诉陈国人"将定而国"，出兵灭陈（鲁昭公八年，即前534年），后来又诱杀蔡灵侯而灭掉蔡国（鲁昭公十一年）；接着又想着求鼎，他问右尹子革："今吾使人于周，求鼎以为分，王其与我乎？"[4]称霸、灭国、称王的心态与楚庄王如出一辙。如此这般，中原诸侯如陈、蔡、郑、宋

---

[1] 上海古籍出版社编《十三经注疏·春秋左传正义》，第1848页。
[2] 杨伯峻：《春秋左传注》（修订本），第926页。
[3] 杨伯峻：《春秋左传注》（修订本），第755页。
[4] 杨伯峻：《春秋左传注》（修订本），第1339页。

等,又该如何信任楚国呢?

如果说有例外的话,大概是鲁成公十六年,楚国在与晋国争夺郑国的斗争中处于下风,于是楚共王用汝阴的土田主动向郑国求和,然后在武城与郑国结下盟誓。因为此事,晋厉公讨伐郑国而楚共王出兵救郑。在鄢陵之战中,楚共王被晋人射中眼睛,楚国、郑国均战败。在形势不利的情况下,郑国不叛楚盟,坚持抵抗晋国。鲁襄公二年(前571年),郑成公临死前交代子驷说:"楚君以郑故,亲集矢于其目,非异人任,寡人也。若背之,是弃力与言,其谁昵我?免寡人,唯二三子。"[1]但是郑国大夫们扛不住。该年,晋国筑虎牢逼迫郑国,郑国于是与晋国讲和。虽然郑国与楚国的盟誓只维持了四年,但是楚国的确获得了郑国的信任。

总的来说,楚人本在周的封建体系内,但是后来楚人游离于周代政治体系(天子—方伯—诸侯)之外。由于楚人始终有取代周天子的欲望,因而在观念上对周人政治体系缺乏认同,对霸主的权利与义务缺乏认识。我们虽然常说晋、楚争霸,但是楚国的真实想法未必止于"霸":灭国、臣服诸侯的想法一直干扰着其争霸的想法。这使得楚国难以获得中原诸侯的信任。

(三) 楚国与秦、齐、许、随之间的盟誓信任

楚国能通过盟誓与之建立稳定信任关系的是秦、齐之平等大国,以及许、随之附庸小国。

楚国与秦国的信任关系历时最长,也最为稳定,按照《诅楚文》的说法,楚、秦有"十八世之诅盟"[2]。《左传》载,鲁僖公二十三年,楚成王将晋公子重耳送到秦国,估计此时楚、秦已经有了联系。秦国最初与晋国交好。鲁成公十三年,晋国吕相说:"昔逮我献公及穆公相好,戮力同心,申之以盟誓,重之以婚姻。"鲁僖公二十五年,秦、晋曾联合伐鄀,俘虏楚国申公子仪、息公子边。二十八年,秦国又跟随晋国,在城濮打败楚国。三十三年,秦国在崤之战败于晋国。秦穆公于是主动向楚示好,把俘虏的公子仪送回楚国,"使归求成"。吕相也说:"……是以有殽之师。犹愿赦罪于穆公。穆公弗听,而即楚谋我。"[3]因而,秦、

---

[1] 杨伯峻:《春秋左传注》(修订本),第922页。
[2] 赵超:《石刻古文字》,文物出版社,2006,第58页。
[3] 杨伯峻:《春秋左传注》(修订本),第863页。

楚两国遂以晋国为共同敌人,建立盟誓信任。《诅楚文》说:"昔我先君穆公及楚成王是缪力同心,两邦若壹,絆以婚姻,袗以斋盟。曰世万子孙毋相为不利。"[1]

自楚成王、秦穆公建立信任关系后,秦、楚经常一起对付晋国及其盟国。如鲁成公十三年,秦桓公召狄人、楚人,引导他们进攻晋国。鲁襄公九年,秦景公派人向楚共王乞师一起伐晋,楚共王遂出兵武城为秦国后援。十一年(前562年),楚国又向秦国乞师伐郑。十二年(前561年),楚国令尹子囊和秦庶长无地一起讨伐宋国,报复晋国得到郑国。此外,两国还一起对付其他诸侯国。如鲁文公十六年(前611年),秦国派军队跟随楚庄王,帮助楚国灭掉庸国。鲁襄公二十六年,秦国与楚国一起伐吴国。除了共同的军事行动,两国还结成婚姻。如鲁襄公十二年,秦嬴为楚共王夫人,楚司马子庚(王子午)到秦国去聘问,以便于共王夫人省亲。鲁昭公十九年(前523年),楚国从秦国娶来夫人,秦嬴为楚平王夫人,后来生下楚昭王。相对而言,春秋大国中唯有秦、楚的信任关系最为牢固。鲁定公四年,楚国在柏举为吴国所败,申包胥去秦国那里乞师,而秦国几乎是楚国复国的唯一希望。

楚国与齐国也有信任关系,只不过比楚、秦信任弱些。齐国最初和楚国关系并不太好,齐、楚虽有召陵之盟,但谈不上信任。这是因为,齐桓公阻挡了楚成王北上的势头:楚国东北方向有徐、宋、鲁、莒、曹、卫等国,楚国若要朝东北方向争夺小国,难免会与齐国产生矛盾。齐桓公死后,齐、楚关系略微缓和。鲁僖公十九年,楚国参与陈、蔡、郑在齐国的盟誓,以修桓公之好。楚国后来封了齐桓公逃亡的七个儿子为七个大夫。不过,城濮之战前,鲁国向楚国借兵伐齐,而齐国帮助晋文公攻楚,两国关系又一度紧张。晋国成为霸主后,与齐国矛盾渐深。楚国趁机发展了与齐国的信任关系。楚庄王在邲之战打败晋国后,派申舟出使齐国。

楚、齐信任关系的确立大概在鲁成公初期。鲁成公元年(前590年),鲁国"闻齐将出楚师",于是与晋国"盟于赤棘"。鲁大夫臧宣叔说:"齐、楚结好,我新与晋盟,晋、楚争盟,齐师必至。"[2]二年(前589年),晋国率领鲁、卫、曹在鞌

---

[1] 赵超:《石刻古文字》,第58页。
[2] 杨伯峻:《春秋左传注》(修订本),第784页。

之战打败齐国。此时楚共王年幼，为了救齐，楚国"悉师，王卒尽行"[1]，所有军队包括楚王近卫军全部出动，最后与齐、秦、鲁、宋、陈、卫、郑、曹、邾、薛、鄫在蜀地盟誓。由此可见，齐、楚之间是有信任的。鲁襄公二十三年（前550年），齐庄公支持在晋国叛乱的栾盈，攻占晋国朝歌，又害怕晋国报复，于是第二年打算见楚康王，向楚求救。晋国再次攻打齐国，而楚国攻打郑国救齐，晋国为了救郑才放过齐国。对于晋国而言，齐、楚都是敌人，如襄公十六年（前557年），晋国执邾宣公、莒犁比公，理由是"通齐、楚之使"[2]。可以说，晋与齐、楚对立，正是齐、楚信任的前提。

大体而言，楚国之所以与秦国、齐国能建立起信任关系，是因为有了晋国作为共同的敌人。楚国之所以能获得秦、齐信任，也在于其战略目标十分简单，即只是对付晋国而已。除了秦国、齐国，楚国与许国、随国也有一定程度的信任。

春秋时，许国被郑国欺压得厉害。鲁隐公八年，郑庄公拿在泰山的祊田，与鲁国交换靠近许国的"许田"。才过三年，郑庄公便联合齐、鲁攻占了许国，后将许国一分为二。直到鲁桓公十五年（前697年），许叔趁着郑国"昭厉之乱"才得以复国。鲁庄公二十九年（前665年），郑国再次侵许。此时齐桓公称霸，许国积极参加齐国的盟誓。齐桓公死后，许国以楚国为保护国。晋文公在城濮打败楚国后，晋国声势浩大，郑、陈、蔡纷纷加入晋盟，只有许国不从。晋文公率诸侯两次伐许，才得以使许国服从。楚庄王称霸后，许国坚定地跟随楚国。鲁成公三年至十四年（前588—前577年），郑国先后四次攻打许国，先抢走"钽任、泠敦之田"，后攻进许都，迫使许国割让"叔申之封"。许国依靠楚国的保护才免于灭国：许国先后两次向楚国告状，均获得楚国的支持；许国靠内迁楚国成为附庸，方才减轻了被郑灭国的压力。鲁定公六年，楚国在柏举惨败于吴，郑国趁机灭掉许国，许国后来依靠楚国才得以复国。[3] 可以说，终春秋之世，郑国"惟灭许是务"[4]。亦不难看到，楚国之所以能获得许国信任，是建立在郑、许对立而楚

---

[1] 杨伯峻：《春秋左传注》（修订本），第807页。

[2] 杨伯峻：《春秋左传注》（修订本），第1026页。

[3] 《春秋》记载，鲁哀公元年（前494年），"楚子、陈侯、随侯、许男围蔡"，杜注说："郑灭许，此复见者，盖楚封之。"学界对此多表示赞同，参见：何光岳《许国的形成和迁徙》，《许昌师专学报（社会科学版）》1984年第1期；何浩《楚灭国研究》，武汉出版社，1989，第281页；徐少华《许国铜器及其历史地理研究》，《江汉考古》1994年第3期。

[4] 高士奇：《郑灭许》，载《左传纪事本末》，第615页。

保护许的基础之上。

楚国与随国也有较为稳定的信任关系。春秋初期,楚国与随国是敌对关系。楚国致力于吞并周围诸侯,而随国是汉东大国。鲁桓公八年,楚武王打败随国,随国向楚国求和,两国结下盟誓。鲁庄公四年(前690年),楚人再次发兵,迫使随侯再次与楚国结下盟誓;鲁僖公二十年(前640年),随国率领汉东诸国叛楚,楚国再次伐随,取成而还。此后相当长时期内,随不见于《左传》记载,随国也不参与中原盟誓。直到鲁昭公十七年(前525年),楚国俘获吴国大船余皇,"使随人与后至者守之"[1],方见随国。可见随国此时已经成了楚国的附庸。鲁定公四年,吴国在柏举打败楚国,楚昭王逃亡到随国,吴人向随国索要楚昭王。随人辞谢吴人说:"以随之辟小,而密迩于楚,楚实存之。世有盟誓,至于今未改。若难而弃之,何以事君?""何以事君"说明双方为君臣关系,且随国认同这个关系,故楚国存有随国,随国不叛楚国。正是基于这样的认知,又加之以盟誓,所以随国与楚国有牢固的信任关系。[2]

大体而言,楚国之所以与许国、随国能建立起信任关系,一个共同原因是楚国与许国、随国关系明确,楚与许、随有稳定的"君主—附庸"关系,有君臣之义;随国、许国不背叛楚国,楚国能够保护许国、存有随国。

从以上对楚国与诸侯之间的信任状况的分析,不难发现,有几个方面可以探讨。第一,信任关系能否建立,与楚国的身份没有多大关系。秦、齐、随、许无论在宗姓上,还是在文化上,都与楚国有所不同,却均能与楚国建立信任关系。第二,楚国拒绝周王室的天下秩序,对"争霸"影响很坏。楚国总想着有一天取代周王室,导致他对"霸主"并没有多少认同感。楚国动辄灭国或把诸侯变成附庸的做法,凡是遇到有一定实力的国家,都必然会遭到顽强的反抗。第三,是否

---

[1] 杨伯峻:《春秋左传注》(修订本),第1392页。
[2] 近年来,湖北随州发掘了"曾侯舆墓",出土的编钟铭文中提到吴国伐楚,曾侯复定楚王。专家多认为,曾、随是否一国问题基本解决,曾国即随国。铭文提到曾侯"恭寅斋盟",强调曾侯对盟誓的敬畏。可以推知,曾侯遵守盟誓、安定楚国,巩固了曾、楚之间的信任。参见:湖北省文物考古所、随州市博物馆《随州文峰塔M1(曾侯舆墓)、M2发掘简报》,《江汉考古》2014年第4期;《江汉考古》编辑部《"随州文峰塔曾侯舆墓"专家座谈会纪要》,《江汉考古》2014年第4期。

有明确的战略目标(除了灭国),对于楚国能否建立信任关系至关重要。只有确立明确的战略目标,才可能建立明确的关系——无论是平等关系,还是君臣关系,关系一旦确定,权利和义务便相应确定。只要履行了相应的义务,就容易取得对方信任。第四,明确共同的敌人是建立信任关系的有效手段。楚国与秦国、齐国之所以有着稳定的信任关系,在很大程度上是因为他们有着稳定的共同敌人——晋国。楚、秦、齐、晋的对立关系,对战国的国家信任关系影响深远。

三、诸侯盟誓信任要素的再讨论

本节将明确解答本章开头所提到的盟誓的信任机制问题。

春秋时,诸侯盟誓信任类型多种多样,但并没有一个统一的机制。吴柱所论春秋盟誓信任机制的"霸权""诚信""利益"三要素中,只有"利益"是春秋各类盟誓信任的共同要素。吴柱说:"联盟的组建有一个最基础、最根本的前提,那就是联盟成员之间必然存在着某种相互的利益诉求。这种利益诉求可能是相同的,也可能是各异的,但是通过结成联盟就能互相得到满足。"[1]此说甚确。但是,"诚信""霸权"均有可商之处。所谓"要素",是指"构成事物的必要因素"[2],而"霸权""诚信"均谈不上"必要因素"。

"霸权"不是春秋盟誓信任的要素。霸权在不同类型的盟誓信任中发挥的作用是不一样的。在齐桓公类型的盟誓信任中,霸权对于构建信任的作用是间接的,其主要作用在于能将黄河中下游地区的诸侯拧成一团。真正发挥作用的是以德怀柔诸侯。在晋国类型的盟誓信任中,霸权能够充分发挥保护小国的作用,故晋国的霸权对取得小国信任而言,至关重要。在楚国类型的盟誓信任中,霸权对于构建信任基本上没用。不仅没用,反倒可能有害。楚国霸权越强大,越有吞并、征服小国的欲望,对待小国的态度也越蛮横;楚国霸权衰落,对他国的威胁会少很多,对待小国态度或会好些。另外,楚国之所以能够和秦、齐建立信任关系,和楚国有无霸权、霸权强弱没多少关系。如果意识不到这一点,也就很难意识到战国前半段诸侯间也存在信任关系。(见下章)

---

[1] 吴柱:《先秦盟誓的信任机制及其演变》,《史学月刊》2016年第11期。
[2] 中国社会科学院语言研究所词典编辑室:《现代汉语词典》(第7版),第1526页。

"诚信"也非盟誓信任的要素。吴柱说:"一旦诚信成为一种公共法则,这个概念本身就具有了强大的道德力量,能够在实际的社会生活中产生作用。这种作用体现在盟誓活动中,就是联盟的成员在缔结盟约之后,会直接受到诚信观念的监督和约束,不论这种观念是内心自发还是外界所施加,它都会促使联盟成员自觉遵守约定,不会因为利益因素的变化而轻易背叛联盟。"[1]盟誓信任的确离不开"诚信",但更多的时候"诚信"只是利害关系的表象。比如楚令尹屈建在宋西门盟会上说:"晋、楚无信久矣,事利而已。苟得志焉,焉用有信?"然而,当齐国与晋国在窜交战时,楚国出动全国兵力援助齐国。前者不讲"诚信"而后者讲"诚信",其实均是利害关系使然。

第三节　春秋诸侯国内的政治信任状况

春秋时期,诸侯国内部的政治信任可分为三种:第一种是君主对"亲"或"旧"的信任;第二种是卿大夫以"同出一公"的血缘构建的信任;第三种是紧急情况下的盟誓之信。这三种信任又因政权下沉而呈现出时间上的不同。春秋早期政在君主,故第一种信任集中体现于此阶段;春秋中后期政在大夫,故第二种信任集中体现于此阶段;春秋中后期政治失序,剑拔弩张时或发生,故第三种信任集中体现于此阶段。

一、君主对"亲""旧"的信任困境

对于春秋诸侯国的国君而言,信任谁是个问题。主政大臣最能体现出国君信任对象的情况。根据顾栋高《春秋大事表》中的"鲁政下逮表""晋中军表""楚令尹表""宋执政表",姚彦渠《春秋会要》中的"世系"之"执政",并结合《左传》所载情况,笔者将《左传》所见主政大臣检出并分类如下(表2-1)。

---

[1] 吴柱:《先秦盟誓的信任机制及其演变》,《史学月刊》2016年第11期。

表 2-1 《左传》所见春秋诸侯主政大臣表

诸侯	亲	旧	其他
鲁	公子友、公孙敖、公子遂	季孙行父、仲孙蔑、叔孙豹、季孙宿、叔孙婼、季孙意如、季孙斯、季孙肥	
楚	斗祁、公子元、公子婴齐、公子任夫、公子贞、公子午、公子追舒、公子围、公子申	斗穀於菟、成得臣、芳吕臣、斗勃、成大心、成嘉、斗椒、芳艾猎、芳子冯、屈建、蘧罢、斗成然、阳匄、囊瓦、沈诸梁	彭仲爽
宋	华督、公子目夷、公孙固、公子成、公子卬	孔父嘉、华耦、华元、乐喜、向戌、华亥、乐大心、皇瑗、乐筏、皇缓	
郑	子人成子、叔詹、公子归生、公子去疾、公子喜、公子骈、公子嘉	公孙舍之、良霄、公孙侨、游吉、驷歂、罕达	祭仲、太伯、皇武子
卫	右公子职、左公子洩	宁速、孙良夫、孙林父、宁喜、孔圉、北宫喜、孔悝	元咺、孔达
晋		赵盾、士会、栾书、韩厥、知罃、荀偃、赵武、韩起、范匄、范鞅、魏舒、赵鞅	郤縠、先轸、先且居、郤缺、荀林父
齐		国懿仲、高傒、管夷吾、国归父、国佐、高固、国弱、庆封、栾施、高强、陈乞、陈恒	崔杼、监止

案：《春秋会要》中的"执政"把重要大臣都选入其中，此表一般选取一或二人。其依据为春秋官制：鲁国以司徒为上卿，郑国职官中"当国"地位最高，宋国左师、右师共同主政，晋国自晋文公后以中军帅地位最高，楚国以令尹主政，齐国前期有"二守"，后有左、右相。（参见韩连琪：《春秋战国时代的中央官制及其演变》，《文史哲》1985 年第 1 期）卫国官制不明，故列入实际掌权大臣。"其他"一列中除彭仲爽外，有可能也为"亲""旧"，只是家世不详，不能确证。《春秋会要》列郑国执政问题颇多。（如郑成公执政为公子发、公孙喜，大谬。公子发最多排在第二位，公孙喜当作公子喜）郑国一行中"子人成子""太伯"据《清华简六·郑文公问太伯》补，其他从朱凤瀚先生"郑国执政权继承情况登记表"[朱凤瀚：《商周家族形态研究》(增订本)，第 521 页]。

由表 2-1 可见，春秋时期各诸侯国的主政者以"亲"或者"旧"为主，"亲"与"旧"之间又以"旧"为主，这大体上和西周的情况类似。需要指出的是，这个表最能够说明春秋早期的君主政治信任情况，后期的执政未必皆出自君主意愿，故代表性有所下降。不过,即使春秋主政大臣未必尽受国君信任,但这并不等于国君对他们所处的"亲""旧"群体都失去信任,如鲁昭公想除掉季平子,而当时信任的对象有其子公为、公衍,属于"亲",臧孙氏、郈孙氏、子家羁,属于"旧"[1]。

春秋时期,"亲"或"旧"对君主的作用具有两面性。一方面捍蔽君主,如季文子死时,《左传·襄公五年》说他"无衣帛之妾,无食粟之马,无藏金玉,无重器备,君子是以知季文子之忠于公室也"[2];再如《左传·庄公十二年》载,宋国南宫万弑宋闵公,杀掉太宰华督,立子游为君,最后萧叔大心率领宋国戴、武、宣、穆、庄等公族平定叛乱。[3] 另一方面威胁君主的地位,如鲁国东门氏废嫡立庶,造成鲁国君主丢掉政权,而"三桓"赶跑东门氏之后,专鲁国之政,相继赶跑鲁昭公、鲁哀公。这种两面性意味着"亲"或"旧"有时候最受信任,有时候又最不被信任。

对"亲"不信任者,最典型的莫过于晋国。

晋国曲沃小宗自曲沃桓叔,到曲沃庄公,再到曲沃武公三代,经过了六十多年的血腥斗争,最终打败并取代了定都于翼的晋国大宗。这种同宗相残杀的经历使晋国君主对"亲"缺乏信任。曲沃代翼后的第二代君主晋献公担心同宗对他不利,于是挑拨桓、庄之族内部关系,除掉他们中的富强者,唆使他们除掉"游氏",最后"尽杀群公子"。[4] 晋献公还在骊姬的挑拨下,逼死太子申生,赶跑儿子重耳、夷吾等,并诅咒"无畜群公子"。晋献公死后晋国大乱,夷吾先回国继承君位,又派寺人披试图杀掉兄弟重耳,未果。夷吾死后,太子圉继位。在外流

---

[1] 臧氏祖先臧僖伯又名公子驱,隐公称之"叔父"("叔父有憾于寡人"),《世本·传》说:"孝公生僖伯驱。"(宋衷注,秦嘉谟等辑:《世本八种·秦嘉谟辑补本》,第154页)郈氏,《世本·卿大夫》说:"孝公生惠伯革,其后为厚氏。"(宋衷注,秦嘉谟等辑:《世本八种·茆泮林辑本》,第39页)《礼记·檀弓上》注"后木"说:"鲁孝公子惠伯巩之后",孔颖达认为"后""厚""革""巩",只是字异。(上海古籍出版社编《十三经注疏·礼记正义》,第1291页)由此可知,臧氏、郈氏均是孝族。跟随鲁昭公的子家羁,杜注说:"庄公玄孙懿伯也。"

[2] 杨伯峻:《春秋左传注》(修订本),第944页。

[3] 杨伯峻:《春秋左传注》(修订本),第191 – 192页。

[4] 桓、庄之族并未尽灭。韩氏属于桓族,参见顾栋高:《春秋列国卿大夫世系表》,载《春秋大事表》,第1245 – 1246页。《史记·韩世家》说:"韩之先与周同姓,姓姬氏。"(司马迁:《史记》,第2259页)索引指出,司马迁其实是认为韩氏本自"武之穆"的韩国。然而《世本》《潜夫论·志氏姓》《左传》杜注均说韩出自曲沃桓叔。《国语·晋语八》载韩宣子说:"自桓叔以下,嘉吾子之赐。"韦昭注:"桓叔,韩氏之祖曲沃桓叔也。"(韦昭注,明洁辑评,金良年导读,梁谷整理:《国语》,第224 – 225页)

亡的重耳在秦人帮助下杀掉怿子即位。

　　宫之奇认为晋献公之所以除掉桓、庄二族,是因为"亲以宠偪(逼)",其说可谓至当。《左传·宣公二年》说:"丽姬之乱,诅无畜群公子,自是晋无公族。"[1]其说把晋国不畜养公子的原因归罪于骊姬的诅咒,恐非。亲以宠逼,才是真正原因。孔颖达说:"文公之子雍在秦,乐在陈,黑臀在周,襄公之孙谈在周,则是晋之公子悉皆出在他国。"[2]其结果是晋国公族势力很弱,公族势弱导致了非公族势力坐大。如赵盾权倾朝野,被人称为夏天的太阳。晋灵公想除掉赵盾,结果却被赵盾族人赵穿所杀。晋景公曾一度灭了赵氏,后来赵氏又被恢复。晋厉公时,郤氏一族三卿,晋厉公靠宠臣灭掉郤氏,结果又被栾书、中行偃所杀。此后,晋国公室便很难控制这些卿族,以至于晋国晚期形成六卿专政的局面。

　　晋国本来为了防止"亲"的逼迫,故不用"亲"执政,结果非公族家族通过世代积累获取了巨大的权势,他们以"旧"的形式对公室造成了更为严重的逼迫。晋国"旧"的成分颇多,既有公族之"旧",如栾氏为靖族[3]、韩氏为桓族,也有同姓之"旧",如魏氏为毕公高之后[4],还有异姓之"旧",如赵氏为嬴姓[5]。

　　对"亲""旧"犹豫不决者,其典型例子为楚国。春秋时,楚国早期(若敖、霄敖、蚡冒时期)的资料十分有限,其主政者情况难以明了,故本书以"令尹"一职来考察楚国君主的信任倾向。楚武王始设令尹一职,斗祁为第一任令尹。彭仲爽本为仕申国的彭国贵族[6],后入楚国。《左传·哀公十七年》说:"彭仲爽,申俘也,文王以为令尹。"[7]除了彭仲爽之外,史料中所见楚国令尹皆为楚国公族。楚成王以后的令尹资料比较详细,且具有统计意义,根据身世将其划分为"亲"和"旧"。(参见表2-2、图2-1)

---

[1]　杨伯峻:《春秋左传注》(修订本),第663—664页。
[2]　上海古籍出版社编《十三经注疏·春秋左传正义》,第1867页。
[3]　《左传·桓公二年》载:"封桓叔于曲沃,靖侯之孙栾宾傅之。"[杨伯峻:《春秋左传注》(修订本),第93页]栾氏为晋靖侯之后。参见顾栋高:《春秋列国卿大夫世系表》,载《春秋大事表》,第1268页。
[4]　司马迁:《史记》,第2219页。
[5]　司马迁:《史记》,第277页。
[6]　参见田成方:《东周时期楚国宗族研究》,博士学位论文,武汉大学,2011年,第153—154页。
[7]　杨伯峻:《春秋左传注》(修订本),第1708页。

表 2-2　春秋楚国令尹表[1]

楚王	代数	令尹		
武王	第一代	斗祁(若敖子或孙)		
文王	第二代	彭仲爽(申俘)		
堵敖	第三代			
成王	第三代	公子元 (武王子,成王叔父)	斗穀於菟 (子文,若敖曾孙)	成得臣 (子玉,子文弟)
		蒍吕臣	斗勃	成大心(子玉子)
穆王	第四代	成大心	成嘉(子玉子)	
庄王	第五代	成嘉(子玉子)	斗般(子文子)	斗椒(子文从子)
		蒍艾猎(叔孙敖)		
共王	第六代	公子婴齐 (庄王弟,共王叔父)	公子任夫 (庄王弟,共王叔父)	公子贞 (庄王子,共王弟)
康王	第七代	公子午 (庄王子,康王叔父)	公子追舒 (庄王子,康王叔父)	蒍子冯(又薳子冯)
		屈建		
郏敖	第八代	公子围 (共王子,郏敖叔父)		
灵王	第七代	薳罢		
平王	第七代	斗成然(又蔓成然)	阳匄(穆王曾孙)	囊瓦(庄王曾孙)
昭王	第八代	囊瓦	公子申(昭王庶兄)	
惠王	第九代	公子申	沈诸梁(庄王玄孙)	公孙宁(平王孙,公子申子)

说明:代数以楚王计算。斗般任令尹,《左传·宣公四年》载:"令尹子文卒,斗般为令尹,子越为司马。蒍贾为工正,谮子扬而杀之,子越为令尹,己为司马。"[2] 斗般在成嘉之后,斗椒之前,《春秋大事表》失载。公子比、公子皙曾在公子弃疾的哄骗下做了几个月的国君、令尹,最后被逼自杀,由于公子比不入楚君世系,故公子皙未列入表。

---

[1] 此表制作参考了顾栋高的《楚令尹表》(见《春秋大事表》,第1813—1839页)。传统说法认为,斗穀於菟的父亲斗伯比是若敖的儿子,但是伯比在时间上距若敖太远,学者认为斗伯比当是若敖的孙辈。其说以及彭、斗、成、蒍、芋、屈等族的先世、世系,参见张君:《楚国斗、成、薳、屈四族先世考》,载河南省考古学会、河南省博物馆、河南省文物研究所编《楚文化觅踪》,中州古籍出版社,1986,第175—186页。田成方:《东周时期楚国宗族研究》,博士学位论文,武汉大学,2011年。

[2] 杨伯峻:《春秋左传注》(修订本),第680页。

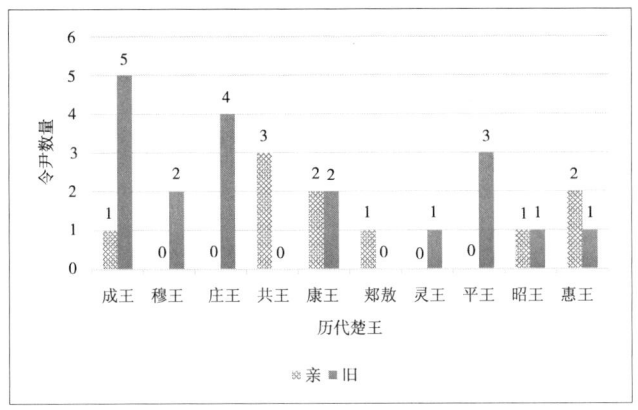

图 2-1 楚国令尹"亲""旧"对比图

由表 2-2、图 2-1 可知,楚国君主的信任对象,除了彭仲爽,其余均为公族(或王族)。以"亲""旧"来划分,大体上可以分为四个阶段[1]:

第一,以"旧"为主的阶段。楚成王、穆王、庄王时期的令尹,除了楚成王时的令尹子元为"亲"外,其他均为"旧"。在"旧"中,又为若敖氏(斗氏和成氏为若敖氏一宗之两支)、蒍氏所垄断。其中若敖氏力量最为强大,出了九位令尹,占压倒性优势。令尹子文为楚国做出大贡献,故若敖氏备受信任。子玉有骄横之心,城濮之战中坚持和晋文公开战的子玉战败自杀,成王让反对若敖氏的蒍贾的父亲蒍吕臣[2]接替令尹,但是蒍吕臣"奉己而已,不在民"[3],干了不到一年便被若敖氏接替。若敖氏在楚庄王时,杀掉仇人蒍贾发动叛乱,结果被庄王一举灭族。庄王任用了蒍贾的儿子蒍艾猎(叔孙敖)为令尹。从这一阶段来看,楚王信任的是"旧",只不过是用若敖氏或蒍氏而已。

第二,以"亲"为主的阶段。共王、康王、郏敖时期的八位令尹,有六个都是"亲"。第一位是公子婴齐,他在庄王时便任左尹,地位仅次于令尹蒍艾猎。大概鉴于"旧"之逼迫,共王即位便任用叔父婴齐为令尹。婴齐死后任夫接任令尹,任夫因欺负陈国导致陈叛而被诛,但这并没有使楚王对"亲"失去信任。

---

[1] 谭黎明认为,"春秋前期,令尹人选主要来自若敖氏之族","春秋中期以后,令尹人选主要来自王室公子"。(谭黎明:《春秋战国时期楚国官制研究》,博士学位论文,吉林大学,2006 年,第 22、24 页)其说未免粗疏。

[2] 蒍吕臣为蒍贾的父亲,此即采自清代学者秦嘉谟的观点。参见宋衷注,秦嘉谟等辑:《世本八种·秦嘉谟辑补本》,第 171 页。

[3] 杨伯峻:《春秋左传注》(修订本),第 468 页。

"亲"接连继任令尹,其结果是"国多宠而王弱",康王曾试图让芃子冯任令尹,结果芃子冯装病而推辞,于是康王任公子追舒为令尹,而公子追舒因宠观起而被杀,观起被车裂。随后,康王相继任芃子冯、屈建为令尹,说明他对"亲"不信任转而信任"旧"。康王死后,公子围任令尹,最后杀掉了侄子自己当了君主。"亲"之逼迫之不可信,显而易见。

第三,回归以"旧"为主的阶段。楚灵王、楚平王时的四位令尹均是"旧"。公子围杀掉侄子而当上国君后,怕别人重走他的路,于是转而任"旧",用芃氏大宗宗族长薳罢为令尹。公子弃疾(楚平王)又害死楚灵王、公子比、公子皙三位兄长才登上王位,故对"亲"同样防备,前后用了出身各不相同的三位"旧":斗成然为庄王所灭斗氏之遗余的后裔,阳匄为穆王曾孙,囊瓦为庄王曾孙。他们与平王关系均超出三代范围,因此他们均不具有王位继承权,不大可能觊觎王位。

第四,"亲""旧"掺杂阶段。楚昭王时,令尹囊瓦灭郤宛一族,失国人之心,后来他又向唐国、蔡国索贿,遭到拒绝后将两国国君扣留三年。蔡侯回国后请求吴国伐楚,后来唐国、蔡国成为吴国伐楚的盟友。楚国在柏举大败,囊瓦逃到郑国,为楚人所深恶痛绝。昭王庶兄公子申曾拒绝囊瓦立他为王的建议,又在战争中辅佐昭王,可谓患难见亲情,于是昭王任公子申为令尹。公子申从吴国召回侄子白公胜(平王孙、惠王堂兄弟),结果白公胜杀掉公子申,囚禁惠王,自立为王,可见"亲"不可信。沈诸梁平定白公胜之乱后,被惠王封为令尹、司马。然而沈诸梁干了一阵,又把令尹让给了公子申的儿子公孙宁。

从以上四阶段来看,楚王的信任对象始终在"亲"与"旧"之间来回折腾:"旧"以公谋私,威胁王室,于是任"亲";"亲"觊觎权力,争夺王位,于是又用"旧"。这几乎成了一个怪圈,直到战国吴起以客卿身份入楚为令尹后,情况才稍有改观。

总的来看,春秋时君主应该信任谁,始终是个难解的问题:"亲"以宠逼,会因继承问题争夺君位;"旧"以强逼,会凭借世代积累的权势削弱公室。如果君主既不信任"亲",也不信任"旧",那他还能信任谁呢?其例外情况,大概不过以下几人:秦穆公用虞国亡臣百里奚,《史记·秦本纪》说穆公与百里奚"语三日,缪公大说,授之国政,号曰五羖大夫"[1];楚文王任申国俘虏彭仲爽,"实县

---

[1] 司马迁:《史记》,第238页。

申、息,朝陈、蔡"[1];齐桓公不记仇而任用管仲,"九合诸侯,不以兵车"。这些都是春秋早期的事情,或如秦、楚宗法势力小,或如齐情况特殊,皆不具有普遍意义。况且,即使这些人是被"破格"提拔的,但他们原本就是贵族出身。

即使国君对"亲"或"旧"失去了信任,在当时的情况下,似乎也没有更好的选择。[2] 像鲁哀公欲除"三桓",连可信任的臧氏、郈氏之类的"旧"都没了,只好跑到越国去借兵。这种只能信任"亲"或"旧"的情况,其实就是春秋君主信任的"两难困境"。直到战国时期士阶层崛起,以及随之而来的变法运动,这个问题才似乎有解。

二、世族"同出一公"的信任构建

对于春秋时期的世族而言,信任关系是其生存和发展的重要依靠。世族间通过建立信任关系,可以相互支持,在斗争中发展壮大。因此,信任谁,取信于谁,十分重要。春秋世族有公族和非公族之分,非公族类世族间的信任关系如何,我们不得而知。公族类世族间信任是凭借"同出一公"构建的,最典型的例子莫过于鲁国的"三桓"和郑国的"七穆"。

鲁国"三桓"出自鲁桓公时期。鲁桓公有四子,嫡长子同继承君位,其他三子为公子庆父(共仲)、公子牙(僖叔)、公子友(季友),即"桓之族",他们的儿子分别为公孙敖、公孙兹、公孙无秩,孙辈以"王父字"立氏,分别名为仲孙穀、叔孙得臣、季孙行父,于是有了"仲孙氏""叔孙氏"[3]和"季孙氏",后来他们轮流执掌鲁国大权。

"三桓"之间本来谈不上信任。第一代公子庆父、公子牙、公子友围绕君位展开了残酷斗争。《左传·庄公三十二年》载,鲁庄公临死前,召叔牙问谁能继承君位,叔牙主张让庆父即位。后来庄公又召来季友,季友愿以死立庄公儿子

---

[1] 杨伯峻:《春秋左传注》(修订本),第1708页。
[2] 如果有的话,那就是宠信之臣,《清华简·郑武夫人规孺子》载武姜言:"孺子亦毋以执竖卑御,勤力价驭、媚妒之臣躬恭其颜色……"(参见李学勤主编《清华大学藏战国竹简(陆)》,第104页)大概有因近侍、勇力、美色、巧言等受宠信的臣子。齐桓公宠竖刁、寺人貂;楚庄王有嬖人伍参;鲁成公十七年(前574年),晋厉公"多外嬖……欲尽去群大夫,而立其左右",等等。不过,这些人整体上在春秋时期的影响还十分有限。究其根本,在于他们的力量依附于君主,君主若权势卑弱,这些人自然也不堪重用了。
[3] 《左传·庄公三十二年》载,叔牙死后"立叔孙氏",恐怕那时只是立族,还不叫叔孙氏,因为叔牙的儿子叫公孙兹,不叫叔孙兹。叔牙死后,所立"叔孙氏"应是后世追认所命名。

般为国君。于是在庄公的授意下,季友用毒酒杀死叔牙,他告诉叔牙:"饮此,则有后于鲁国;不然,死且无后。"[1]叔牙喝下毒酒后,鲁国为他立族。庄公死后,子般继位不到两个月,庆父便派人杀死子般。随后,鲁人立闵公启方[2],没过多久庆父又杀掉闵公。后来庆父出奔到莒国[3],季友立公子申为君,是为僖公。鲁人通过贿赂莒国想要回庆父,庆父畏罪自杀。

"三桓"之间的信任关系大概是在与东门氏的斗争中建立的。鲁僖公元年,公子友获赐费邑和汶阳之田,叔牙子公孙兹立族。赐土、立族,在春秋早期并不常见。[4] 庆父虽获罪,其子公孙敖却继季友主持外交与军事。[5] 可见三家势力之大。公子遂(即东门襄仲)为鲁庄公子,与公孙敖为从父兄弟。鲁文公七年(前620年),公孙敖为公子遂迎娶己氏,结果自己把新妇娶了。迫于压力,公孙敖把己氏送回莒国,后又因想念己氏逃到莒国,于是政权落在公子遂手中。公子遂以叔父身份主持文公政权。文公死后,公子遂杀掉嫡子视和恶,除叔仲惠伯(叔孙氏小宗),立鲁宣公,专鲁国之政。公子遂死后,其子公孙婴齐打算借晋人之手驱逐"三桓",结果赶上鲁宣公去世,季孙行父遂以东门氏"废嫡立庶"的罪名把公子婴齐赶跑。从此,政权落到"三桓"手中。

"三桓"掌握鲁国政权后,他们之间的信任关系呈现出"信中有所不信"的特点。襄公十一年(前562年),季孙宿打算三分公室,遭到叔孙豹反对,他是怕季孙氏趁机占便宜,三分公室之后,叔孙豹又害怕季氏反悔,于是要求诅盟防止

---

[1] 杨伯峻:《春秋左传注》(修订本),第254页。
[2] 《左传》未载闵公名,《史记·鲁周公世家》说闵公名"开"(司马迁:《史记》,第1853页)。"开"或为避汉景帝讳而改。闵公元年孔疏说闵公为启方。清华简《系年》记有卫公子启方。《左传·襄公十二年》载:"筚路蓝缕,以启山林","启方"有开疆拓土的意思,故"启方"用作公子名字。
[3] 《左传》未言庆父出奔的原因,童书业认为是"对付不下国人"。[童书业:《春秋史》(校订本),童教英校订,第171页]
[4] 《左传·隐公八年》载:"无骇卒,羽父请谥与族。公问族于众仲。众仲对曰:'天子建德,因生以赐姓,胙之土而命之氏。诸侯以字为谥,因以为族。官有世功,则有官族。邑亦如之。'公命以字为展氏。"[杨伯峻:《春秋左传注》(修订本),第60-61页]隐公问立族事情,可见立族并不常见。立族需要赐土,叔牙自杀,鲁人为之立族,回报很高。季友获赐土田,已经具有立族的性质。
[5] 《春秋》记载,僖公十五年,"公孙敖帅师及诸侯之大夫救徐",文公元年(前626年),"公孙敖会晋侯于戚",二年(前625年)"公孙敖会宋公、陈侯、郑伯、晋士縠盟于垂陇"。[分别参见杨伯峻:《春秋左传注》(修订本),第349、509、518页]

其改变。[1] 昭公元年，叔孙豹参加晋、楚主持的大夫盟会，而此时季孙宿攻打莒国，占领郓邑。楚国要求晋国杀叔孙豹以示惩罚，叔孙豹死里逃生回到鲁国后，季孙宿设宴招待叔孙豹。叔孙豹不想见季孙宿，最后却无奈地指着柱子说："虽恶是，其可去乎？"[2] 叔孙氏把季孙氏视为支柱，其信任可见一斑。昭公五年，季孙氏毁中军，四分公室而有其二，叔孙氏有所不满。即使如此，昭公二十五年（前517年）时，鲁公率领臧氏、郈氏攻打季孙氏，叔孙家臣说："无季氏，是无叔孙氏也。"[3] 于是出兵救季孙氏，孟孙氏也跟着出兵，三家合力把昭公赶出国。

不难发现，叔孙氏、孟孙氏即使对季孙氏有所不满，但是季孙氏仍然是他们最可信任的对象。季孙氏无论是三分公室，还是四分公室，分配的对象都不会出其三家，其他家族根本无法染指其中，这说明季孙氏最信任的还是叔孙氏和孟孙氏。三家信任关系，大体而言，如兄弟阋于墙而外御其侮：三家建立了稳固的信任关系，即使发生激烈冲突，也不会打破其信任关系，而且来自国君和其他家族的挑战越大，其信任关系越稳固。[4]

除了鲁国的"三桓"，郑国的"七穆"也大致如此。

郑穆公有十三子，"七穆"是指郑穆公十三子中的七个儿子，即公子喜（子罕）、公子騑（子驷）、公子发（子国）、公子平（子丰）、公子偃（子游）、公子舒（子印）、公子去疾（子良），以及由其后裔形成的罕、驷、国、丰、游、印、良七族。[5]

---

[1] 朱凤瀚：《关于春秋鲁三桓分公室的几个问题》，《历史教学》1984年第1期。
[2] 杨伯峻：《春秋左传注》（修订本），第1211页。
[3] 杨伯峻：《春秋左传注》（修订本），第1464页。
[4] 有一例外，叔孙侨如与鲁成公的母亲穆姜通奸，"欲去季、孟而取其室"，挑拨晋、鲁关系，希望晋人杀死季孙行父，结果未成功，反被驱逐到齐国，季文子立叔孙豹为叔孙氏宗子。
[5] "七穆"的说法出自《左传·襄公二十六年》载叔向语："郑七穆，罕氏其后亡者也，子展俭而壹。"杜预注说："郑穆公十一子，子然、二子孔三族已亡，子羽不为卿，故唯言七穆。"（上海古籍出版社编《十三经注疏·春秋左传正义》，第1990页）杜注没有算上郑灵公、郑襄公，且"子羽"无出处。有学者指出，郑国七穆分别为郑灵公、郑襄公、公子良、罕氏、驷氏、丰氏及"郑穆公少妃所生的夏姬之同母兄子貉"，其中无"国氏"。（骆宾基：《郑之"七穆"考》，《文献》1984年第3期）其说子貉为穆公子，甚是。然而，国君不应算入"七穆"，"七穆"应如同"三桓"，是不继位的公子及其后裔形成的以国君谥号为氏的"狭义公族"。[朱凤瀚：《商周家族形态研究》（增订本），第436页]《左传·宣公四年》载："襄公将去穆氏，而舍子良。子良不可，曰：'穆氏宜存，则固愿也。若将亡之，则亦皆亡，去疾何为？'"[杨伯峻：《春秋左传注》（修订本），第679页]显然襄公不在"穆氏"当中。

另外六子分别是郑灵公、郑襄公、子孔、子然、士子孔、子貉。

郑穆公死后公子夷即位,是为郑灵公,"文族"的公子归生执政。宣公四年(前605年),灵公因为"染指于鼎"被公子宋(非穆族)所杀,于是郑人准备立灵公之弟公子去疾,而公子去疾让位于庶兄公子坚。公子坚立为君(郑襄公)后,估计鉴于灵公为"亲"所杀,故而对众兄弟亦不信任,打算驱逐除公子去疾外的所有穆族,公子去疾主张"穆氏宜存",于是穆族全立为大夫。宣公十年,原来执政的公子归生去世后,穆族势力渐长。鲁成公十三年,公子騑率领国人除掉非穆族的公子班。鲁襄公二年,"子罕当国,子驷为政,子国为司马"[1],穆族占据了六卿中的三个。鲁襄公九年,"郑六卿公子騑、公子发、公子嘉、公孙辄、公孙虿、公孙舍之及其大夫、门子,皆从郑伯",穆族全面垄断郑国政治。鲁襄公十九年(前554年),执政的公子嘉(即子孔,穆族)被公孙舍之(罕氏)、公孙夏(驷氏)率领国人杀死,其室被分。此后,郑国进入"七穆时代"。

"七穆"间的信任关系体现在三点。第一,辨别穆族和非穆族,以非穆族为潜在敌人,穆族团结一致,共同对外。穆族垄断执政的六卿,即使穆族之间存在激烈斗争,也不会引入其他公族成为执政卿。"七穆"将信任关系建立在对其他公族的不信任基础之上,共同对付非穆族的竞争者,有学者指出"七穆兴起之后,其他强族开始衰落",而且"鲁成公十三年之后,郑不再有公族立家者"[2]。第二,"七穆"间的个别冲突没有上升为整体的信任危机。如"伯有之乱"未导致穆族相互猜疑,《左传·襄公三十年》记,郑子皮(罕虎)授子产政,子产推辞,子皮说:"虎帅以听,谁敢犯子?"[3]子产执政后,准备驱逐公孙楚(游氏),并得到了游氏宗子游吉的支持。鲁昭公二年(前540年),驷氏小宗公孙黑打算攻打游氏,驷氏大宗率领国人杀掉公孙黑。游氏、驷氏清理门户的做法更加强了穆族间的信任。第三,"七穆"轮流执政。[4] 有学者指出:"国之大政诸如外交、

---

[1] 杨伯峻:《春秋左传注》(修订本),第922页。
[2] 房占红:《论郑国七穆世卿政治的内部秩序及其特点》,《厦门大学学报(哲学社会科学版)》2008年第6期。
[3] 杨伯峻:《春秋左传注》(修订本),第1180页。
[4] 参见:朱凤瀚《商周家族形态研究》(增订本),第521-522页;房占红《论郑国七穆世卿政治的内部秩序及其特点》,《厦门大学学报(哲学社会科学版)》2008年第6期。

军、政等方面的权力由七穆各氏共享,应该说各氏的政治权力是平等的。"[1]轮流执政、利益均沾是其信任的可靠保证。

类似的情况还有宋国诸公之族。《左传·成公十五年》载,司马荡泽(桓族)打算削弱公室,于是杀掉公子肥。右师华元(戴族)出奔晋国,鱼石(桓族)打算挽留华元,鱼府(桓族)说:"右师反,必讨,是无桓氏也。"鱼石说:"右师苟获反,虽许之讨,必不敢。且多大功,国人与之,不反,惧桓氏之无祀于宋也。右师讨,犹有戌在。桓氏虽亡,必偏。"[2]鱼石担心华元得众,赶跑华元会导致国人灭掉桓族,认为即使华元回来讨罪,还有向戌(桓族)在,桓族必然"偏"(不尽)。鱼石将自己的生死置之度外,而寄希望于向戌,其中之信任非同寻常。

大体而言,春秋中后期政权下移,公室与公族、诸公族之间均有激烈的斗争。在这个过程中,"同出一公"的血缘关系往往成为信任的基础,在斗争中唯有"同出一公"最值得信任,非"同出一公"的公族往往被视为竞争者。这种牢固的信任关系在政治斗争中的影响便是,"同出一公"的公族团结起来,把其他公族挤出执政,削弱公室力量,垄断一国政权,成功者如鲁国"三桓"、郑国"七穆"。

三、国内政治危机下的盟誓信任

两周之际,通过盟誓建立信任的行为已经开始涌现。其一,西周晚期,君子屡盟。《诗经·小雅·巧言》:"君子屡盟,乱是用长。"[3]毛诗序说:"刺幽王也。大夫伤于谗,故作是诗也。"[4]《巧言》是否刺幽王,从其内容不好判断。国有疑则盟,"君子屡盟"说明西周末年贵族相互猜忌,只好借频繁盟誓以相互取信。由于"屡盟"不合常态,故诗人批评之。其二,周幽王时期,郑桓公与商人盟誓。《左传·昭公十六年》载子产之言:"昔我先君桓公与商人皆出自周,庸次比耦以艾杀此地,斩之蓬、蒿、藜、藿,而共处之。世有盟誓,以相信也,曰:'尔无

---

[1] 房占红:《论郑国七穆世卿政治的内部秩序及其特点》,《厦门大学学报(哲学社会科学版)》2008年第6期。
[2] 杨伯峻:《春秋左传注》(修订本),第874—875页。
[3] 上海古籍出版社编《十三经注疏·毛诗正义》,第454页。
[4] 上海古籍出版社编《十三经注疏·毛诗正义》,第453页。

我叛，我无强贾，毋或丐夺。尔有利市宝贿，我勿与知。'"[1]大概郑桓公欲建国于虢、郐之间，故与商人盟誓，以取信后者获得支持，此盟誓遂世代相承。[2] 第三，东迁时期的国内盟誓。跟随平王东迁的宗族受到赐盟，《左传·鲁襄公十年》载周瑕禽之言："昔平王东迁，吾七姓从王，牲用备具，王赖之，而赐之骍旄之盟，曰：'世世无失职。'"[3]七姓宗族因辅佐平王东迁受信任，平王又通过赐盟强调了对宗族的信任。这个盟誓只记载了一部分，除了辅佐王室的内容，应该还有宗族间无相害的内容。[4]

两周之际的盟誓实为春秋诸侯国内盟誓之前奏。相对于春秋诸侯国之间

---

[1]　杨伯峻：《春秋左传注》（修订本），第1379-1380页。

[2]　《国语·郑语》说："（郑桓公）东寄帑与贿，虢、郐受之，十邑皆有寄地。"（韦昭注，明洁辑评，金良年导读，梁谷整理：《国语》，第242页）清华简《郑文公问太伯》说郑桓公"克郐"，获得"容社之处"。《郑武夫人规孺子》说："（郑武公）处于卫三年，不见其邦。"故知郑桓公已经建立郑国。关于建国时间，有以下几种说法：一，古本《竹书纪年》认为，晋文侯二年（前779年）"同惠王子多父伐郐，克之，乃居郑父之丘，名之曰郑"（王国维：《古本竹书纪年辑校·今本竹书纪年疏证》，黄永年校点，第16页）；二，今本《竹书纪年》说幽王二年，"晋文侯同王子多父伐郐，克之，乃居郑父之丘"（王国维：《古本竹书纪年辑校·今本竹书纪年疏证》，黄永年校点，第99页）；三，马楠指出，《国语·郑语》郑桓公寄帑在幽王八年至幽王十一年之间（前774-771年）；四，《汉书·地理志》引臣瓒言，其认为是幽王既败二年（前769年）。刘光主张第四种说法，并分别引用赵光贤、晁福林先生说为据。他引赵光贤之《十月之交》作于平王之世说，认为诸侯东迁在幽王既败之后，然而他似乎未注意到赵光贤先生1992年写文章否定了平王说。晁先生也写文章不点名地回应了他的观点，否定了幽王既败二年说。（参见：赵光贤《〈诗·十月之交〉应为七月之交说》，《人文杂志》1992年第5期；马楠《清华简〈郑文公问太伯〉与郑国早期史事》，《文物》2016年第3期；刘光《清华简〈郑文公问太伯〉所见郑国初年史事研究》，《山西档案》2016年第6期；晁福林《谈清华简〈郑武夫人规孺子〉的史料价值》，《清华大学学报（哲学社会科学版）》，2017年第3期）总之，郑桓公东迁当在幽王世，而最初的盟誓应在桓公东迁之前。

[3]　杨伯峻：《春秋左传注》（修订本），第983页。

[4]　周王赐盟誓由来已久。《左传·僖公二十六年》载："昔周公、大公股肱周室，夹辅成王。成王劳之，而赐之盟，曰：'世世子孙无相害也！'"[杨伯峻：《春秋左传注》（修订本），第440页]而《国语·鲁语》又载："昔者，成王命我先君周公及齐先君太公曰：'女股肱周室，以夹辅先王。赐女土地，质之以牺牲，世世子孙无相害也。'"（韦昭注，明洁辑评，金良年导读，梁谷整理：《国语》，第71页）《鲁语》所记当是赐盟盟辞的完整格式表述。《国语·晋语》载郑国叔詹之语："吾先君武公与晋文侯戮力一心，股肱周室，夹辅平王，平王劳而德之，而赐之盟质，曰：'世相起也。'""赐盟"的盟辞大概包括两个内容：一是参与盟誓的国家、宗族齐心协力辅佐王室；二是参与盟誓的国家、宗族相互扶助、无相伤害。文献所载根据语境不同，而择取不同内容。

的盟誓,国内盟誓远没那么频繁。这是因为两种盟誓的政治背景截然不同。春秋时,周天子无力控制诸侯,更何谈裁决诸侯矛盾。诸侯之间的外交问题最频繁,故盟誓取信的行为也最多。春秋时,诸侯国仍然是一个政治实体,春秋前期各国政治比较稳定,而后期政治危机屡次爆发,所以他们靠盟誓取得信任的行为也就多了起来。吕静根据《左传》所载,指出春秋前期(前770—前600年)的170年中,国内盟誓一共有9次,而春秋后期(前599—前468年)的130余年中,国内盟誓有44次。[1] 考虑到温县、侯马均出土了盟誓载书,故本书在讨论时将之一并纳入。

这些盟誓根据政治危机类型主要划分为两大类。第一大类,入国即位的盟誓。入国即位包括两种,一是入国立君盟誓,二是入国复辟盟誓。第二大类,与贵族斗争相关的盟誓。这类盟誓又可根据斗争情况划分为三小类。[2] 一是自愿的针对共同敌人的盟誓,二是强迫他人服从的单方盟誓,三是斗争未果而相互妥协的盟誓。从以上分类来看,第一大类一般能够结信;第二大类中的第一小类能够结信,其他两小类很难。

(一) 入国即位盟誓多能结信

一般而言,在外的公子、公孙若要入国立为君主,需要得到国内人的支持或同意。典型例子是齐悼公即位。鲁哀公六年(前489年),齐国发生内乱,陈僖子从鲁国把公子阳生召回国,准备舍弃孺子荼而立阳生为君。将要盟誓的时候,鲍子责问陈僖子:"女忘君之为孺子牛而折其齿乎,而背之也?"他认为立阳生非先君之意。于是阳生向鲍子磕头说:"吾子,奉义而行者也。若我可,不必亡一大夫;若我不可,不必亡一公子。义则进,否则退,敢不唯子是从?废兴无以乱,则所愿也。"[3] 阳生称鲍子"奉义而行者",首先表达了对他的信任,接着说他若立为君主,绝不会报复鲍子,如果不能立为君主,也希望鲍子不要杀他。

---

[1] 吕静:《春秋时期盟誓研究:神灵崇拜下的社会秩序再构建》,第249页。案:本书对春秋的划分与之略不同。春秋前期为前770—前627年,春秋后期为前626—前476年。

[2] 这些盟誓其实有多种划分方式,比如可以按照盟誓用辞区分,如"所不与……有如……""毋或如……""敢不……敢……麻夷非是""……无相害也";也可以按照参盟者之间的地位划分,有多方共同参与的盟誓,或者遵从主盟者意见的宣誓。但是这些划分均难以与"信任"相契合,故不采用。

[3] 杨伯峻:《春秋左传注》(修订本),第1637—1638页。

正是有了这个承诺与请求,他才获得鲍子的信任:"谁非君之子?"于是他们结下盟誓,阳生得以立为国君。

还有特殊情况,国内人要取信于被立君者,被立君者才盟誓即位。典型的例子是晋悼公周子入晋。鲁成公十八年(前573年),晋卿栾书、中行偃杀掉晋厉公,晋大夫商量立周子为君。一般而言,被立者只需取得大夫们的信任即可,但是年仅十四岁的周子却对大夫们说:"抑人之求君,使出命也。立而不从,将安用君?二三子用我今日,否亦今日。共而从君,神之所福也。"[1]此话精妙之处在于,他把取信于大夫转换成了大夫们取信于他。如果大夫们不发誓服从他,他就不即位。大夫们都说:"群臣之愿也,敢不唯命是听?"[2]于是周子与大夫结下盟誓而即位,是为晋悼公。晋悼公反客为主,让大夫们取信于他,压制住了骄横的晋卿,对晋国霸业的再次兴盛亦产生了深远的影响。

复辟同样需要取得国内人的信任,但其情况与立君略有不同,因为复辟者最初被人们赶跑,双方已然处于互不信任的状态。鲁僖公二十八年,晋文公讨伐卫国,卫国国人赶跑卫成公来取悦晋国。晋国同意卫成公回国后,卫成公还需要得到国人同意,于是派宁武子与卫国大夫在宛濮举行盟誓,盟辞为:"天祸卫国,君臣不协,以及此忧也。今天诱其衷,使皆降心以相从也。不有居者,谁守社稷?不有行者,谁捍牧圉?不协之故,用昭乞盟于尔大神以诱天衷。自今日以往,既盟之后,行者无保其力,居者无惧其罪。有渝此盟,以相及也。明神先君,是纠是殛。"盟辞把造成矛盾的责任归给"天",不归罪结盟的任何一方。卫成公承认"居者"有守社稷的功劳,言下之意是不会报复,让他们"无惧其罪"。国内人承认"行者"也有捍卫社稷的功劳,其理应回国。《左传》说:"国人闻此盟也,而后不贰。"[3]可见,互相谅解是复辟盟誓能够结信的主要原因。

相反,如果没有相关协商,在外的人就无法与国内的人结盟,即使有盟誓也很难稳固君位。典型例子莫过于卫庄公蒯聩即位与卫出公辄复辟。

辄是卫灵公的孙子、太子蒯聩的儿子,太子蒯聩因得罪灵公夫人南子而出奔,卫灵公死后卫国人立辄为君,是为卫出公。蒯聩在晋国投靠了赵氏,赵鞅派兵送蒯聩回国即位,但是卫国人不答应,出兵相拒。鲁哀公十五年(前480年),

---

[1] 杨伯峻:《春秋左传注》(修订本),第907页。
[2] 杨伯峻:《春秋左传注》(修订本),第907页。
[3] 杨伯峻:《春秋左传注》(修订本),第469–470页。

蒯聩与他的姐姐孔姬、浑良夫串通,悄悄回国,然后"孔伯姬杖戈而先,大子与五人介,舆豭从之。迫孔悝于厕,强盟之,遂劫以登台"[1]。蒯聩在取得孔氏支持后,作乱赶跑卫出公。蒯聩即位后,孔悝、孔姬出奔,太叔遗被驱除,浑良夫被杀,最后蒯聩死于内乱。由此可见,蒯聩的盟誓几无信任可言。这是因为蒯聩盟誓的对象主要是孔悝,且属于要盟,没有与众大夫协商。因而,蒯聩空有盟誓,与众人之间仍处于互不相信的状况,所以即使即位也很难立得住。

卫庄公蒯聩被杀后,出公回国,但其性情暴虐。鲁哀公二十五年(前470年),卫人再次赶跑卫出公。出公逃亡到城鉏,等待越国援助。二十六年(前469年),越国、鲁国、宋国伐卫,卫人说:"君愎而虐,少待之,必毒于民。"[2]结果卫出公率联军大肆抢掠,挖坟烧棺,卫人纷纷反对出公回国。但卫人最终抗不住越国联军的攻打,于是大开城门,让卫出公进城,然而卫出公却不敢进。后来,卫出公派人问子贡他能否回国。子贡私下对使者说:"成公孙于陈,宁武子、孙庄子为宛濮之盟而君入。献公孙于齐,子鲜、子展为夷仪之盟而君入。今君再在孙矣,内不闻献之亲,外不闻成之卿,则赐不识所由入也。"[3]也就是说,国外需要有跟随他的人,国内需要有支持他的人,内外双方结下盟誓,然后才能复辟。

总而言之,立君或复辟的盟誓大多能够建立信任,这与其中的程序有关:首先,与国内大夫或国人协商,如果是复辟,协商中还需要相互谅解,这样才能取得国内人的信任;其次,通过盟誓把协商精神确定下来,巩固双方的信任;最后,即位或复辟。在这个基本程序中,协商环节最为重要,如果缺乏这个环节,往往会遭到拒绝,难以与国内人结下盟誓;即使通过特殊手段结下盟誓,也难以取信,回国后也难以安稳。

(二)贵族斗争中的盟誓唯有自愿共同对敌者方可结信

第一小类,自愿地针对共同敌人的盟誓。这类盟誓又可以分为两种。

一是针对逃亡贵族结成的盟誓。其中,有以维护公室、法纪为目的的盟誓。如鲁昭公元年,公孙楚动手打伤公孙黑,子产把公孙楚流放到吴国。为此,郑伯

---

[1] 杨伯峻:《春秋左传注》(修订本),第1694—1695页。
[2] 杨伯峻:《春秋左传注》(修订本),第1728页。
[3] 杨伯峻:《春秋左传注》(修订本),第1732页。

与大夫举行盟誓,而郑六卿再单独举行盟誓。也有打着维护公室和法纪名义的盟誓。如鲁襄公二十三年,孟孙氏、季孙氏联手攻打臧纥,臧纥砍断城门门栓逃跑。季武子询问外史针对"恶臣"的盟辞写法,外史说:"盟东门氏也,曰'毋或如东门遂不听公命,杀适立庶'。盟叔孙氏也,曰'毋或如叔孙侨如欲废国常,荡覆公室'。"但是臧纥罪不至此,有人出主意:"盍以其犯门斩关?"于是他们举行盟誓:"毋或如臧孙纥干国之纪,犯门斩关!"[1]这些针对"恶臣"的盟誓,其实是胜利者对失败者的缺席审判。也有赤裸裸地宣称胜利者之间利益攸同的。如鲁哀公二十六年,宋国戴氏、皇氏、乐氏联手赶跑大尹和国君。由于师出无名,盟辞干脆为"三族共政,无相害也"[2]。

二是贵族带领国人举行针对共同敌人的盟誓。如鲁成公十三年,逃亡在外的公子班潜回郑国,杀掉穆族的子印、子羽,驻扎在市上。穆族子驷"帅国人盟于大宫,遂从而尽焚之"[3],杀掉公子班及其从属。子驷盟国人的方式,我们不得而知,只好从其他材料推测。如宋国戴氏、皇氏、乐氏在攻打大尹之前,给部下颁发武器,在国都内巡行宣布:"大尹惑蛊其君,以陵虐公室;与我者,救君者也。"众人回答:"与之!"同时,大尹也派人在国都巡行宣布:"戴氏、皇氏将不利公室,与我者,无忧不富。"众人回答:"无别!"(你和国君什么两样)[4]子驷可能通过类似巡行宣布的方式以求国人"与之",这是取信于国人的过程。等到结盟的时候,其取信方式可能与之相反,让国人立誓表达对他的支持。有学者认为:"'盟国人'仪式上,要求参与者使用'所不……者,有如……'的句式表白心迹。"[5]子驷盟国人,其誓辞或为"所不与驷者,有如上帝"之类。也就是说,贵族盟国人而讨伐敌人的取信方式是双向的:先取信于国人,获得支持,然后举行盟誓,让国人表达对他的支持,取信于他。

以上两种,无论是出于公义还是私心,地位上是否平等,盟辞(或誓辞)是单向约束还是双向约束,盟誓均以共同敌人为前提,表明了参盟者之间团结一致、同仇敌忾的决心,在事实上巩固了参盟者的信任关系。

---

[1] 杨伯峻:《春秋左传注》(修订本),第1083页。
[2] 杨伯峻:《春秋左传注》(修订本),第1731页。
[3] 杨伯峻:《春秋左传注》(修订本),第866页。
[4] 杨伯峻:《春秋左传注》(修订本),第1731页。
[5] 董芬芬:《侯马、温县载书与东周"盟国人"仪式》,《甘肃社会科学》2013年第2期。

第二小类,强迫他人服从的单方盟誓。这类盟誓的取信方式是单向的。如鲁襄公二十五年(前548年),崔杼杀掉齐庄公,立景公,自己任右相,庆封任左相,"盟国人于大宫,曰:'所不与崔、庆者——'晏子仰天叹曰:'婴所不唯忠于君、利社稷者是与,有如上帝!'"[1]誓辞是提前拟定好的,由参盟大夫、国人一一宣誓,表达对崔杼、庆封的忠诚。一般而言,执政者应当取信于下。崔杼弑君,没法取信于下——晏婴修改誓辞显然对崔杼不满。崔杼对其他人不信任,于是靠武力倒行逆施,强迫别人取信于他。类似的情况,还有鲁定公六年,鲁国阳虎打算除掉"三桓",害怕鲁人反对他,于是"盟公及三桓于周社,盟国人于亳社,诅于五父之衢"[2],其盟誓用辞不得而知,但是从阳虎胁迫鲁公、三桓、国人的情况来看,很可能用的是誓辞。崔杼、阳虎主持的盟誓,均是众人取信于强权者的单向盟誓。相反,强权者却不能取信于众人。所以,庆封攻打崔杼时,国人积极参与,而阳虎最终被鲁人驱逐。

　　这类盟誓往往会遭到抵制,众人之所以参与盟誓,主要是受了胁迫。如果强权者武力不足,反而有引发更大祸乱的可能。例如,鲁襄公十年,郑国发生内乱,尉氏、司氏等五个宗族攻打执掌政权的穆族,杀死执政卿子驷、子国、子耳。叛乱平定后,子孔执掌国政,于是制作了载书,规定官员各守其位,听从执政的法令,结果遭到大夫、官员和卿的嫡子的反对,子孔准备加以诛杀。子产请求烧掉载书,说:"众怒难犯,专欲难成,合二难以安国,危之道也。不如焚书以安众,子得所欲,众亦得安,不亦可乎?专欲无成,犯众兴祸,子必从之!"[3]载书烧掉后,众人才安定下来。这说明,强迫他人服从盟誓反倒可能加剧对主盟者的不信任。

　　第三小类,斗争未果而相互妥协的盟誓。这类盟誓难以结信。例如,鲁襄公二十九年(前544年),郑国执政伯有(良宵)派公孙黑出使楚国,公孙黑拒绝,此时楚国、郑国正交恶,出使无异于送死。伯有说:"世行也。""世行"是世袭从事外交的意思,这话无礼之处在于"七穆"本是轮流执政,没有世袭官职一说。公孙黑大怒,打算攻打良氏。大夫们为他们调和,于是在伯有家结盟,但是这个盟誓仅是缓和矛盾而已。裨谌说:"是盟也,其与几何?《诗》曰:'君子屡盟,乱

---

[1]　杨伯峻:《春秋左传注》(修订本),第1099页。
[2]　杨伯峻:《春秋左传注》(修订本),第1559页。
[3]　杨伯峻:《春秋左传注》(修订本),第981页。

是用长.'今是长乱之道也,祸未歇也,必三年而后能纾。"[1]第二年,伯有再次强迫公孙黑出使楚国,后来他在与公孙黑的斗争中被杀。再如鲁昭公二十年(前522年),"宋元公无信多私,而恶华、向"[2]。华定、华亥、向宁打算先发制人,于是华亥装病,引诱公子们来探望,把他们扣押后杀掉,同时又扣押了一些贵族。接着,宋元公与华亥、华定、向宁以对方儿子为人质结盟。这样的盟誓是否有信任可言呢?结盟之后,宋元公和夫人天天去华氏看望自己的儿子,华亥打算放掉国君的儿子,向宁说:"唯不信,故质其子。若又归之,死无日矣。"[3]结果,宋元公不顾自己的儿子,杀掉华亥一派的儿子,派兵攻打并赶走华氏、向氏。

斗争未果而相互妥协的盟誓基本上无信任可言。公孙黑与伯有的盟誓是在大夫们的劝解下举行的,并非两家主动和解,故这样的盟誓没有诚意。裨谌把盟誓视为"长乱之道",未免偏激。只能说盟誓并没有解决矛盾,只是拖延了"乱"的爆发。宋元公与华亥等人的盟誓更谈不上信任。如果说宋元公不讲信用,那么华亥更甚:华亥利用公子们的善意而杀之,是典型的"蛇与农夫"。信任是一种善意,在善意被利用的情况下,谁还敢会轻信他人呢?总的来说,在激烈的政治斗争中,如果谁轻信对方,就有可能将自己置于死地。所以,这类盟誓很难建立信任关系,仅是暂缓矛盾而已。

(三)侯马、温县载书反映的盟誓信任有本质差异

侯马、温县出土的东周盟誓载书,虽然在用辞上看起来很像,且在获取信任方面都是单向取信,但是放到历史背景中去考虑,二者取信的实质可能完全不同。

侯马载书反映的是强迫他人服从的单向盟誓。其中有两大类:一类如"趞敢不判其腹心以事其主,而敢不尽从嘉之盟定宫平寺之命者,而敢或毁改助及奂,俾不守二宫者,而敢有志复赵尼及其子孙,尧疵之子孙,尧直及其子孙,桶欨及其子孙,史猷及其子孙于晋邦之地者,及群呼盟者,吾君其明殛视之,麻婜非是"。另一类如"盦章自誓于君所,所敢俞出入于赵尼之所及子孙,尧疵及其子

---

[1] 杨伯峻:《春秋左传注》(修订本),第1168页。
[2] 杨伯峻:《春秋左传注》(修订本),第1409页。
[3] 杨伯峻:《春秋左传注》(修订本),第1414页。

乙,及其伯父叔父兄弟子孙,烸直及其子孙……司寇结之子孙,及群呼盟者。章没嘉之身及子孙,或复如之于晋邦之地者,则永殛视之,麻塞非是。既誓之后,而敢不巫觋祝史荐□绎之皇君之所,则永殛视之,麻塞非是。闵发之子孙,遇之行道弗杀,君其视之"。[1] 主盟者为赵嘉[2],两例中"复……于晋邦之地",说明盟誓针对的是赵尼等人,他们已经被驱逐出晋国。这是斗争结束后的盟誓。

前例称赵嘉为"主",当是赵嘉之家臣,属于家臣向家主宣誓。后例称"自誓于君所",当如整理者所言,是"从敌对阵营里分化出来的"[3]。朱凤瀚先生认为:"这种参盟者与赵嘉亦未必有人身依附关系,盟辞中的诛讨对象列举得如此细备,盟誓秩序说明得如此繁赘,正说明主盟者对他们的不信任。"[4]那么,原系赵嘉的家臣是否被信任呢?朱先生似未言及,而整理者认为,这类人的盟誓是为了强调"内部团结""一致对敌"[5]。然而,根据整理者的分类,他们的誓辞中的诛讨对象有一氏一家(如赵尼)、二氏二家、四氏五家、五氏七家不等。那些从敌对阵营分化来的人,他们的诛讨对象多达九氏二十一家[6]。从誓辞来看,诛讨对象不仅具体到某家族,甚至具体到某人,如烸痎和他的儿子烸乙。这说明:第一,这些家臣与赵嘉政敌都有或多或少的联系,只不过比从敌对阵营转化而来的人联系要少,诛讨对象均视他们交往的政敌而定;第二,赵嘉对这些家臣和从敌对阵营中分化来的人都不信任,因他们与政敌的交往有多寡之分,相应地不信任的程度也会有深浅之别。

从信任角度来看,温县载书的性质可能与侯马载书截然相反。如"十五年

---

[1] 参见山西省文物工作委员会编《侯马盟书》,文物出版社,1976,第35-39页。案:编纂者一些释读有问题,故未尽采用。释文采用了宽释,并参考了唐兰《侯马出土晋国赵嘉之盟载书新释》,《文物》1972年第8期;黄盛璋《关于侯马盟书的主要问题》,《中原文物》1981年第2期。

[2] 关于主盟者学界有多种说法,最有说服力的是唐兰的赵嘉说。关于这两例誓辞的史实背景,唐兰断为前424年赵桓子驱逐赵献子。黄盛璋指出,彼时侯马(晋都新田)已不属赵,且赵桓子即位于代,故前424年不可从。当从朱凤瀚先生说,介于范氏、中行氏奔齐(前490年)至赵襄子保晋阳(前454年)之间。[朱凤瀚:《商周家族形态研究》(增订本),第506-507页]

[3] 山西省文物工作委员会编《侯马盟书》,第12页。

[4] 朱凤瀚:《商周家族形态研究》(增订本),第510页。

[5] 山西省文物工作委员会编《侯马盟书》,第11页。

[6] 山西省文物工作委员会编《侯马盟书》,第11-12页。

十二月乙未朔,辛酉,自今以往,敢朔敢不憼憼焉中心事其宔,而与贼为徒者,丕显晋公大冢,意徳覭女,麻塞非是"。整理者概述其大意说:"圭上有命,从今以后,某不敢不心悦诚服地忠心服侍主君,如果敢参与乱臣一伙,伟大的晋国先公在天之灵,仔细审察你,灭亡你的氏族。"整理者判定,这次盟誓发生在晋定公十五年十二月二十七日(前497年1月16日),主盟者很可能为韩氏宗主韩简子(韩不信)。[1] 该年为鲁定公十三年,赵简子攻打邯郸赵氏,引发范氏、中行氏进攻赵氏,韩氏、知氏、魏氏侍奉晋定公攻打范氏、中行氏。因而,这次盟誓应是"七岁不解甲"(清华简《系年》第十八章)斗争刚开始时的站队宣誓。誓辞"自今以往"表明,参盟人以前政治立场可能不太坚定,宣誓之后要坚定地跟随韩简子。"贼"是谁并不清楚,说明参盟人与"贼"未必有什么联系。换言之,凡是韩氏政敌都可称"贼"。上文提到,在斗争之前往往需要先取信国人,虽然温县盟誓参盟者不是"国人"而是韩氏采邑之"州人",[2]但是斗争同样需要他们的支持。[3] 所以,这场盟誓应为韩简子与参盟者(州人)互相取信过程中,州人取信于韩简子的环节。其性质和贵族带领国人举行针对共同敌人的盟誓应是相同的。

总之,侯马载书、温县载书虽然是参盟者宣誓,但是在信任上当有本质性区别:前者是主盟者对参盟者不信任,要求参盟者取信主盟者的盟誓;后者是巩固信任,同仇敌忾,准备共同对敌的盟誓。

---

[1] 河南省文物研究所:《河南温县东周盟誓遗址一号坎发掘简报》,《文物》1983年第3期。

[2] 董芬芬《侯马、温县载书与东周"盟国人"仪式》一文把温县盟誓的参盟者称为"国人",恐非。温县载书整理者明确指出,盟誓址在春秋战国为州城所在,春秋晚期属于韩氏所有。贵族采邑不为国都,故其居民不称"国人",如鲁国季孙氏采邑费邑居民称"费人",州城居民应称"州人"。童书业说:"'国人',即国都中人之谓也。"(童书业:《春秋左传研究》,第371页)关于"国人"认定,亦可参见蔡锋:《国人的属性及其活动对春秋时期贵族政治的影响》,《北京大学学报(哲学社会科学版)》1997年第3期。

[3] 春秋晚期多有采邑叛变的情况,取信于民甚为重要。比如鲁昭公十三年,南蒯以费叛,季平子大怒,有人劝他说:"若见费人,寒者衣之,饥者食之,为之令主,而共其乏困,费来如归,南氏亡矣。民将叛之,谁与居是? 若惮之以威,惧之以怒,民疾而叛,为之聚也。若诸侯皆然,费人无归,不亲南氏,将焉入矣?"[杨伯峻:《春秋左传注》(修订本),第1343页]季平子听从意见,费人遂叛南蒯。再如,战国初期,赵襄子退守晋阳,为知伯、韩氏、魏氏包围,除了坚固城墙与充足物资外,更重要的是晋阳人的支持。赵氏经营晋阳很久,故能够取信于晋阳人。故贵族之间斗争,邑人对其主的信任与否至关重要。

本章小结

春秋时期的政治信任可以划分为两个层面：一是诸侯之间的信任；二是诸侯国内的政治信任。

盟誓是春秋诸侯构建信任的最常见手段。根据盟誓目的之不同，春秋诸侯盟誓信任可以分为两大阶段。前一阶段以郑庄公、齐僖公、齐桓公为代表。此阶段的盟誓不是为了建立针对某方的军事同盟，而是试图消除嫌隙，超越既有的对立关系，建立普遍的友好信任关系。后一阶段以晋国、楚国为代表。此阶段的盟誓有很强的针对性，结成盟誓不必然是为了取得他国的信任，其最终目的多是为了建立军事同盟。从取信方式来看，春秋诸侯间盟誓信任至少有四种类型：第一种类型是超越对立关系的盟誓信任；第二种类型是大国保护小国免受他国侵害；第三种类型是以针对共同的敌人为目标建立的平等信任；第四种类型是大国与附庸国之间世守盟誓的信任。

春秋诸侯国内的政治信任情况可分为三类。第一类是君主的信任困境。"亲"会因继承问题争夺君位，"旧"会凭借世代积累的权势削弱公室。即使国君对"亲"或"旧"失去了信任，在当时的情况下，似乎也没有更好的选择。第二类是世族之间的信任关系。世族夺取政权是春秋政治一大特色，公族类的世族往往通过"同出一公"的血缘关系构建相互的信任关系，以此排斥其他公族，与国君斗争，垄断政权。第三类是政治危机下的盟誓信任。君主入国即位盟誓往往能够建立信任关系；贵族间如非发自内心共同对付敌人，则很难建立信任关系。

国内盟誓与诸侯盟誓在信任上的区别有两点。其一，两类盟誓在仪式上不尽相同。国内盟誓有参盟者向主盟者宣誓取信的内容，而诸侯盟誓多是平等的互相取信行为。其二，诸侯盟誓属于近乎制度化的外交活动，构建的是常态化的信任关系；而国内盟誓是政治危机下采取的非常手段，是建立信任关系或缓和信任危机的临时措施。

第三章
战国政治信任

战国的政治信任问题体现在两个层面。第一个层面是国家之间的信任问题。长期以来,春秋诸侯讲信义而战国各国"尔虞我诈",似乎已经成了学界常识。然而,这个认识有待进一步辨析。第二个层面是国内的政治信任问题,主要为君主对臣下的信任问题,它突出地体现在变法改革运动和新型君臣关系中。

第一节 战国国家之间的信任

一、战国国家之间是否有信任

顾炎武《日知录·周末风俗》曾有一段精彩的论述:"春秋时犹尊礼重信,而七国则绝不言礼与信矣。春秋时犹宗周王,而七国则绝不言王矣。春秋时犹严祭祀,重聘享,而七国则无其事矣。春秋时犹论宗姓氏族,而七国则无一言及之矣。春秋时犹宴会赋诗,而七国则不闻矣。春秋时犹有赴告策书,而七国则无有矣。"[1]这段话常被一些学者拿来比较春秋与战国的差异,[2]其中第一条便是"信"与"不信"之别。当今学界也从不同角度指出战国各国间缺乏信任。如阎步克指出:"春秋五霸的'信'以'守命共时'为旗……七雄进入了'以力兼人'、'以富兼人'的生死存亡的斗争时代,政治目标已是'并诸侯吞天下,称帝而治'了。这是财力和军力、谋略和诈伪的决战,'信义外交'已变为'谋略外交'、'实力外交'。"[3]吴柱说:"春秋末期到战国时期,霸权因素和诚信因素相继从盟誓的核心机制中退出,盟誓外交的实用性和有效性饱受质疑,其在国际政治领域的现实意义和生命力渐渐消逝。"[4]

这些判断是对的,但是有含糊不清的地方。其实,顾炎武对比的是春秋时期与战国后期的风俗。至于中间一段,顾炎武说:"显王三十五年丁亥之岁,六国以次称王,苏秦为从长。自《左传》之终以至此,凡一百三十三年,史文阙轶,考古者为之茫昧……而后人可以意推者也。"[5]战国史料残缺分散,早在汉初便是如此。司马迁在《史记·六国表序》中说:"秦既得意,烧天下诗、书,诸侯史记尤甚,为其有所刺讥也。诗、书所以复见者,多藏人家,而史记独藏周室,以故灭。惜哉,惜哉!独有《秦记》,又不载日月,其文略不具。"[6]当时所能采用的史料大概就是纵横家著作了。杨宽说:"司马迁所作《史记》,所凭战国主要史料,除《秦记》以外,唯有纵横家书。就是司马迁所说:'战国之权变亦颇有可采者。'"[7]我们今天所能看到的战国史料不比太史公多,最详细的史料就是充满尔虞我诈内容的《战国策》。《战国策》主要为战国后期材料,其中有几条战国

---

[1] 顾炎武:《日知录校释》(上),张京华校释,岳麓书社,2011,第553页。
[2] 如白寿彝总主编,徐喜辰、斯维至、杨钊主编《中国通史·第三卷·上古时代·上》(第二版),上海人民出版社、江西教育出版社,2015,第394页;沈长云《士人与战国格局》,安徽人民出版社,2013,第6页;萧公权《中国政治思想史之起点与分期》,载韦政通编《中国思想史方法论文选集》,上海人民出版社,2009,第267页;周勋初《李白屡遭挫折与备受赞誉之两面观》,载《中国典籍与文化》编辑部编《中国典籍与文化论丛》(第五辑),中华书局,2000,第94页。
[3] 阎步克:《春秋战国时"信"观念的演变及其社会原因》,《历史研究》1981年第6期。
[4] 吴柱:《先秦盟誓的信任机制及其演变》,《史学月刊》2016年第11期。
[5] 顾炎武:《日知录校释》(上),张京华校释,第553页。案:《左传》之终为前468年,显王三十五年是前334年。
[6] 司马迁:《史记》,第836页。
[7] 杨宽:《战国史》,上海人民出版社,2016,第12页。

前期的材料,如《赵策一》记载三家分晋故事,然而这终究是作者有选择的"权谋",不足以反映战国前期各国整体信任情况。

从《春秋》霸主政治有信任可言,到战国后期"尔虞我诈"。中间(战国前期)发生了什么,学界或者含糊其词,或者只能"以意推"。本书认为,战国前期国家之间是有信任的,战国后期则无信任可言。

二、战国前期国家信任关系是对春秋的延续

战国前期史料甚少,如何探究这一时期的各国信任关系?"扣两端"(春秋与战国后期)的做法只能说个大概。我们需要一条"线",上策是找到从上往下顺推的"线"。

春秋中后期的盟誓信任有两条主"线":一个是以晋国为主导的在对立关系中保护小国而建立的盟誓信任;另一个是以楚国为主导的分别联合秦国、齐国以晋国及其联盟为共同敌人而建立的盟誓信任。

春秋晚期第一条"线"难以维持。晋国失去诸侯信任后,吴国代晋而起,取得蔡国信任,吴、蔡、唐联合败楚;哀公七年(前488年),鲁国伐邾国,邾求救于吴,八年(前487年),吴国伐鲁。除了蔡、邾,其他国家对吴国很难说有信任。[1] 战国初期,越王勾践缵春秋霸政余绪。《史记·越王句践世家》说:"句践已平吴,乃以兵北渡淮,与齐、晋诸侯会于徐州,致贡于周。周元王使人赐句践胙,命为伯。句践已去,渡淮南,以淮上地与楚,归吴所侵宋地于宋,与鲁泗东方百里。当是时,越兵横行于江、淮东,诸侯毕贺,号称霸王。"[2]这段文字前半截,学界多采之,即勾践得到周天子承认而为霸主。后半截不可信,勾践并未渡淮南而弃淮北土地,顾栋高辨之甚详。[3] 勾践灭吴后,迁都琅琊,挨着齐、鲁两

---

[1] 吴国与鲁国虽有盟誓,却没有信任。鲁哀公八年,吴国为邾国征讨鲁国,迫使鲁国与之结盟。十一年(前484年),鲁国与吴国联合在艾陵攻打齐国。吴国打算趁胜利与鲁国寻盟,却被鲁国婉拒。其原因主要有二:其一,盟誓对鲁国很不利,鲁人称之为"城下之盟";其二,吴国讨伐齐国和保护鲁国无关,鲁国只是根据盟誓被迫出兵。此外,吴国还阻止了鲁国吞并邾国。鲁国与吴国结盟没获得任何益处,故对吴国难有信任。

[2] 司马迁:《史记》,第836页。

[3] 顾栋高:《〈史记·越王句践世家〉与〈吴越春秋〉〈越绝书〉〈竹书纪年〉所书越事各不同论》,载《春秋大事表》,第557—558页。亦可参见辛德勇:《越王勾践徙都琅邪事析义》,《文史》2010年第1期。

国。从《左传》记载来看,越国颇能取信于小国,如卫出公、鲁哀公、邾隐公、邾太子何均去越国求援,越国亦积极介入华夏诸侯的政治,如率领鲁人、宋人纳卫出公归国,纳邾隐公归国,立邾太子何,划定鲁、邾边界等。

我们无法确知勾践是否率领诸侯大规模结盟,所知只有鲁哀公二十七年(前468年)越国派人划定鲁、邾边界后,在平阳举行的盟誓。此外战国初年的盟誓有:前474年,鲁哀公与齐侯、邾子在顾地结盟;前455—前453年间,知伯与韩、魏结盟,攻赵而三分其地。[1] 其他所见诸侯盟誓基本上都处于战国后期,能够确定年代的盟誓分别为[2]:前357年,梁惠王和韩昭侯盟于巫沙[3];前351年,魏国归还赵国邯郸,赵魏盟于漳水(详见于《史记·六国年表》《史记·魏世家》);前335年,"田婴使于韩、魏,韩、魏服于齐。婴与韩昭侯、魏惠王会齐宣王东阿南,盟而去"[4];前340年,商鞅与魏公子卬会盟,盟完遂虏公子卬;前323年,秦派张仪和齐、楚盟于啮桑;[5]前304年,楚怀王与秦昭襄王在黄棘结盟;[6]前242年赵相、魏相盟于柯;[7]前233—前232年,"赵王使其相

---

[1]《战国策·赵策一》载韩、魏之君对知伯说:"夫胜赵而三分其地,城今且将拔矣。夫二家虽愚,不弃美利于前,背信盟之约,而为危难不可成之事,其势可见也。"(诸祖耿:《战国策集注汇考》,第866页)三国因攻打赵氏而结盟,故前不早于前455年知伯向赵氏索地不得,后不晚于前453年三家灭知氏。

[2] 吴柱《先秦盟誓的信任机制及其演变》认为,战国盟誓仅有"公元前351年赵魏盟于漳水,公元前350年秦魏盟于彤,公元前340年齐晋盟于博望,公元前323年秦楚齐魏盟于啮桑,公元前304年秦楚盟于黄棘,公元前242年赵魏盟于柯,数次而已"。案:这些说法不全,而且有疏漏。前350年的彤之盟,《魏世家》为"与秦会彤"(司马迁:《史记》,第2230页),《六国年表》为"与秦遇彤"(司马迁:《史记》,第873页),未言及二国结盟;前340年,齐晋盟于博望,晋或当是三晋。前340年,齐与赵会博望,伐魏(杨宽:《战国史料编年辑证》,上海人民出版社,2016,第407页)。故博望之盟不当在前340年。

[3]《水经·济水注》引《竹书纪年》:"(梁)惠成王十三年,王及郑釐侯盟于巫沙,以释宅阳之围,归釐于郑。"

[4] 司马迁:《史记》,第2859页。《孟尝君列传》记录该次盟誓为齐宣王七年(前313年),实际应为齐威王二十一年(前336年)。(杨宽:《战国史料编年辑证》,第428页)《史记·田敬仲完世家》则说,齐国在马陵之战(前341年)打败魏国,"其后三晋之王皆因田婴朝齐王于博望,盟而去"(司马迁:《史记》,第2295页)。博望之盟或与东阿南之盟是一回事。然而据谭其骧《中国历史地图集》(地图出版社,1982)战国齐、鲁、宋区域图,博望在东阿以北,二者不在一地。

[5] 司马迁:《史记》,第2076页。

[6] 司马迁:《史记》,第2081页。

[7] 司马迁:《史记》,第901页。

李牧来约盟,故归其质子。已而倍盟,反我太原"[1]。

此外,纵横家也屡次提及盟誓。如《战国策·楚策二》载,游腾对秦昭襄王说:"王挟楚王而与天下攻楚,则伤行矣。不与天下共攻之,则失利矣。王不如与之盟而归之。楚王畏,必不敢倍盟。王因与三国攻之,义也。"[2]《赵策二》载,苏秦对赵王说:"窃大王计,莫如一韩、魏、齐、楚、燕、赵,六国从亲,以傧畔秦。令天下之将相,相与会于洹水之上,通质刑白马以盟。"《战国纵横家书》载苏秦复述齐王章之言:"若楚不遇,将与梁王复遇于围地,收秦等,搋(遂)明(盟)功(攻)秦",又载苏秦对燕昭王说:"莫若招霸齐而尊之,使明(盟)周室而焚(焚)秦符。"[3]

从知、韩、魏结盟到巫沙之盟,中间有一百多年情况不明。如果"扣两端"的话,想必这段时间各国通过盟誓结信的行为不会少。目前仅见一条材料,即清华简《系年》第22章载,前404年韩、赵、魏与越国约定一起攻打齐国,齐国先与越国讲和,"戉(越)公与齐侯贳(贷)、鲁侯衍(衍)明(盟)于鲁稷门之外",三晋则继续进攻,于是"齐与晋成,齐侯明(盟)于晋军。晋三子之夫(大夫)内(入)齐,明(盟)陈和与陈淏于溋门之外,曰:'母(毋)攸(修)长城,母(毋)伐廩(廩)丘。'"[4]。相信随着今后战国出土文献增多,此时期的盟誓或许会大量出现。

总的来看,战国前期霸政消亡,盟誓情况不明,难以据此分析各国间信任关系如何。那么,还有一条线索未断,即春秋时期晋国及其盟国与楚国、齐国、秦国的对峙格局,在战国前期延续下来。参见表3-1。

---

[1] 司马迁:《史记》,第303页。李牧任相及到秦约盟时间,不能断定,但其时间应在李牧封武安君(前233年)至秦王政十五年(前232年)秦军至太原之间。

[2] 诸祖耿:《战国策集注汇考》,第789页。

[3] 马王堆汉墓帛书整理小组编《战国纵横家书》,文物出版社,1976,第39、85页。案:苏秦对燕昭王之言,与《战国策·燕策一》"齐伐宋宋急"章内容相同。有学者认为当为苏代之言,参见马雍:《帛书〈战国纵横家书〉各篇的年代和历史背景》,载《战国纵横家书》,第193-194页。

[4] 李学勤主编《清华大学藏战国竹简(贰)》,第192页。

表 3-1　战国前期三晋、楚、秦、齐关系表

时间	事件	备注
前 453 年	韩、赵、魏灭知氏	
前 425 年	楚定宋悼公,城黄池,魏、赵、韩围黄池	《系年》21 章
前 423 年	楚国夺宜阳,围赤岸,魏、赵、韩救赤岸	《系年》21 章
前 419 年	魏在少梁筑城,秦攻打少梁	
前 418 年	秦在黄河边设防御工事,秦、魏战于少梁	
前 413 年	齐伐魏,攻毁黄城,秦与魏战,败于郑,楚伐魏,到上洛	
前 412 年	魏国攻克秦国的繁庞城	
前 409 年	魏国伐秦,修筑临晋、元里两城	
前 408 年	魏国占领河西地区,秦国退守洛水,修建防御工事	
前 405 年	齐国内乱,公孙会以廪丘叛,田布攻打廪丘,三晋联合救公孙会	
前 404 年	三晋伐齐,攻入齐长城,魏文侯迫使齐侯会同三晋朝见周威烈王	
	楚人城榆关,设置武阳,秦人败晋师于洛阴,以为楚援	《系年》23 章
前 403 年	周威烈王命韩、赵、魏为诸侯	
前 401 年	秦伐魏至阳狐	
前 400 年	韩、赵、魏伐楚,至桑丘而回	
前 396 年	韩、魏围武阳,晋、楚大战,齐师救楚,楚败而返	《系年》23 章
前 393 年	楚伐韩,魏伐郑,魏败秦于汪	
前 391 年	魏、赵、韩伐楚,在大梁、榆关大败楚军,秦伐韩宜阳	
前 390 年	秦、魏在武城交战,齐伐魏襄陵	
前 389 年	秦进攻魏的阴晋,田和与魏武侯会于浊泽,请求立为诸侯	
前 384 年	齐攻魏于廪丘,赵救魏,大败齐军	

注:1.表格以杨宽《战国大事年表》为基础,吸收了清华简《系年》的几条材料;2.《系年》载,楚悼王三年(前 399 年),郑国子阳被杀,故武阳之战应悼王六年(前 396 年)。但是《史记·六国年表》中记载,子阳被杀是在楚悼王四年(前 398 年),故武阳之战也可能发生在前 395 年。

从表 3-1 来看,春秋中后期以晋国及其盟国与楚国、齐国、秦国的对峙,在战国前期转变为韩、赵、魏"三晋"与楚国、齐国、秦国的对峙。由此看来,诸侯关系只是"简化"了——春秋末年晋盟瓦解,晋盟转化为三晋。春秋中后期以来的诸侯对立格局并未发生根本性变化。相应地,基于这样的对立格局的信任关系也在延续。

第一,三晋之间的信任关系。从表 3-1 不难看出,韩、赵、魏常常联合对付齐国、楚国。魏国临近秦国,且实力充足,故常单独对付秦国。清华简《系年》第

18章说,"至今齐人以不服于晋",第21章说,"楚以与晋固为怨"。李学勤先生指出:"作者所谓'今'应在楚威王灭越,即公元前333年以前。"[1]直到《系年》完成之时,三晋与齐、三晋与楚关系都不太好。三晋联合至少有三大战役。一是前453年,韩赵魏共同灭掉知氏,瓜分知氏土地,奠定了三晋的基础。二是前405—前404年,三晋趁齐国内乱攻齐,大败齐师,迫使齐人结下城下之盟。《系年》第22章说:"晋公献齐俘馘于周王,述(遂)以齐侯貣(贷)、鲁侯羴(显)、宋公畋(田)、卫侯虔、奠(郑)白(伯)刟(骀)朝周王于周。"[2]此番情景颇像春秋霸业再现。三家得以借此列为诸侯。三是前396年,韩、魏与楚国鲁阳公在武阳大战,《系年》第23章载,楚国"三执珪之君与右尹卲(昭)之𣄰(竢)死"[3],楚师丢掉物资,溃逃而还。[4] 可以说,三晋的信任关系是建立在共同的敌人基础之上的。

三晋成为"兄弟之国"。《战国策·魏策一》载:"韩、赵相难。韩索兵于魏,曰:'愿得借师以伐赵。'魏文侯曰:'寡人与赵兄弟,不敢从。'赵又索兵以攻韩,文侯曰:'寡人与韩兄弟,不敢从。'二国不得兵,怒而反。已乃知文侯以讲于己也,皆朝魏。"[5]前文指出,"兄弟之国"在春秋时期不是随便称呼的,一国主动称另一国为"兄弟"的情况极少。魏文侯把韩、赵视为兄弟,其信任非同寻常。战国前期,三晋团结一致对付他国,正如"兄弟阋于墙,而外御其侮"。三晋为"兄弟之国"表明,战国前期各国之间并非尔虞我诈,至少三晋之间存在着牢不可破的信任关系。

第二,楚国与秦国、楚国与齐国信任关系。这方面的信任关系难以考查,一方面因为楚国与秦国、楚国与齐国交往远不如三晋之间交往频繁;另一方面也有资料缺乏的缘故。在战国前期,楚国、秦国、齐国在对付三晋时有相互支援的情况:其一,前413年,楚、秦、齐三国伐魏。《水经注·丹水注》引《纪年》说:"楚人伐我南鄙,至于上洛。"《六国年表》说"齐宣公四十三年伐晋,毁黄城,围阳狐",又说"秦简公二年与晋战,败郑下"。杨宽指出,魏国有两黄城,齐国所毁

---

[1] 李学勤:《清华简〈系年〉及有关古史问题》,《文物》2011年第3期。
[2] 李学勤主编《清华大学藏战国竹简(贰)》,第192页。
[3] 李学勤主编《清华大学藏战国竹简(贰)》,第196页。
[4] 赵国似未参战。
[5] 诸祖耿:《战国策集注汇考》,第1136页。

为山东冠县南黄城,秦败郑的交战对手为魏国上地守李悝。[1] 三国从三个方向同时进攻魏国,很有可能是提前约好,使魏国左支右绌以达到三国相互支援的目的。其二,前405－前404年,三晋伐齐,此时楚国北上,修筑榆关、武阳。《系年》整理者说:"此时三晋正忙于与越联兵攻打齐国,楚乘机发展其在中原的势力。"[2]此时,"秦人败晋师于洛阴,以为楚援"[3]。整理者指出,榆关在河南中牟南,武阳很可能在山东阳谷西。[4] 武阳近于三晋伐齐的主战场,可能楚国以此来支援齐国,而秦国攻打魏洛阴来支援楚国。其三,前396年,韩、魏包围楚武阳,鲁阳公率师救武阳的同时,"王命平夜悼武君使人于齐陈淏求师。陈疾目率车千乘,以从楚师于武阳"。[5] 甲戌日,晋师打败楚师,楚师大败而逃,齐师于丙子日赶到距武阳不远的岩地,闻败而还。其四,前391年,魏、赵、韩再次伐楚。杨宽说:"榆关为出入中原之重要门户,因而成为三晋与楚争夺之地。此年三晋合兵败楚于大梁、榆关,从此大梁为魏所占有,但榆关仍为楚所有。"[6]此年,秦国伐韩宜阳,取六邑(详见《六国年表》《韩世家》),很可能是做楚国的支援。此外,前390年,秦国攻打魏国的武城,齐国攻打魏国的襄陵。不过,自春秋以来,秦、齐似乎很少交往,所以这两场战役间可能没有必然联系。

此外,战国前期也有小国对大国的信任。其一,缯国对齐国的信任。《战国策·魏策四》说:"缯恃齐以悍越,齐和子乱而越人亡缯。"[7]"齐和子乱"是指前405年齐田悼子死后,田和(又称"和子")即位时齐国发生的内乱。杨宽说:"《春秋》载鲁襄公六年(公元前五六七年)'莒人灭鄫'。当是莒衰落时,依恃齐而复国……和子初立时,田氏发生之内乱,因田布杀其大夫公孙孙而引起,越乃乘机灭亡缯国。"[8]其二,郑国对魏国的信任。《战国策·魏策四》说:"郑恃魏以轻韩,伐榆关而韩氏亡郑。"[9]《韩非子·饰邪》说:"郑恃魏而不听韩,魏攻

---

[1] 杨宽:《战国史料编年辑证》,第169－170页。
[2] 参见李学勤主编《清华大学藏战国竹简(贰)》,第197页。
[3] 参见李学勤主编《清华大学藏战国竹简(贰)》,第196页。
[4] 参见李学勤主编《清华大学藏战国竹简(贰)》,第197页。
[5] 参见李学勤主编《清华大学藏战国竹简(贰)》,第197页。
[6] 杨宽:《战国史料编年辑证》,第237页。
[7] 诸祖耿:《战国策集注汇考》,第1300页。
[8] 杨宽:《战国史料编年辑证》,第192页。
[9] 诸祖耿:《战国策集注汇考》,第1300页。

荆而韩灭郑。"[1]前375年,韩国趁魏国攻取大梁旁边楚国的榆关时,灭掉郑国。郑国叛服无常,大概在遭到韩国逼迫时,郑国倒向了魏国,对魏国一度有所信任。其三,许国对楚国的信任。《韩非子·饰邪》说:"许恃荆而不听魏,荆攻宋而魏灭许。"[2]《战国策·魏策一》中记载,有人对魏王说:"大王之地,南有鸿沟、陈、汝南,有许、鄢、昆阳、邵陵、舞阳、新郪。"[3]前文提到,许国依附于楚国,被郑灭后,又靠楚国得以复国。魏国灭许不知在何时,许在战国时期信任楚国则是可以肯定的。其四,卫国对魏国的信任。赵国对卫国虎视眈眈,卫国则寄希望于魏国,以魏国为保护国。魏国、赵国的决裂与卫国密切相关,详见下文。

总的来看,战国前期大体上延续了春秋时期诸侯的对立格局,演变成了以魏国为核心的魏、韩、赵军事联盟和以楚国为核心的楚、秦、齐军事联盟。三晋以楚、秦、齐为敌人,建立了牢固的信任关系;楚、秦、齐以三晋为共同敌人,也建立了信任关系。相对而言,三晋信任关系最牢固,因其为兄弟之国,故在与楚、秦、齐的斗争中往往处于上风。更进一步说,三晋的信任关系也要远胜于春秋时期晋国与其盟国之间的关系。因而,战国前期各国信任关系未必介于春秋讲信与战国后期不讲信之间,各国间的信任关系有可能经历了春秋晚期的短暂衰落之后,在战国前期又因对峙关系的明朗而重新得到加强。

三、前350年左右国家信任关系的瓦解

战国前期的国家信任是在对峙中建立和强化的。稳定的对峙关系产生了

---

[1] 王先慎:《韩非子集解》,第89页。
[2] 王先慎:《韩非子集解》,第89页。
[3] 诸祖耿:《战国策集注汇考》,第1154页。还有一种说法是许灭于楚。如《汉书·地理志》中颍川郡许县注说"二十四世为楚所灭"。杜预《氏族谱》说:"当战国初,为楚所灭。"学界亦因此分为两派,如杨伯峻、何光岳等人认为魏灭许,而何浩认为楚灭许,其理由如下:其一,《韩非子》"信口开河""子虚乌有";其二,终战国之世,楚国攻打宋国"只有两次",这两次魏国不可能灭许;其三,魏国占有的许不是许国第六次迁徙的容城。驳之如下:其一,韩非其他材料在传抄过程中或有误,但这不能证明魏灭许也有误,"魏灭许"是否"子虚乌有"不能凭主观臆测;其二,我们见到的战国材料甚少,楚国未必就只攻打过宋国两次;其三,先秦迁徙不定,怎么就能断定许国复国后没有继续迁徙?楚灭许材料过晚,汉晋之说不如战国人说法可靠,故应从魏灭许之说。参见:杨伯峻《春秋左传注》(修订本),第71页;何光岳《许国的形成和迁徙》,《许昌师专学报(社会科学版)》1984年第1期;何浩《楚灭国研究》,第281-282页。

稳定的信任关系。如果国家的对峙关系发生改变,那么其彼此间的信任也会随之变化。自公元前 383 年起,国家间的对峙关系开始发生变化,详见表 3-2。

表 3-2　前 383－前 340 年三晋、楚、秦、齐关系表

时间	事件
前 383 年	赵筑刚平以侵卫国,卫向魏求救,魏国打败赵国
前 382 年	齐、魏助卫攻赵,攻打至中牟
前 381 年	赵求救于楚,楚救赵伐魏,赵反攻魏
前 380 年	齐伐燕,魏、赵、韩救燕
前 378 年	魏、赵、韩伐齐到灵丘
前 375 年	魏伐楚的榆关,韩灭郑,徙都新郑
前 372 年	赵伐卫,攻取乡邑七十三,魏在蔺打败赵
前 371 年	魏伐楚,攻取鲁阳
前 370 年	赵攻齐的甄。魏武侯卒,公仲缓与魏䓨争立
前 369 年	韩、赵助公仲缓,围魏䓨于浊泽,韩、赵不和而退兵,魏䓨打败公仲缓
前 368 年	赵伐齐,齐伐魏
前 366 年	魏、韩国君会于宅阳,秦败魏于武都,又败韩魏于洛阴
前 364 年	秦败魏于石门,斩首六万,赵救魏
前 363 年	秦攻魏少梁,赵救魏
前 362 年	魏在浍打败赵、韩,擒赵将,取皮牢、列人等城,赵、韩国君在上党相会,秦攻打魏少梁,虏魏将公孙痤
前 358 年	秦败韩于西山、楚引河水灌韩长垣,魏于西边筑长城
前 357 年	韩魏交换土地,魏攻取韩的朱、围攻韩的宅阳,魏惠王和韩昭侯会于巫沙
前 356 年	鲁恭侯、宋桓侯、卫成侯、韩昭侯朝见魏惠王,赵成侯、齐威王、宋桓侯会于平陆
前 354 年	赵伐卫,魏救卫,包围赵都邯郸,秦攻取魏少梁
前 353 年	齐救赵,在桂陵大败魏军,联合宋、卫进围襄邑,魏攻入赵邯郸
前 352 年	秦围魏安邑,安邑降秦,魏调韩军在襄邑打败齐、宋、卫联军
前 351 年	秦围攻魏固阳,固阳降秦,魏归赵邯郸,魏、赵于漳水结盟
前 344 年	魏惠王称王,带领诸侯朝见天子。齐侯带了卿大夫到秦国聘问
前 343 年	赵攻魏的首垣
前 342 年	魏攻韩,战胜于梁、赫,齐救韩伐魏
前 341 年	齐于马陵大败魏军,魏庞涓自杀,太子申被俘
前 340 年	齐、秦、赵三国攻魏,卫鞅擒公子印,秦封卫鞅于商

注:表格参考了杨宽《战国大事年表》。

各国对峙关系的改变始于三晋。从表 3-2 来看,三晋的分裂大致可以分三个阶段:

第一阶段,赵、魏因卫国内斗,信任关系出现裂缝。战国前期,三晋致力于扩张领土:魏国北灭中山,西攻秦占领河西,东攻齐占有廪丘,南攻楚占有大梁、榆关;韩国试图灭郑。于是赵国也按捺不住了。杨宽说:"以前,在三晋屡次联合对楚作战中,韩、魏两国曾取得郑、宋两国的不少土地;赵国由于地势的关系,没有得到什么。公元前三八三年,赵国便大举攻卫了。"[1]赵国一边围攻卫国都城濮阳,一边在濮阳北面筑刚平城,作为攻卫的基地。卫国向魏武侯求援。《战国策·齐策五》说:"卫君跣行告溯于魏。魏王身被甲砥剑,挑赵索战。邯郸之中骛,河、山之间乱。卫得是藉也,亦收余甲,而北面残刚平,堕中牟之郭。"[2]赵、魏内斗引来齐、楚干涉,齐国助卫攻赵,而楚国助赵攻魏,结果赵、魏两败俱伤。此次前所未有的内斗多少也给赵、魏信任蒙上了一层阴影。不过,由于有齐国作为共同敌人,到前380年齐国伐燕时,三晋再次团结起来。

第二阶段,韩、赵借魏立君问题削弱魏国,加剧了三晋的不信任。前370年,魏武侯未立太子而去世,魏莹、公仲缓争夺君位。《魏世家》载,公孙颀对韩懿侯说:"今魏莹得王错,挟上党,固半国也。因而除之,破魏必矣,不可失也。"于是韩懿侯联合赵成侯伐魏,在浊泽打败魏军,包围魏莹。赵国主张:"除魏君,立公中缓,割地而退,我且利。"韩国反对:"不可。杀魏君,人必曰暴;割地而退,人必曰贪。不如两分之。魏分为两,不强于宋、卫,则我终无魏之患矣。"结果双方没达成一致意见,韩国退兵。魏莹得以喘息,并打败赵国和公仲缓,自立为魏君,是为梁惠王。从这个事件可以看出,魏国的强大引起了韩、赵两国的不安,两国并未企图灭魏,而是希望借此削弱魏国。这一事件导致三晋进一步分裂。杨宽说:"从此三晋就在中原自图发展了。"[3]不过,如果以"兄弟阋于墙,外御其侮"来看三晋关系,这次事件属于"兄弟阋于墙",仍属于三晋内部矛盾。

第三阶段,桂陵之战和马陵之战标志着三晋信任关系彻底破裂。虽然三晋因魏国立君问题闹分裂,但是前366、前364、前363年在对付秦国时,三晋又团结起来"外御其侮"。但是三晋很快又开始内斗。从前356年的局势来看,韩国、卫国等朝见魏国,而赵国则试图与齐国交好。前354年,赵国再次攻打卫国,魏国救援卫国,并带领卫国反攻赵国,包围了赵都邯郸,情形一如前383年。但与之不同的是,赵国求救于齐国。齐国采用"围魏救赵"的战术在桂陵打败魏国,秦国趁机攻取了魏国旧都安邑,而魏国攻入赵国都城邯郸,卫国也叛魏而附

---

[1] 杨宽:《战国史》,第318页。
[2] 诸祖耿:《战国策集注汇考》,第634页。
[3] 杨宽:《战国史》,第276页。

齐。可以说，赵、魏两败俱伤。之后魏国、赵国在漳水举行盟誓，但是基本上没有信任可言。前342年，魏国与韩国战于南梁，韩国全力抵抗而失败，向齐求救。齐国派田忌、田婴、孙膑等人率军救韩，孙膑采用"减灶计"，在马陵打败魏国，魏将庞涓被杀，太子申被俘。

如果说以前三晋内斗虽损害了相互间的信任，但是三晋还有共同敌人存在。在面对共同敌人时，三晋还会团结起来"外御其侮"，有重塑信任的可能。但是，桂陵之战和马陵之战中齐国的介入，使三晋斗争突破了"兄弟阋于墙"的界限：对于赵、韩而言，魏国的危害已经远大于齐国，魏国在两次战争中成了赵、齐，韩、齐的共同敌人。三晋"共同敌人"的消失，意味着三晋之间基本上再无重塑信任的可能。

三晋信任关系之所以破裂，与魏国的强大和战略失误密切相关。战国前期，魏国实力最强大，这既与魏文侯选贤任能、改革内政相关，也离不开赵、韩的支持。魏文侯是战国少见的贤君，他以"兄弟之国"对待韩、赵，获得两国的信任。相比之下，魏武侯、魏惠王的才略要比魏文侯弱不少，在处理卫国问题上存在不小的问题。

其一，卫国与赵国相比，显然赵国对魏国更重要，然而，魏武侯却把卫国的重要性放在赵国之上。我们不妨以春秋时晋国为例，鲁襄公二十九年，晋侯母亲（杞国女）怪罪女叔侯到鲁国治杞田不尽归还杞国，女叔侯毫不客气地反驳："以杞封鲁犹可，而何有焉？鲁之于晋也，职贡不乏，玩好时至……如是可矣，何必瘠鲁以肥杞？"[1]同理，赵国跟随魏国，未尝不出兵助魏。前384年，赵国出兵攻齐以救援魏国，第二年魏武侯却因为卫国不惜对赵国开战。前372年，魏武侯又因赵攻卫再次攻打赵国。魏武侯因为卫国而疏远赵国，可谓是因小失大。

其二，若从天下视角来看，魏武侯保护小国的行为，无疑符合正义。但是若要从赵国的视角来看，魏武侯做法显然是"不公平"的。在三晋扩张中，魏国获得的土地最多，其次是韩国，赵国基本上没有得到多少土地。当赵国试图从卫国那里攻取土地时，魏武侯却把卫国当成禁脔，不容赵国染指。对于赵国而言，这不是"不公平"还能是什么呢？[2] 因为赵国攻打卫国，魏国便对赵国大打出

---

[1] 杨伯峻：《春秋左传注》（修订本），第1160页。
[2] 我们也可以说，这是"分赃不均"。

手,那么魏、赵的"兄弟"之情还在哪里呢?

对于赵、韩而言,魏国作为强大的"兄弟之国"是可依靠的。但是,当魏国因为卫国攻打赵国之后,强大的魏国显然就是一个巨大的威胁。魏武侯死后,韩、赵企图削弱魏国,便是出于对强大魏国的恐惧,担心魏国会对自己不利,这与魏武侯失去韩、赵信任密不可分。赵、韩因为企图弱魏而得罪魏惠王,但是即便如此,三晋还有修复关系的可能。比如,在秦攻魏的石门战役、少梁战役中,赵国两次救魏。但是,魏国似乎无意于修复三晋关系,多次攻打赵国、韩国。前356年,韩昭侯与鲁、宋、卫等小国一起朝见魏惠王,说明魏国已经不再视韩国为相对平等的兄弟之国,而是与鲁、宋、卫等小国无别的臣服诸侯。

总的来说,在韩、赵、魏三晋关系中,魏国实力最强大,掌握了处理三国关系的主动权。魏武侯、魏惠王以咄咄逼人的态势对待赵、韩二国,不再以"兄弟之国"处理三晋关系,是三晋信任关系瓦解的主要原因。韩、赵趁魏国内乱试图削弱魏国,加剧了三晋信任关系的瓦解,是次要原因。

在三晋因内斗而日益衰弱之时,秦、齐、楚三国实力日益增强。前354年,魏国包围邯郸,赵国向齐国、楚国求救,但其是否向秦国求救尚未可知。秦、齐、楚先后介入,共同对付魏国。楚、秦、齐的信任关系在邯郸之难中有一定程度的体现。

秦、齐、楚三国中秦国实力最强,最先向魏国发难。秦在与魏国的斗争中,长期处于下风。秦献公时秦国开始改革,如废除殉葬制度,"初行为市","为户籍相伍",推行县制等,秦国实力渐强。前366年,秦国败魏于武都,又大败韩、魏联军,接着于前364年在石门大败魏军,斩首六万,周天子为此向秦"贺以黼黻"。石门战役标志着秦与三晋斗争形势之逆转。此后秦国常常处于攻势。前359年,卫鞅入秦,说服秦孝公变法,秦国实力进一步增长。前354年,魏国包围邯郸,秦国率先向魏国发难,趁机攻取了魏国的少梁。齐国在桂陵打败魏军后,秦军又趁机围攻魏安邑,安邑降秦。魏军借韩兵反攻齐、宋、卫联军,秦国又趁机围攻魏国固阳,固阳降秦。

齐国也随后卷入了这场斗争。此前,齐国在与三晋斗争中也长期处于下风。前356年,齐威王即位,整顿吏治,选贤任能,重用邹忌、田忌、孙膑等人,齐国的实力有所增强。魏国包围邯郸之时,赵国向齐国求救。《战国策·齐策一》载,齐威王召集大臣商量是否救赵,邹忌主张不救,段干纶认为:"夫魏氏兼邯郸,其于齐何利哉?"[1]于是齐国出兵救赵。《孙膑兵法·擒庞涓》则载,齐国避开与魏军的正面交锋,向南攻占宋、卫之间的平陵以迷惑魏军,故意打败仗佯装不懂军事以使魏国轻敌,再派遣轻车直趋梁郊向魏军挑衅,魏军主将庞涓轻装回师救大梁,结果在桂陵被齐军伏击活捉。[2] 然而,魏军毕竟实力强大,不仅攻破赵邯郸,还从韩国调兵大败齐、宋、卫联军,可见魏国实力仍在齐国之上。齐国靠楚国景舍向魏国求和,这也表明齐、楚关系还是比较紧密的。

楚国是最后介入的,很大程度上应是其国力不足的原因。《战国策·楚策一》载,前354年,赵国因邯郸之难求救于楚国,景舍对楚宣王说:"王不如少出兵以为赵援。赵恃楚劲,必与魏战。魏怒于赵之劲,而见楚救之不足畏也,必不释赵。赵、魏相弊,而齐、秦应楚,则魏可破也。"[3]楚国国力不足,不敢率先与魏国开战,只好寄希望于"齐、秦应楚"。楚国派景舍救赵,等邯郸被攻破后,楚国趁机攻取魏国睢、涉之间的土地。《战国纵横家书》第二十七章的记载略有差别,赵国派麛皮向楚国求救,楚令尹江君奚洫(昭奚恤)满口答应。麛皮察觉出楚国的真实目的,回国后对赵成侯说,楚国不能依靠:"俞许我兵者,所劲吾国,吾国劲而魏氏败,[楚]人然后举兵兼乘吾国之敝。"[4]赵成侯不听,结果邯郸被魏国攻破后,楚国才出兵,并同时攻打了魏国、赵国。

从邯郸之难中秦、楚、齐三国的行动来看。秦国基本上都是单独行动,与楚国之间没什么联系。反倒是楚国,寄希望于秦国、齐国,对两国抱有信任。齐国靠楚国得以求和,表明齐国对楚国延续了过去的信任。究其根本,秦、楚、齐之所以相互信任,是因为最初三国实力有限,不得不团结起来对付三晋,而信任又是团结的前提。当秦国在献公改革、商鞅变法中不断强大时,不仅能够单独对付魏国,而且在与魏的斗争中经常处于上风。秦国无须楚国的支援,也就没了与楚国维持信任的需求。齐国实力相对较强,刚开始谋划攻打魏国时,并不需要楚国的支援,但是当齐国联军被打败时,齐国与楚国的信任关系就显得异常重要。楚国力量弱,故寄希望于与秦国、齐国的信任关系,靠他们的支援以使自己处于有利地位。

---

[1] 诸祖耿:《战国策集注汇考》,第488页。
[2] 银雀山汉墓竹简整理小组编《孙膑兵法》,文物出版社,1975,第31页。
[3] 诸祖耿:《战国策集注汇考》,第714页。
[4] 马王堆汉墓帛书整理小组编《战国纵横家书》,第121页。

当三晋信任瓦解、魏国衰落之后,秦、齐、楚失去了共同的敌人,也就没有相互信任的现实需求了。不但没有互信的需求,他们之间的矛盾反而随着其实力的强大不断加剧,三国构成竞争关系,其信任关系最终走向了彻底破裂。

卫鞅入秦后,秦国推行诈谋外交。前344年,梁惠王召集逢泽之会,率领众诸侯朝见天子。《战国策·齐策五》载,魏国"从十二诸侯朝天子,以西谋秦",于是卫鞅见魏惠王,劝他"先行王服,然后图齐、楚"。[1] 为了对付魏国,该年齐侯带卿大夫到秦国试图发展友好关系。杨宽说:"盖是年魏召集逢泽之会,并率诸侯朝天子,而齐正谋与魏对抗,齐侯因有率卿大夫多人聘问秦国之举。"[2] 同样是对付魏国,齐国、秦国的做法却有本质不同。一般而言,在战国前期当一国面临敌人时,首先想到的是其能够信任的国家,希望对方能够出兵助己。如三晋互助,楚国在武阳之战前寄希望于齐国,在邯郸之难时希望"齐、秦应楚"。齐国在事实上延续了战国前期取信他国共同对敌的政策。然而,卫鞅首先想的是对敌人使诈,将祸水引向他国,甚至友好国家,自己坐享渔翁之利。前340年,齐国在马陵打败魏军,卫鞅趁机攻魏,靠诈魏公子卬打败魏军。《史记·楚世家》载,卫鞅打败公子卬之后,"秦封卫鞅于商,南侵楚"[3]。秦国开始把矛头指向楚国,商鞅的封地极可能就是侵楚所得。[4] 前337年,秦惠文君即位,"楚、韩、赵、蜀人来朝"[5]。原本与秦平等的楚国,此时卑躬屈节朝秦。秦、楚已无信任可言。

魏国在马陵战败后,也开始推行诈谋外交,试图摆脱战败后的困境。《战国策·魏策二》载,魏国在马陵之战惨败,魏惠王对惠施说,他想倾全国之兵向齐

---

[1] 诸祖耿:《战国策集注汇考》,第639页。
[2] 杨宽:《战国史料编年辑证》,第391—392页。
[3] 司马迁:《史记》,第2074页。
[4] 《左传·文公十年》载,楚国子西为商公,杜注曰:"商,楚邑,今上雒商县。"(上海古籍出版社编《十三经注疏·春秋左传正义》,第1848页)《商君列传》中徐广说商鞅封地为"弘农商县"。案:根据谭其骧《中国历史地图集》,西晋上雒郡商县和西汉弘农郡商县为一地,即今陕西丹凤县商镇。考古表明,商邑遗址位于今丹凤县城以西约2公里的古城村。(杨亚长、王昌富:陕西丹凤县秦商邑遗址》,《考古》2006年第3期)哀公四年,楚国司马起丰、析与狄戎,以临上雒,逼迫晋国交出蛮子赤。盖春秋晚期,楚国势力范围已到上雒(今陕西洛南县)一带。盖楚国北上至上雒威逼晋人,上雒不当为楚所有,而为楚、晋交界晋国一侧。大体而言,春秋时商邑为楚所有,商邑、上雒一带为秦、晋、楚交界,战国时遂归秦国所有。
[5] 司马迁:《史记》,第260页。

国报仇。惠施说:"不可……王若欲报齐乎,则不如因变服折节而朝齐,楚王必怒矣。王游人而合其斗,则楚必伐齐。以休楚而伐罢齐,则必为楚禽矣。是王以楚毁齐也。"[1]魏国于是派人游说田婴,通过田婴朝见齐国。前336－前334年,魏惠王接连三次朝见齐威王,并在前334年朝见时尊齐为王,齐国也承认魏称王,史称"徐州相王"。魏国此举刺激了楚国,前333年楚国在徐州打败齐国。《战国策·秦策四》说:"梁王身抱质执璧,请为陈侯臣,天下乃释梁。郢威王闻之,寝不寐,食不饱,帅天下百姓以与申缚遇于泗水之上,而大败申缚。"[2]楚国之所以伐齐,除了魏国挑拨外,还有齐唆使越伐楚的缘故。《史记·越王句践世家》说:"当楚威王之时,越北伐齐,齐威王使人说越王曰:'越不伐楚,大不王,小不伯……'"[3]于是越国放过齐国去伐楚国。楚威王则兴兵攻越,"大败越,杀王无疆,尽取故吴地至浙江,北破齐于徐州"[4]。《楚世家》则说:"齐孟尝君父田婴欺楚,楚威王伐齐,败之于徐州。"[5]"田婴欺楚"可作两解:一是田婴接纳魏惠王向齐朝见,尊齐国为王;二或如《集解》引徐广说:"齐说越,令攻楚,故云齐欺楚。"田婴为越伐楚负责。齐国将祸水引向楚国,以及楚威王伐齐,标志着齐、楚两国的信任关系彻底瓦解。

大体而言,三晋之间的信任破裂,与秦、楚、齐之间的信任破裂,发生在前350年的前后20年期间。三晋信任关系破裂时间靠前,而秦、楚、齐信任关系破裂紧随靠后。三晋的瓦解、衰落,使秦、楚、齐失去了共同的敌人,也即失去了其相互信任的前提;秦、楚、齐崛起,三国之间矛盾激化,信任在冲突中消失。

从春秋中期践土之盟(前632年)中晋盟的形成,以及随之而来的秦楚结盟、楚齐结盟对付晋盟,再到战国中期韩、赵、魏三晋分裂,以及秦、楚分裂,楚、齐分裂(前333年)。"晋盟—三晋"与"秦—楚—齐"的对峙关系大约经历了300年。在这300年时间里,各国大体上具有稳定的外交关系,信任关系就蕴含在这些稳定的外交关系当中。

随着战国中期各国原本稳定的对峙关系日趋瓦解,各国外交活动也日益频

---

[1] 诸祖耿:《战国策集注汇考》,第1220－1221页。
[2] 诸祖耿:《战国策集注汇考》,第413页。
[3] 司马迁:《史记》,第2108－2109页。
[4] 司马迁:《史记》,第2112页。
[5] 司马迁:《史记》,第2074页。

繁。杨宽指出:"自从魏国迁都到了大梁,战国的形势发生了重大变化,各国间拉拢与国的活动空前活跃起来。"[1]魏国迁都在前 361 年,这是战国外交活跃的开始。楚、齐徐州之战则标志着战国正式进入了"国无定交"的时代。紧接着,纵横活动便开始了。前 329 年,张仪来到秦国,游说秦惠王助魏攻楚,纵横家自此正式粉墨登台。"国无定交"再加上纵横家推波助澜,各国崇尚权谋、诈术,战国后期各国之间已经谈不上信任。《史记·六国年表》说:"三国终之卒分晋,田和亦灭齐而有之,六国之盛自此始。务在强兵并敌,谋诈用而从衡短长之说起。矫称蜂出,誓盟不信,虽置质剖符犹不能约束也。"[2]司马迁所断时间断得或略早,然其说战国后期各国盟而无信,即使质子也难以约束,却是实情。

第二节 信任与变法改革

战国时期变法改革颇多,春秋也有一些改革,本书一并讨论。在讨论变法改革之前,有必要辨析几个概念,以明确讨论的范围和对象。根据《现代汉语词典》的解释,变法是指"历史上对国家的法令制度做重大的变革"[3],改革是指"把事物中旧的不合理的部分改成新的、能适应客观情况的"[4],改良是指"去掉事物的个别缺点,使更适合要求"[5]。从词典解释来看,变法、改革、改良三个概念的轻重程度有明显区别:变法重在对法令制度的重大变革,试图颠覆旧体制;改革是去掉原来法令制度中不合理的部分,是变革旧体制的部分内容;改良只是就个别缺点修正,旧体制基本不变。以这三个概念为分析框架,春秋战国时期能称得上"变法"的只有商鞅变法、吴起变法;管仲、子产、李悝、赵武灵王只能是"改革";其他如杨宽在《战国史》中提到的"赵国公仲连的改革""韩国申不害的改革""齐国邹忌的改革",充其量是小修小补而已,只能算作"改良"。

---

[1] 杨宽:《战国史》,第 326 页。
[2] 司马迁:《史记》,第 835 页。
[3] 中国社会科学院语言研究所词典编辑室编《现代汉语词典》(第 7 版),第 80 页。
[4] 中国社会科学院语言研究所词典编辑室编《现代汉语词典》(第 7 版),第 417 页。
[5] 中国社会科学院语言研究所词典编辑室编《现代汉语词典》(第 7 版),第 417 页。

本书重在探讨变法和改革,改良意义有限,故不予讨论。

变法改革与信任具有密不可分的关系,信任是变法改革的先决条件。如果一国政治中人们缺乏最基本的信任,变法改革根本不可能推行,即使强力推行,也很容易遭到失败。有学者指出:"在弱政府信任情况下,政府与民众的隔阂会增加,改革阻力增加,改革的推进难度加大,实施成本急剧增加。特别是,当政府组织形象欠佳,决策能力有限,公共政策导向出现偏差,客观上导致民众利益普遍受损时,民众与政府的隔阂转化为'对立',进而可能引发一系列的经济与政治危机,改革成本就会扩大化,改革可能被拖延甚至终止。"[1]这是基于现代政治的解读。在古代政治中,权力掌握在统治者而非民众手中。虽然信任对于变法改革十分重要,这并不意味着古代的变法改革一定要取得民众信任。如"郭偃之法"说:"论至德者不和于俗,成大功者不谋于众。"商鞅认为:"民不可与虑始,而可与乐成。"[2]取信于谁对于变法改革至关重要。变法改革面临着复杂的信任环境,变法者、改革者在信任问题上的得失成败对于今天不无借鉴意义。

一、战国之前的改革

春秋时期的改革中,最典型的是管仲改革和子产改革。这是在贵族体制下的改革,他们面临的信任环境似乎是比较宽松的,遇到的阻力也不是很大。

(一)管仲改革

贱不逾贵,远不间亲,新不间旧是春秋社会基本的政治伦理。身份在国君对臣下的信任中占据重要位置。关于管仲的出身,有种说法是管仲出身卑微,如《史记·管晏列传》引管仲之言:"吾始困时,尝与鲍叔贾,分财利多自与,鲍叔不以我为贪,知我贫也。吾尝为鲍叔谋事而更穷困,鲍叔不以我为愚,知时有利不利也。吾尝三仕三见逐于君,鲍叔不以我为不肖,知我不遭时也。吾尝三战

---

[1] 徐彬:《地方政府信任弱化、改革阻力与改革成本扩大化》,《社会科学》2011年第3期。

[2] 商鞅:《商君书》,严万里校,载国学整理社编《诸子集成》(第五册),中华书局,2006,第1页。

三走,鲍叔不以我怯,知我有老母也。"[1]今人有从此说者,如顾德融在《春秋史》说:"管仲,名夷吾,颍上(今安徽阜阳东南)人,出身卑贱,当过商人,三次求官都被逐,三次去打仗而逃跑,但此人很有才能,年青时与鲍叔牙一起经商,鲍深知其贤良。当公子纠在政变中失败,支持公子纠的管仲被囚禁,鲍叔牙仍全力将管仲推荐给齐桓公。"[2]

管仲出身卑微,这怎么可能?童书业说:"我们知道管仲是齐大夫管庄仲的儿子,乃是贵族阶级,怎会有微贱而经商的事呢?(商人在古代是微贱的阶级)这恐怕只是战国人用了战国的时代观念造出的故事。"[3]战国时期流行"鸡汤"古史,如舜发于畎亩之中,伊尹耕于有莘之野,吕尚年七十在朝歌屠牛,等等。此类故事符合不得志士人的胃口[4],是否真实倒是次要的。春秋早期,从微贱阶层上升十分困难。一是身份问题。当时情况是"诸侯立家,卿置侧室,大夫有贰宗,士有隶子弟,庶人、工商,各有分亲,皆有等衰"[5],阶层众多,"王臣公,公臣大夫,大夫臣士,士臣皂,皂臣舆,舆臣隶,隶臣僚,僚臣仆,仆臣台"[6]。贱不逾贵为贵族社会的基本原则,从微贱阶级上升不是不可能,但是要越过众多阶层位居国、高二族之上,基本上没有可能。二是知识问题。掌握一国国政,需要相应的知识和技能。春秋初期,知识掌握在王官手中,由贵族阶级垄断,庶人很难接触到从政的学问。若非出身贵族阶级,其人就没有相关知识、技能,更谈不上具备辅佐桓公称霸的高超的政治素养。出身微贱而一跃为卿相,只有到了战国知识下沉、阶层流动加快时期才有可能。

因而,管仲之所以能被齐桓公委以重任,至少有一个前提,即其出身贵族家族,且家族等级不会太低。管仲的出身在国、高卿族之下、士家族以上,为普通大夫家族,在贵族家族中处于中等地位。管仲取信齐桓公主要靠他的非凡政治素养。管仲本来为公子纠效力,是齐桓公的仇人。他之所以能被齐桓公委以重任,与鲍叔牙的举荐密不可分。鲍叔牙对齐桓公说:"若必治国家者,则其管夷

---

[1] 司马迁:《史记》,第2594页。
[2] 顾德融、朱顺龙:《春秋史》,上海人民出版社,2003,第73页。
[3] 童书业:《春秋史》(校订本),童教英校订,第163页。
[4] 真正励志的其实是战国士人。
[5] 杨伯峻:《春秋左传注》(修订本),第94页。
[6] 杨伯峻:《春秋左传注》(修订本),第1284页。

吾乎。臣之所不若夷吾者五：宽惠柔民，弗若也；治国家不失其柄，弗若也；忠信可结于百姓，弗若也；制礼义可法于四方，弗若也；执枹鼓立于军门，使百姓皆加勇焉，弗若也。"[1]管仲的五种能力，既包括优秀的施政才能，又包括良好的政治品德。这五种能力才是齐桓公信任管仲的关键。

贵族出身及卓越的才能使管仲获得齐桓公信任，而齐桓公的信任又是管仲改革的前提。然而，除了齐桓公的信任之外，管仲很可能也获得了国、高卿族的信任。

齐桓公任用管仲后，管仲提出了他的改革措施。据《国语·齐语》所载，管仲改革根据地域分为"国"和"鄙"两部分。其一，针对国都的改革。在内政方面，将国都划分为士农之乡十五个，工商之乡六个，共二十一个乡，其中士农之乡齐桓公掌管五个，国子掌管五个，高子掌管五个，然后将国事分为三类，设三类官员管理。在军政方面，作内政而寄军令。将民政与军政结合起来，将国都编成军事组织，一万人为一军，计三军。齐桓公掌管一军，国子掌管一军，高子掌管一军。其二，针对边远地区（"鄙"）的改革。将边远地区划分为五个部分。以三十家为一邑，以十邑为一卒，以十卒为一乡，以三乡为一县，以十县为一属。五属设五大夫和五正管理。"鄙"主要是农民，对他们"相地而衰征"，无夺民时。[2]

管仲主导的改革，要点在于利益分配。上卿国、高各掌五乡、各统一军，与齐桓公相当，可谓获益颇丰。管仲不仅在改革中使国、高获得实质性利益，而且在重大礼制问题上尊重国、高，不僭越于国、高之上。鲁僖公十二年（前648年），齐桓公派管仲使戎与王室讲和，天子打算以上卿的礼仪宴飨管仲，管仲却推辞说："臣，贱有司也。有天子之二守国、高在，若节春秋来承王命，何以礼焉？陪臣敢辞。"[3]周天子于是改以奖赏管仲，管仲最终接受下卿之礼。管仲在改革中使国、高受益，在礼制上尊崇国、高，想不获得国、高信任，不亦难乎？管仲自己在利益分配中未见有份，在礼制上不敢僭越国、高。因此，齐桓公十分尊崇管仲，并尊管仲为"仲父"（详见《荀子·仲尼》《庄子·达生》《韩非子·十过》等），城谷而封管仲（详见《左传·庄公三十二年》《左传·昭公十一年》）。改革

---

[1] 徐元诰：《国语集解》，王树民、沈长云点校，中华书局，2002，第216页。
[2] 韦昭注，明洁辑评，金良年导读，梁谷整理：《国语》，第104—108页。
[3] 杨伯峻：《春秋左传注》（修订本），第341—342页。

者越将自己的利益置之度外,人们也就越信任他,他获得的益处也就越多。老子说:"既以为人己逾有,既以与人己逾多。"[1]其是之谓乎!

获得主要掌权者(齐桓公,很可能还有国、高二卿)的信任,是管仲改革成功的基本条件。当齐桓公,国、高二卿与管仲达成一致时,核心统治集团基本上就是铁板一块了。管仲改革的主要对象是国人和边远农民。如果说改革有阻力的话,估计主要来自普通民众。[2] 改革在刚刚推行尚未见成效之时可能会遭遇到较大的阻力,而管仲有掌权者的信任与支持,就比较容易克服改革中的阻力,将改革进行到底。

(二) 子产改革

子产在郑国的改革发生在春秋晚期,与管仲改革时国君普遍掌权不同,春秋晚期时的诸侯国政权已经普遍落在卿大夫手中。郑国由"七穆"掌权,子产的改革能否推行下去与其他穆族的信任密切相关。

身份是信任的门槛。子产在身份上比管仲有优势。子产属于执政公族"七穆"中的国氏,其出身使子产能够获得最基本的信任。如果是"七穆"之外的贵族,几乎没有主持改革的可能。在"七穆"垄断郑国政权的情况下,非穆族是被排斥的对象,难以接触到实权,更不用提改革了。在"七穆"轮流执政的情况下,政权早晚会落到子产手里。因而,子产无需像管仲那样,需要鲍叔牙推荐,以及齐桓公不计前嫌的机缘。因而,子产得到政权的难度要远远小于管仲。总之,穆族的身份使子产面临的信任门槛和执政的难度都比管仲低得多,这是他的天然优势。

与管仲相同,子产同样有非同寻常的才能。子产在年轻的时候便展现出了不同常人的政治眼光。鲁襄公八年,郑国攻打蔡国取得胜利,郑人都很高兴,只有子产看到了此次胜利可能会引发大国征讨的危险。子产在处理危机时展现出了优秀的管理才能。襄公十年,尉止等人作乱,杀死子驷、子国,子产临危不

---

[1] 王弼注:《老子注》,载国学整理社编《诸子集成》(第三册),第 47 页。
[2] 管仲改革是否遇到贵族的阻力,是个问题。有人问孔子管仲如何,孔子说:"人也。夺伯氏骈邑三百,饭疏食,没齿,无怨言。"(《论语·宪问》,载上海古籍出版社《十三经注疏·论语注疏》,第 2510 页) 有学者认为,伯氏有罪而管仲废之。(程树德:《论语集释》,程俊英、蒋见元点校,收入《新编诸子集成》(第一辑),中华书局,2014,第 1242－1246 页) 其说当是。但与改革是否直接相关,不好断定。

惧,部署官员和军队,顺利平定叛乱。子产还有杰出的外交才能,如襄公二十四年,子产给晋执政范宣子写信,成功地减轻郑国向晋国交纳的贡品;襄公二十五年,郑国伐陈,向晋国献捷,子产在面对晋国贵族的质问时应答如流。对于管仲而言,优秀的政治才能是赢得齐桓公的信任而委之国政的关键。但是对于子产而言,才能并不是取信的关键。

子产出身国氏,在"七穆"中并不是最有势力的一支。"七穆"中最强的是罕氏、驷氏。能否取信于其他穆族,特别是罕氏,对于子产执政后的改革至关重要。然而,能否取信于其他穆族和子产是否有才干关系不大,而和他是否有德行密切相关。子产上台执政的背景,是"七穆"垄断政权,内部矛盾时有发生,有些穆族一上台便损害其他穆族利益。比如,子孔执政,先是试图专权,遭到其他穆族反对后,又企图借楚国除掉其他穆族;良霄为人"汰侈",其执政时不仅酗酒荒政,还对其他穆族蛮横无礼。因而,是否有德行,在当时最为人所看重。比如,襄公二十六年,郑简公因伐陈之功赏赐子展八邑、子产六邑,子产认为按照礼制应该接受四个,且此战功在子展,最终他只接受了三个。当时便有人预言:"子产其将知政矣。让不失礼。"[1]

子产的德行对于取信其他穆族,特别是掌握实权的罕氏,发挥了关键作用。鲁襄公三十年(前543年),七穆发生内乱,良霄(良氏)与公孙黑(驷氏)争斗,罕氏、驷氏、丰氏本为同母兄弟而且有理,良氏孤特而无理,有人对子产说"就直助强",暗示他站队,子产说:"岂为我徒?国之祸难,谁知所敝?或主强直,难乃不生。"子产收敛良氏死者尸体而加以殡葬,准备出逃。罕虎不让子产走,众人不理解,罕虎说:"夫子礼于死者,况生者乎?"并且亲自劝止子产。不久,良霄与驷氏再次爆发战斗,两家同时请子产帮忙,子产曰:"兄弟而及此,吾从天所与。"皆不帮忙。良霄战死后,子产为良霄收尸,驷氏准备攻打子产,罕虎大怒说:"礼,国之干也。杀有礼,祸莫大焉。"[2]最终劝止了驷氏。

子产在"七穆"冲突中不偏不党,遵从礼义,赢得了罕虎的信任。伯有被杀后,原本接班的子西(驷氏)刚去世,于是便轮到子产执政。罕虎准备把政权交给子产,子产推辞说:"国小而偪,族大宠多,不可为也。"罕虎说:"虎帅以听,谁

---

[1] 杨伯峻:《春秋左传注》(修订本),第1114页。
[2] 参见杨伯峻:《春秋左传注》(修订本),第1175-1177页。

敢犯子？子善相之。国无小，小能事大，国乃宽。"[1]可见，罕氏的信任不仅在冲突中保护了子产，还为子产执政的坚实依靠。后来的一件事情更坚定了罕虎对子产的信任。鲁襄公三十一年（前542年），罕虎打算让尹何治理自己的封邑，子产劝谏罕虎，说喜欢一个人，总是希望对他有利，把政事交给尹何犹如让一个不会用刀的人去割东西，不仅会伤害到自己，还会损害被裁制的物品。罕虎听后，"以为忠"，于是把国政、家政全部都交给子产，《左传》说："子产是以能为郑国。"[2]曾子三省吾身，其中一条是"为人谋而不忠乎"，子产为罕虎谋而忠诚，是以获得信任。

　　罕氏、驷氏、丰氏最亲近，子产赢得罕氏信任，等于获得三家信任。印氏也信任子产，子产当初准备出逃时，印氏宗族长印段就曾表示要追随子产。游氏宗族长是游吉，即子太叔，游吉与子产私交甚好，其彼此间信任自不待言。综上所言，除了斗争失败几乎没有影响力的良氏外，有实力的穆族基本上都能信任子产。

　　子产取信其他穆族不仅靠了德行，还有实实在在的利益。子产上台执政不久，有事情让丰段（丰氏宗族长）去办理，于是给他城邑。子太叔不解地问，国是众人之国，为什么单独给丰段好处呢？子产说："无欲实难。皆得其欲，以从其事，而要其成。非我有成，其在人乎？何爱于邑，邑将焉往？"又说，"《郑书》有之曰：'安定国家，必大焉先。'姑先安大，以待其所归。"[3]子产的意思是说，治理国家先照顾大族的利益，大族不能没有欲望，通过满足大族欲望使他们做事情，大族做成了事情也就是自己的成功。由此可见，子产在面临"族大宠多"，难以治理的困境时，其思路是通过满足大族利益来使他们为自己办事。利于大族同样成为取信的手段。如果执政者有德行，还能够带来利益，那么谁还会轻易反对他呢？

　　其他穆族的信任是子产改革成功的必要条件。子产刚上台执政，便着手改革政治。《左传·襄公三十年》载："子产使都鄙有章，上下有服；田有封洫，庐井有伍。大人之忠俭者，从而与之；泰侈者因而毙之。"[4]改革分为两部分：其一，

---

[1] 杨伯峻：《春秋左传注》（修订本），第1180页。
[2] 杨伯峻：《春秋左传注》（修订本），第1193页。
[3] 参见杨伯峻：《春秋左传注》（修订本），第1180页。
[4] 杨伯峻：《春秋左传注》（修订本），第1181页。

针对民众,划定城乡制度[1],整顿田疆,使土田四界有沟渠,使房屋和耕地相适应;其二,整顿吏治,亲近忠诚简朴的卿大夫,惩戒骄傲奢侈的卿大夫。这两方面的改革措施必然会引起一些人的不满。

其一,民众的不满。子产执政才一年,当时便流行"舆人之诵":"取我衣冠而褚之,取我田畴而伍之。孰杀子产,吾其与之!"从歌谣内容来看,子产针对民众的改革还包括征收财务税、田税等内容。[2] "舆人",童书业说:"'舆人'盖'国人'中之从征从役者耳。以其地位较低,故用贱隶之名称之为'舆人'也。'舆人'可有田地,且可有'衣冠',并有能受教育之'子弟',其非城外务农之'庶人'或奴隶可知矣。"[3] "舆人"地位低,应是相对高级贵族而言。"舆人"有田地,能够从征从役,有经济力量和武装能力,应属于"国人"中的上层。我们知道,春秋中后期,国人往往在诸侯政治斗争中发挥关键性作用。"舆人之诵"十分险恶,造谣者希望贵族内部分裂,如果有贵族攻打子产,"舆人"便会群起拥护之,杀掉子产,使改革破产。

其二,少数贵族不满。贵族最难约束。子产对贵族的要求并不高,不过是要求贵族守礼、处事本分而已,这些措施勉强称得上"改革"。即便如此,也有贵族不愿被约束。丰卷(丰氏贵族成员)请求猎取祭品祭祀。子产拒绝了丰卷的要求,因为只有国君才能猎取野兽祭祀。丰卷十分生气,回去召集士兵准备攻打子产,子产也准备逃难到晋国。罕虎制止了子产,并驱逐丰卷,把丰卷赶到了晋国。

丰卷企图作乱的事情十分危险。如果没有罕虎的信任,子产轻则被驱逐,逃亡到晋国,重则"舆人"参与进来,被丰卷和"舆人"一起杀掉。如果没有罕虎的信任,丰卷作乱的后果无论轻重,子产的改革必然会失败。无论什么改革总有一个困难期,在改革刚刚推行时,必然会有人的利益受到损害,对改革不满而反对改革。改革能否坚持下来,取决于实权人物对改革者的信任。罕虎对子产十分信任,能够放心地将国政全部交给子产,而且也能做到不因亲近关系而偏袒驷氏、丰氏,在最关键、最危险的时刻给子产以支持,使子产能够坚持下来。

---

[1] 杨伯峻说:"此都鄙对文,鄙即鄙野;则此都为广义,凡大夫之采邑,侯国之下邑皆可曰都。"[杨伯峻:《春秋左传注》(修订本),第1181页]

[2] 杨伯峻:《春秋左传注》(修订本),第1182页。

[3] 童书业:《春秋左传研究》,第145页。

可以说,实权贵族罕虎的信任,对子产改革的成功发挥了关键性作用。

三年之后,改革初见成效,此时"舆人之诵"也发生了变化:"我有子弟,子产诲之;我有田畴,子产殖之。子产而死,谁其嗣之?"[1]最初,丰卷逃亡时,子产请求罕虎不要没收丰卷的田宅,三年后子产让丰卷回国复位,这一行为体现出了一个改革家的非凡肚量。

大体而言,管仲、子产之所以能够取信当权者并推行改革,离不开三个方面的要素:一是中高级贵族身份,这使得二人得以跨过信任的身份门槛,这是他们能推行改革的基本前提;二是非凡的才能或优良的德行,这是其取信于君主或实权贵族,能够执政改革的核心要素;三是利于大族,至少不能损害大族利益,这是改革能够规避强大阻力推进下去的必要条件。第一条是天生的,非人力之所能为;第二条是后天的政治素养,既需要一定的天分,也需要长年累月的积累;第三条体现了改革家的政治智慧,这里有必要深入辨析。

管仲、子产利于大族,并非改革的最终目的,而是改革的必要手段。在春秋贵族政治下,大族左右着政局,掌握着实权。如果没有他们的信任,执政者根基尚不稳,更遑论改革。利于大族是具体历史条件下的具体选择,是切中当时政治实情的明智做法。相反,如果不顾具体条件去迎合大族,则远非政治智慧所为。孟子说:"为政不难,不得罪于巨室。巨室之所慕,一国慕之;一国之所慕,天下慕之;故沛然德教溢乎四海。"[2]孟子在战国君主集权的趋势下迎合大族,甚至希望大族宣扬道德教化,这不仅是不切实际的幻想,更是历史的倒退。因而,管仲、子产利于大族和孟子"不得罪于巨室"看着近似,事实上有本质性差异:前者是睿智,后者是迂腐。

二、吴起、商鞅变法

前文指出,春秋时期的君主在信任范围上面临困境,能委以重任的往往非"亲"即"旧"。战国之际士阶层的崛起,扩展了君主的可信任范围。对于君主而言,士人非"亲"非"旧"。改革的需要推动了君主对"士"的需要,因而有些士人能够比较容易取得君主信任。"内姓选于亲,外姓选于旧"的局面在战国时期被打破。"士"受信任而主持变法改革成为战国变法改革的一大特点。

---

[1] 杨伯峻:《春秋左传注》(修订本),第1182页。
[2] 《孟子·离娄上》,载上海古籍出版社编《十三经注疏·孟子注疏》,第2719页。

（一）吴起变法

吴起是卫国左氏（今山东定陶）人，早年在鲁国求学于曾子，曾率领鲁国士兵打败齐军，后来离开鲁国去了魏国，为魏文侯所用。吴起曾助魏国屡败秦军，后任西河守。魏武侯时，吴起遭到排挤，离开魏国去了楚国，先是被楚悼王任命为"宛守"[1]，一年后，遂被任命为令尹，主持楚国变法。

世传吴起德行败坏，此说颇为可疑。据《史记·孙子吴起列传》载，齐国攻打鲁国，鲁人打算以吴起为将，但是吴起的妻子为齐女，鲁国人怀疑吴起，"吴起于是欲就名，遂杀其妻，以明不与齐也"[2]。杀妻取信之事骇人听闻，应为吴起出妻之讹传。[3] 吴起为将后，有人向鲁君进谗言："起之为人，猜忍人也……乡党笑之，吴起杀其谤己者三十余人……其母死，起终不归……鲁君疑之，起杀妻以求将。"[4]吴起因此被迫离开鲁国。[5] 离开鲁国后，吴起去了魏国，欲事魏文侯。魏文侯问李克吴起人如何，李克说："起贪而好色，然用兵司马穰苴不能过也。"[6]于是魏文侯任命吴起为将军。史迁记载颇有矛盾之处，在鲁人那里，吴起残暴、不孝、杀妻，到了魏国，吴起又成了贪婪、好色之徒，天下的坏名声几乎都到了吴起这里。史迁又载，吴起为将与士兵同甘共苦，"善用兵，廉平，尽能

---

[1] 刘向：《说苑校证》，向宗鲁校证，中华书局，1987，第367页。

[2] 司马迁：《史记》，第2635页。

[3] 有些学者肯定了吴起"杀妻求将"的故事，如王子今的《吴起杀妻论》(《南京师大学报（社会科学版）》2013年第4期)。甚至有人考证了吴起杀妻时间为前412年。(参见赵东玉、王金涛：《吴起杀妻考——以性别角色为中心的考察》，《华中科技大学学报（社会科学版）》2008年第4期)然而，《韩非子·外储说右上》载有两种"吴子之出爱妻"的故事，其一曰："吴起，卫左氏中人也，使其妻织组而幅狭于度。吴子使更之。其妻曰：'诺。'及成，复度之，果不中度，吴子大怒。其妻对曰：'吾始经之而不可更也。'吴子出之。其妻请其兄而索入。其兄曰：'吴子，为法者也。其为法也，且欲以与万乘致功，必先践之妻妾然后行之，子毋几索入矣。'"(王先慎：《韩非子集解》，第246页)另一种说法与之大同小异。吴起出妻本已有违人情，或为好事者增饰而讹传为杀妻。郭沫若说，吴起杀妻"只是一片蓄意中伤的谣言"。(郭沫若：《述吴起》，载《青铜时代》，第185页)

[4] 司马迁：《史记》，第2636页。

[5] 《韩非子·说林上》则载，鲁君被季孙所弑，有人告诉吴起政局难料，"吴起因去之晋"。吴起离开鲁国的原因或是不居乱邦，和受馋关系不大。(王先慎：《韩非子集解》，第133页)

[6] 司马迁：《史记》，第2636页。

得士心"[1]，似乎吴起又不贪了；又载，有人想害吴起，说吴起的性格弱点是"为人节廉而自喜名"[2]，既然"节廉""喜名"，似乎不应有"不孝""杀妻"的恶事，更不会"贪而好色"。盖吴起德行远未有这么坏，虚辞增饰的成分多些。否则，也难以解释其在楚国备受信任的史实。

  吴起在楚国受到楚悼王的信任，首先是因为他的才能。一方面是军事才能。吴起在鲁国打败齐军，以弱胜强；在魏国打败秦国，攻取河西地。大概成书于战国晚期的《吴子·图国》说："与诸侯大战七十六，全胜六十四，余则钧解。辟土四面，拓地千里，皆起之功也。"[3]吴起是不世出的军事天才，楚国得到吴起可谓如获至宝。另一方面是政治才能。《战国策·魏策一》载，魏武侯自夸有山河之固，吴起斥之为"危国之道"，认为霸王之业与山河险阻无关，在于为政"善"与"不善"。魏武侯感叹道："善，吾乃今日闻圣人之言也！西河之政，专委之子矣。"[4]魏武侯时，吴起的军事、行政才能均力压相国田文，是一位出将入相的军事家、政治家。此时的吴起也已经名声远播，而楚悼王"素闻起贤"。

  对于变法事业而言，仅有才能是远远不够的。古往今来，多少人怀瑾握瑜，却最终白了少年头，空悲切。时势造英雄，如果没有特殊的机遇，吴起若仅凭才能，在楚国很难做到令尹，或如在魏国那样，长期被压制，仅为一地之守耳。从前文春秋时期楚国令尹表来看，吴起被任命为令尹这件事非同寻常。自楚国设立令尹以来，"外人"担任令尹的唯有春秋初期的申俘彭仲爽。除了彭仲爽，楚国令尹几乎均出自公族（王族）。可见，若要取得楚王信任而担任令尹需要有极高的身份门槛。在楚国令尹为公族所垄断的情况下，楚悼王不拘一格任命吴起，其决心之大、期望之高、信任之坚，可想而知。

  吴起在楚国任令尹主持变法，离不开楚国独特的信任形势。

  首先，楚国面临着前所未有的困境，为吴起受信任担任令尹提供了恰当的时机。战国初期，楚国屡次为"三晋"压制，吃了不少败仗。据杨宽考证，吴起离魏入楚是在前390年，即楚悼王十二年。上节指出，前396年三晋在武阳大败楚国，前391年三晋又在大梁、榆关大败楚国。三晋与楚国爆发大战的次数并

---

[1]　司马迁：《史记》，第2637页。
[2]　司马迁：《史记》，第2638页。
[3]　骈宇骞等译注：《武经七书》，中华书局，2007，第87页。
[4]　诸祖耿：《战国策集注汇考》，第1143页。

不算多,像这样在短时间连败两次的情况是罕见的。在这种情况下,楚悼王有选贤任能,主持国政,以期扭转颓势的需要。如果按照楚国执政的传统思维,主持国政的令尹会继续从公族中选拔。然而,楚悼王是个不守常规的人。楚贵族屈宜臼主张治国"不变故,不易常",他讥讽吴起说:"吾固怪吾王之数逆天道,至今无祸。嘻!且待夫子也。"[1](亦见《淮南子·道应训》)楚悼王被批评为"数逆天道",大概是因为他喜欢打破政治常规。屡战屡败的局面必然会使一个不安于现状的君主对政治现状产生强烈不满,对当时垄断政治的公族失去信任,而吴起的非凡才能又足以使楚公族相形见绌,这大概是楚悼王舍公族而以吴起为令尹的原因。

其次,在"变法"问题上,吴起有一个值得楚悼王信任的优势,那就是"外来人"身份。据《韩非子·和氏》载,吴起对楚悼王说:"大臣太重,封君太众,若此则上逼主而下虐民,此贫国弱兵之道也。不如使封君之子孙三世而收爵禄,绝灭百吏之禄秩;损不急之枝官,以奉选练之士。"[2]《说苑·指武》则载,吴起自称他当上令尹之后,打算"均楚国之爵而平其禄,损其有余而继其不足,厉甲兵以时争于天下"[3]。两种文献所言基本一致。其核心精神是"损有余而继不足",通过削弱、剥夺旧贵族利益达到开源节流的效果,以此来选练战士,增强军事实力。变法需要"公心",即为国家与君主利益考虑。楚国公族是既得利益者,自然不会支持变法。吴起是"外来人",与楚国贵族无利益瓜葛,故能够站在君主利益和国家利益一方,而不是站在楚国公族利益一方。君主不可能指望旧贵族"革"自己的"命",而外来人"革"旧贵族的"命",则往往能够痛下狠手。由此可见,"外来人"身份在针对旧贵族的"变法"上,不仅不是取信君主的劣势,反倒可能是一种信任优势。

总之,在楚悼王面前,一面是才能非凡的吴起,另一方面是非"亲"即"旧"的众多贵族。在楚国屡战屡败的情况下,"数逆天道"的楚悼王选择了信任吴起,由吴起担任令尹主持"变法"。一方面,这是出于对吴起卓越的政治才能的积极预期;另一方面,楚悼王对吴起的信任建立在对楚公族的不信任基础上。

---

[1] 刘向:《说苑校证》,向宗鲁校证,第368页。
[2] 王先慎:《韩非子集解》,第67页。
[3] 刘向:《说苑校证》,向宗鲁校证,第367页。

（二）商鞅变法

商鞅，《史记·商君列传》说："商君者，卫之诸庶孽公子也，名鞅，姓公孙氏，其祖本姬姓也。"[1]这个说法问题颇多。商鞅当是卫国公孙，出身贵族，于战国已经算作"士"了。卫国卑弱，受魏国保护，两国关系比较好。商鞅在魏国时为魏相公叔痤的"中庶子"，即听候使唤的家臣。公叔痤临终前向魏惠王推荐商鞅为相，魏惠王不能用。前361年，秦孝公即位，发布求贤令，宾客群臣中如果有人能够出计谋强秦，将给予高官和封地。商鞅听说后，携带李悝《法经》入秦。

商鞅与吴起很相似，都是卫国人；他们都曾在魏国积累了政治经验，接触到了当时最先进的制度；在学术上，他们都兼具法家、兵家身份。[2] 但是，商鞅入秦与吴起入楚时的情况截然不同：其一，秦国虽然有"三晋"的外在压力，但是秦献公之时秦国已经成功扭转了颓势，这和楚悼王所面临的压力不可同日而语，故秦献公求贤远不如楚悼王急迫；其二，商鞅在魏国的政治履历远不如吴起精彩。吴起入楚时已经是战功赫赫，声闻天下，而商鞅在公叔痤门下时，公叔痤没来得及推荐便生病了，想必商鞅在公叔痤门下时间也有限。公叔痤在仓促之间推荐商鞅为相，魏惠王不信任也在情理之中。商鞅入秦亦不过是一介游士，没有展现其政治才能的机会，于情理不可能立即取得孝公信任。

刘宝才认为："商鞅到了秦国，经景监引荐，取得秦孝公信任"，"得到秦孝公信任，商鞅在秦国推行的变法运动轰轰烈烈地开展起来。"[3]这个说法很有问题。秦孝公在位二十四年，商鞅变法用了十八年，孝公死而商鞅被杀。[4] 商鞅入秦在孝公元年（前361年），而"轰轰烈烈"的变法则在孝公六年（前356年），这也是刘氏所承认的。如果商鞅于孝公元年取得信任，不仅不合乎情理，也无法解释变法为何推迟到孝公六年。钱穆则认为："盖自（孝公）七年以后，商君始见信任也。"[5]钱氏之说未免过晚，变法开始后始见信任更讲不通——如果没

---

[1] 司马迁：《史记》，第2707页。
[2] 在《汉书·艺文志》中，《公孙鞅》二十七篇与《吴起》四十八篇共列入兵家中的兵权谋家。
[3] 张岂之编《中国思想学说史（先秦卷）》，广西师范大学出版社，2008，第629－630页。
[4] 参见：钱穆《商鞅考》，载《先秦诸子系年》，商务印书馆，2001，第264页；杨宽《战国史》，第218页。
[5] 钱穆：《商鞅考》，载《先秦诸子系年》，第264页。

有信任,何以能变法?

商鞅在秦的前六年是积累经验,获取孝公信任的时期。刚入秦的商鞅颇像策士。《商君列传》说他入秦后,通过宠臣景监进见秦孝公,向秦孝公说"帝道""王道""霸道",秦孝公对前两者昏昏欲睡,唯独对霸道略感兴趣。[1] 商鞅把握住孝公的爱好后,以"强国之术"向孝公进言,孝公非常高兴。事后商鞅对景监说,君主"难以比德于殷周"。如果这个记载为真,那么商鞅可能并非一贯持法家政治主张。商鞅初次游说给秦孝公留下了好印象。然而秦孝公并未因此重用商鞅。孝公三年(前359年),商鞅劝说孝公变法,与甘龙、杜挚展开辩论。《史记·秦本纪》说,孝公"卒用鞅法,百姓苦之;居三年,百姓便之。乃拜鞅为左庶长"。[2] 然而《商君列传》却说:"以卫鞅为左庶长,卒定变法之令。"[3] 两说有矛盾。杨宽认为:"秦国经过了三年的变法准备,到公元前三五六年,秦孝公任命卫鞅为左庶长,实行第一次变法。"[4]其说甚是。通过商鞅与甘龙、杜挚的辩论,足可见商鞅遭到了不小的阻力。孝公六年,孝公才最终下定变法决心,任命商鞅为左庶长。

一般而言,臣下主持变法改革的前提是掌握国政,管仲、子产、吴起、李悝皆是如此。左庶长在秦国不是最高官职,不主持国政。不过,左庶长至少是能够制定变法命令的重要官员。[5] 这也说明,秦孝公对商鞅的信任是渐进式的,这和齐桓公信任管仲,楚悼王信任吴起截然不同。商鞅任左庶长后推行了第一次

---

[1] 此记载有可疑的地方。春秋以来人们往往是"霸王"连称,霸王有小大之分,没有本质区别。商鞅同时的孟子才刚刚区分"霸"与"王",但是孟子弟子公孙丑都不买孟子的账。(参见《孟子·公孙丑上》,载上海古籍出版社编《十三经注疏·孟子注疏》,第2685页)先秦大概只有儒家区分"王道"和"霸道",商鞅是否能够分得清楚令人怀疑。除非我们认为商鞅受过当时前沿的儒学教育。本书姑且从史迁之说。

[2] 司马迁:《史记》,第257页。

[3] 司马迁:《史记》,第2710页。

[4] 杨宽:《战国史》,第218页。

[5] 文献中有"庶长""大庶长""左庶长""右庶长"等称呼。关于"庶长"一职的地位,学界莫衷一是,而且认为"庶长"在不同的阶段地位有所不同。林剑鸣认为,"庶长"是庶人之长。(林剑鸣:《秦史稿》,上海人民出版社,1981,第84页)胡大贵认为,秦早期有多个"庶长",实行"奴隶主贵族联合专政",商鞅为庶长,"相当于东方诸侯国之相"。(胡大贵:《庶长考》,《四川师范大学学报(社会科学版)》1990年第4期)刘芮方推测,庶长"或来源于秦'庶系王族之长',或与晋'公族大夫'类似",认为商鞅任庶长,是将该职授予外人之先河。(刘芮方:《秦庶长考》,《古代文明》2010年第3期)案:商鞅是"左庶长",非"庶长",有"左"必有"右",且上有"大良造"。因此,"左庶长"只能含糊地说,是当时比较重要的大臣。

变法,其内容如下:其一,将五家编成一伍,十家为一什,实行连坐法,鼓励告奸,惩罚藏奸;其二,奖励军功,按军功赏赐爵位,国君宗族没有军功的不能列入公族簿籍,禁止私斗;其三,重农抑商,奖励耕织;其四,推行小家庭制度,成年儿子要分居另立户口,父母只能同一个儿子共居;其五,"燔诗书而明法令"[1],统一思想。

商鞅在公布法令之前,害怕百姓不信任他,在国都市场南门竖起一根三丈长的木杆,说谁能把木杆搬到北门,便可获赏十镒黄金。众人觉得奇怪,没人敢搬。商鞅又下命令,说谁能搬往北门,就可获赏五十镒黄金。有人照做了,于是商鞅果真赏赐那人五十镒黄金,表明自己言而有信,这才正式公布变法的法令。变法之前,先取信于民众,这样的事情大概前所未有。商鞅"徙木立信"应与他所面临的信任困境密切相关。我们常说"威信",有"威"则容易有"信"。管仲为齐相,子产在郑"当国",吴起为楚令尹,均掌握国政。他们发布命令,名正言顺。商鞅只是左庶长,名不正则言不顺,言不顺则事不行。商鞅没有足够的权威,他发布的命令,别人未必会支持他、服从他。商鞅变法主要针对的是民众,其次是贵族。获得民众的信任对于变法成败至关重要。商鞅通过"徙木立信"向民众表明变法的决心,使民众明白官府言必信,行必果,赏罚必信,这样有利于减轻变法在民众层面遇到的阻力。

商鞅变法之初,压力很大。一方面来自旧贵族。当时,太子犯了法,商鞅说:"法之不行,自上犯之。"但是不能对太子施刑,于是"刑其傅公子虔,黥其师公孙贾"。另一方面来自部分民众,"秦民之国都言初令之不便者以千数"。变法见了成效后,"秦民初言令不便者有来言令便者"。商鞅称这些人为"乱化之民",把他们迁到边城。从此再也没人敢轻易议论法令。[2] 商鞅采取了高压措施,目的还是为了树立变法的权威。

前352年,商鞅变法取得初步成功,而且对外作战取得胜利,孝公对商鞅的信任益深,孝公这才任命商鞅为大良造。此时秦国尚无相职,直到秦武王时,秦国才正式设立丞相一职,由甘茂、樗里子任左右丞相。[3] 至于"大良造"的地

---

[1] 王先慎:《韩非子集解》,第67页。
[2] 参见司马迁:《史记》,第2711-2712页。
[3] 司马迁:《史记》,第2807页。《秦本纪》说:秦惠文王十年(前328年),"张仪相秦"(司马迁:《史记》,第260页)。李学勤认为,秦惠文王有"相邦"一职。(参见李学勤:《战国时代的秦国铜器》,《文物参考资料》1957年第8期)

位,钱穆指出,商鞅直至封侯,仍然为大良造,未有升迁,而商鞅任大良造后二年,赵良批评商鞅"相秦不以百姓为事"。钱穆说:"知为大良造即为秦相矣。"[1]据出土铭文,商鞅又被称为"大良造庶长鞅"[2]。商鞅在事实上已经相当于秦相,开始执掌国政。国君的信任程度,决定了变法的力度。前350年,商鞅又开始了新一轮的变法,主要内容包括:其一,废除井田制,"开阡陌封疆",推行授田制度,均平赋税;其二,废除封建制度,在全国推行县制,加强君主集权;其三,统一度量衡,"平斗桶权衡丈尺";其四,改良社会习俗,"令民父子兄弟同室内息者为禁"。[3] 比之上次,此次变法的涉及面更广,力度更强。特别是经济制度、政治制度改革,进一步强化了秦国的中央集权。

商鞅变法取得了很好的效果,"秦民大悦,道不拾遗,山无盗贼,家给人足。民勇于公战,怯于私斗,乡邑大治",在对魏国战争中取得一系列胜利。王充说:"商鞅相孝公,为秦开帝业。"[4]商鞅变法不仅在政治层面取得实效,在思想层面也带来了一场深刻变化——政治道德"信"与私人道德"信"分裂,从对人的信任转向对制度的信任。

首先,在商鞅身上,"信"发生了分裂。一方面,商鞅变法极力立"信"。商鞅赏赐徙木者五十金,在太子犯法时不惜对太子师傅施刑。他对"信"的维护,常为后人所称道。另一方面,他在攻打魏国的时候,欺骗魏公子卬,却又为人所不齿。其后果是,不仅魏国人痛恨他,作于秦国的《吕氏春秋》也公然指责商鞅"无义"[5]。那么,商鞅究竟是否讲"信"呢? 其实,商鞅变法所立之"信"和诈公子卬之"不信"相较而言,两种"信"不是一个类型。商鞅赏赐徙木者五十金,对公子虔施刑,二者是"赏罚必信",这是政治道德,区别于私人道德——"朋友有信"。作为政治家,治理国家一定要讲"信":"国之所以治者三:一曰法,二曰信,三曰权。"[6]商鞅需要维护法令和赏罚的权威:"民信其赏则事功成,信其刑则奸无端。"[7]

在法家那里,"信"是统治者首要的政治道德。商鞅变法之前先立"信"就

---

[1] 钱穆:《商鞅考》,载《先秦诸子系年》,第265页。
[2] 王辉:《十九年大良造鞅殳镦考》,《考古与文物》1996年第5期。
[3] 参见司马迁:《史记》,第2712页。
[4] 王充:《论衡》,第433页。
[5] 高诱注:《吕氏春秋》,第287—288页。
[6] 商鞅:《商君书》,严万里校,第24页。
[7] 商鞅:《商君书》,严万里校,第24页。

包含了这个意思。韩非说:"小信成则大信立,故明主积于信。赏罚不信则禁令不行。"[1]"小信"是指统治者说到做到,"大信"则最终落实到赏罚上。商鞅立"信"也是这个思路。统治者言必信,行必果,以期使人们相信他赏罚必信。这种"信"如果放在孔子那里,则是"言必信,行必果,硁硁然小人哉"[2]。由此亦可见,政治道德之"信"与私人道德之"信"存在不小的差异。对于法家而言,朋友之间是否要讲信,完全视情况而定。韩非曾就"直躬窃羊"评论说:"夫君之直臣,父之暴子也。"[3]按照法家逻辑,为了国之利益可以举报自己的父亲。既如此,为了国之利益为何不可出卖朋友呢?所以,商鞅变法立信与欺诈公子卬具有逻辑一致性:唯国之利益至上。

其次,商鞅变法使秦国民众的信任对象也发生变化。就目前所见资料来看,商鞅变法在信任问题上有与其他变法改革不一样的地方。齐桓公对管仲、罕虎对子产、楚悼王对吴起、秦孝公对商鞅的信任,这些都是君主对臣子个人的信任。而商鞅变法前后在取信于民众上下了一番功夫,这是目前资料中其他变法改革未能见到的情况。严格意义上讲,商鞅此等行为的最终目的不是让民众信任他个人,而是让民众信任新法。这里面存在一个演变路径:商鞅首先通过徙木立信,让民众信任他说话算数,此时还是民众对变法者个人的信任;然后,商鞅希望民众将对他个人的信任转变为对新法的信任;最后,变法取得初步成功之后,"秦民大悦",秦民此时悦的不是商鞅,而是新法。人们最初感到新法不便利,后来从中获得了实实在在的好处后,其信任的对象就变成了制度。

在商鞅之前,人们对贤德官员("好官")的信任令人瞩目。商鞅与赵良曾有一番谈话。商鞅问赵良他和五羖大夫谁贤,赵良说:"五羖大夫之相秦也,劳不坐乘,暑不张盖,行于国中,不从车乘,不操干戈,功名藏于府库,德行施于后世。五羖大夫死,秦国男女流涕,童子不歌谣,舂者不相杵。此五羖大夫之德也。"[4]五羖大夫是百里奚,他是一名举世闻名的贤大夫。百里奚死后,秦人感念百里奚的德行,说明他们对百里奚信任备至。然而,民众似乎对商鞅并不怎

---

[1] 王先慎:《韩非子集解》,第198页。
[2] 《论语·子路》,载上海古籍出版社编《十三经注疏·论语注疏》,第2508页。
[3] 王先慎:《韩非子集解》,第345页。
[4] 司马迁:《史记》,第2715页。

么感恩戴德。赵良对商鞅说:"今君之见秦王也,因嬖人景监以为主,非所以为名也……非所以为功也……非所以为教也……非所以为寿也……非所得人也……君之危若朝露,尚将欲延年益寿乎?"[1]商鞅不知"为名""为功""为教""为寿""得人",因此没人感念他的德行,憎恨他的人倒是不少。其实我们不必顺着赵良指责商鞅:民众虽不感念商鞅的德行,但是大悦商鞅之法;民众或对商鞅德行谈不上信任,但是却对商鞅之法信任备至。商鞅人亡而政存,民众对新法的信任也会继续下去。

三、李悝、赵武灵王改革

吴起与商鞅这种掀桌子式的变法,在三晋和田齐很难出现。这主要由两方面因素所决定。其一,三晋和田齐的政权均通过篡权夺位取得。他们不会允许别人效仿他们,故在对重臣的信任程度上会有所防备。相反,嬴秦、芈楚政权数百年来延续不断,他们对江山稳固的自信心要比三晋和田齐强很多,故对重臣的信任空间比较大,允许出现专断的大臣。所以,三晋、田齐的改革,虽自春秋至战国延绵不断,但多是渐进式的改革,而秦、楚可以出现大规模急促的变法运动。其二,三晋和田齐建立官僚制度后,信任问题变得更加复杂。官僚制度与贵族制度的信任情况有所不同。官僚体制一方面打破了贵族制度中信任的身份门槛,另一方面又提高了对重臣的不信任程度。相对而言,官僚体制对高级官员是弱信任制度,对于普通士人是高信任制度。这种扁平化的信任体制,使得其中的官员很难有太大的作为。

(一) 李悝改革

李悝生活在战国早期,为魏文侯相。他是如何上台主持改革的,我们不太清楚。当今学者多言"李悝变法",并将李克事迹纳入其中。在先秦文献如《吕氏春秋》《韩非子》中,李悝、李克为两人;而在汉代文献中,李悝、李克则发生混淆。《史记·孟子荀卿列传》说李悝"尽地力之教"[2],《平准书》《货殖列传》

---

[1] 司马迁:《史记》,第2715页。
[2] 司马迁:《史记》,第2854页。

说李克"尽地力"。《汉书·艺文志》有儒家李克、[1]法家"李子"(李悝)之说,[2]《古今人表》列李悝为第三等,[3]李克为第四等。[4] 然《食货志》说李悝"尽地力之教",[5]《货殖传》说"李克务尽地力"[6]。崔适《史记探源》认为,"悝""克"一声之转,二者实为一人,学界多从其说。杨宽对李悝、李克分辨甚详,指出:李悝为法家,初为上地守,后来任魏文侯相;李克为儒家,子夏弟子,魏文侯将武侯封在中山,李克为中山相。[7] 杨说甚是。

李悝主持的变法主要有两项:一是农政改革,"尽地力之教",发展农业生产,同时推行"平籴法",巩固小农经济;二是法律改革,制定《法经》。《晋书·刑法志》说:"以为王者之政,莫急于盗贼,故其律始于《盗贼》。盗贼须劾捕,故著《网捕》二篇。其轻狡、越城、博戏、借假不廉、淫侈逾制以为《杂律》一篇,又以《具律》具其加减。是故所著六篇而已。"[8]这两项都是针对民众的改革,而不是针对官员的改革。然而,史料中有一项针对官员的"改革"常挂在李悝名下,不得不辨。

学界多认为李悝改革包括了"食有劳而禄有功"的任官制度。据《说苑·政理》载,魏文侯问李克如何治国,李克说:"臣闻为国之道,食有劳而禄有功,使有能而赏必行,罚必当。"[9]又说,"国其有淫民乎?臣闻之曰,夺淫民之禄,以来四方之士。其父有功而禄,其子无功而食之,出则乘车马、衣美裘、以为荣华,入则修竽瑟钟石之声,而安其子女之乐,以乱乡曲之教,如此者,夺其禄以来四方之士,此之谓夺淫民也。"[10]对于李克这一段话,学界给予了很高的评价。如有

---

[1] 班固:《汉书》,第1724页。
[2] 班固:《汉书》,第1735页。
[3] 班固:《汉书》,第940页。
[4] 班固:《汉书》,第939页。
[5] 班固:《汉书》,第1124页。
[6] 班固:《汉书》,第3685页。
[7] 杨宽:《战国史》,第204页。
[8] 房玄龄:《晋书》,中华书局,1974,第923页。
[9] 刘向:《说苑校证》,向宗鲁校证,第165-166页。
[10] 刘向:《说苑校证》,向宗鲁校证,第166页。

学者认为,"他(李悝)极力废除传统的官爵世袭制度,剥夺旧贵族的政治经济特权"[1],"他(李悝)针对爵禄世袭制而采取的政治改革措施,则直接动摇了旧的宗法国家的上层建筑"[2]。

首先,这些评价预设了"旧贵族""官爵世袭""宗法国家"等。这些预设皆有问题。三晋的官僚制度从春秋晋国家臣制度转化而来,晋国宗法势力弱,相应地,"晋国非宗法性家臣为多"[3] 晋家臣领取俸禄而已。谢乃和说:"从晋国私家职官可随时调动来看,禄田并不世袭,可谓职舍禄去,有别于春秋世族世禄的常形。"[4]其次,战国有些爵禄可以传子。吴起变法是"三世而收爵禄",秦国的军功爵可以传子。韩非说战国晚期:"今之县令,一日身死,子孙累世絜驾,故人重之。"[5]这和李克所言子承父禄的情况几乎一样。最后,文献说"如此者夺其禄",其中"如此"是指"出则乘车马……乱乡曲之教"。"夺淫民"是指剥夺"淫民"的禄,这些"淫民"破坏了乡曲教化,这不等于说剥夺有功者之子的爵禄继承权。因而,魏国子承父之爵禄,已非春秋意义上的世族世禄,而是战国意义上的爵禄继承。这种制度是战国的常态,不存在废除这种制度的改革。李克所言应是对这种制度流弊的纠正。

总的来说,李悝改革只是针对民众的改革,并不存在针对官员的改革。不存在如部分学者所设想的那样,李悝干了一场针对官员的轰轰烈烈的变法。这是因为,魏国不允许存在刚健有为的相国。

魏国对相国一职并不放心,其在制度上、权术上、君臣职分上均对相国有所防范。

在制度上,魏国是战国最早实行文武分职的国家之一,对相国的权力已经做了分割。这意味着魏相的改革只能局限于治民方面。然而,很多改革都不是孤立的。比如,战国很多变法运动在经济上推行授田制,在民政上推行编户制

---

[1] 朱绍侯主编,龚留柱执行主编《中国古代史教程》,河南大学出版社,2010,第130页。

[2] 于凯:《战国史》,上海人民出版社,2015,第19页。

[3] 杨小召:《春秋时期晋、鲁家臣比较研究》,《唐山学院学报》2014年第9期。

[4] 谢乃和:《春秋时期晋国家臣制考述》,《史学月刊》2011年第10期。

[5] 王先慎:《韩非子集解》,第340页。

度,在军事上征调农民入伍,推行军功爵制度,在行政上精简官员,选任有功之人,等等。改革往往牵一发而动全身。囿于职权,魏相很难担起这样的改革。《吴子·励士》载,吴起向魏武侯建议"君举有功而进飨之,无功而励之"[1],于是魏武侯在祖庙按照功劳宴请士大夫,按照有功、无功及功劳大小排座。从这个事件或能管窥,魏国很多重大改革是君主主持的,臣下更多地只是提建议而已。

在权术上,魏国避免能力超强的官员担任相国。魏文侯前期任用魏成子(文侯弟)为相,魏成子之所以能任相,是因为他有千钟的俸禄,十分之一自己享用,十分之九用来招贤,"东得卜子夏、田子方、段干木",魏文侯奉他们三人为老师。魏文侯中年重军功,以翟璜为相。翟璜之所以为相,是因为他向魏文侯推荐了吴起任西河守,推荐西门豹任邺令,推荐乐羊伐中山,推荐李克为中山相等。魏成子、翟璜任相是因为他们能选贤举能,而不在于他们自己有才能。[2]魏文侯晚年以李悝为相,李悝军功并不卓著,曾任上地守,被秦人打败[3],也曾大败秦人[4],因而其军事才能并不显著。但他大概有行政才能,所以任相。其实,文侯晚年时所任人中唯吴起最有才能,其在西河守任上已经扬名国内外。文侯逝世,武侯即位。魏国以才能普通的田文为相。如果考虑到武侯年轻,以田文为相恐怕是文侯之意。吴起对田文不满,质问田文"将三军,使士卒乐死,敌国不敢谋","治百官,亲万民,实府库","守西河而秦兵不敢东乡,韩赵宾从",谁高谁低,田文承认不如吴起,但是反问吴起:"主少国疑,大臣未附,百姓不信,方是之时,属之于子乎?属之于我乎?"吴起沉默许久,说:"属之子矣。"[5]吴起大概明白了魏国并不会信任一个有诸多能力的人担任相国。魏武

---

[1]　骈宇骞等译注:《武经七书》,第129页。
[2]　《吕氏春秋·举难》《新序·杂事》《史记·魏世家》《说苑·臣术》等文献均有"文侯卜相"故事,说魏文侯在抉择任翟璜还是魏成子为相一事上犹豫不决。然而,卜子夏、田子方、段干木皆文侯早期人物,西门豹、乐羊、李克、吴起时间要靠后得多。而且,魏文侯晚年连任魏成子、翟璜、李悝为相,于理不通。故钱穆、杨宽认为"文侯卜相"为后人捏合而成,其说甚确。参见:钱穆《魏文侯礼贤考》,载《先秦诸子系年》,第155-156页;杨宽《战国史料编年辑证》,第124-127页。
[3]　王先慎:《韩非子集解》,第215页。
[4]　王先慎:《韩非子集解》,第172页。
[5]　司马迁:《史记》,第2637-2638页。

侯称吴起劝谏为"圣人之言"[1]，也只是将西河之政专任给吴起。田文死后，魏国再度任相，魏武侯还是不用吴起，而是用了才能普通而娶了公主的公叔。从魏文侯、武侯所任五相可以看出，其相国人选或者善于选贤，或者有一定行政才能，或者才能平庸但是可信任，而有意压制能力超群的人。[2]

在君臣职分上，魏国君主牢牢掌握大权。魏国有君主、太子指挥大战的传统。如前425年，魏文侯与韩、赵军队攻打楚国黄池；前404年，魏文侯率领三晋攻打齐国，太子魏击亲率军队；前396年，魏、韩与楚国的武阳大战，魏国方面由魏击率军出征[3]；前383年，赵国包围卫都濮阳，魏武侯披坚执锐，亲自攻赵。梁惠王争夺君位时，已能够指挥军队打败韩、赵军队，想必其为太子时已经指挥过战斗。马陵之战时，魏国虽有大将庞涓，魏惠王却让太子申率领军队。魏国君主不仅牢牢掌握着军权，而且牢牢地掌握着用人大权。《战国策·魏策一》载，魏文侯与田子方一起边饮酒一边听音乐，文侯察觉出奏乐中的瑕疵，田子方却大笑，他对文侯说："臣闻之，君明则乐官，不明则乐音。今君审于声，臣恐君之聋于官也。"[4]这是告诫文侯，不要关心音乐之类的小事情，要把精力放在官员身上，不能在任官问题上犯糊涂。魏文侯选贤举能，或受益于田子方的劝谏。到了魏武侯时，武侯不仅牢牢掌握用人权，还乐于参与对具体政事的谋划，他曾洋洋自得地说："大夫之虑莫如寡人矣！"[5]（参见《吕氏春秋·恃君览·骄恣》，又《荀子·尧问》）魏文侯、魏武侯都很强势，既掌握大权，又勤于政事，绝非"甩手掌柜"，这给相国留下的决断重大政务的空间并不会太多。战国中后期曾流行君主把大权交给贤能相国，自己无为而治的观点，然而纵观战国之世，魏国始终没有权倾朝野的相国。

总的来说，魏国在制度、权术、君臣职分方面对相国均有所防范，根本不能指望魏国出现一位能够力排众议，掌握大权，主持大规模变法改革的相国。

---

[1] 诸祖耿：《战国策集注汇考》，第1143页。
[2] 魏国君主压制能力超群的人的传统，大概在战国中后期一直沿用下来。如魏公子无忌养士三千，熟知赵王一举一动，结果"魏王畏公子之贤能，不敢任公子以国政"（司马迁：《史记》，第2890页）。
[3] 按照杨宽《战国大事年表》，这一年魏文侯卒，魏击或为太子，或已为君矣。
[4] 诸祖耿：《战国策集注汇考》，第1141—1142页。
[5] 高诱注：《吕氏春秋》，第270页。

（二）赵武灵王改革

前307年,赵武灵王打算推行军事改革。当时赵国与鲜虞(中山)、匈奴、林胡、楼烦等民族为邻,这些民族善于骑马作战,经常侵扰赵国。赵武灵王打算效法胡人,采用骑兵战术,改革服饰习俗,但是"群臣皆不欲"[1]。《战国策·赵策二》《史记·赵世家》记载了赵武灵王欲推动改革而与一些人的对话。

这些人包括以下几类:其一,相国肥义。肥义是先王旧臣。赵武灵王即位时还是个孩童,无法听政,等能处理政务时需要先向先王贵臣肥义请教。武灵王即位十九年后想要推行改革,而此时肥义为相国。对武灵王的改革,肥义主动提出支持:"臣闻之,'疑事无功,疑行无名'。今王即定负遗俗之虑,殆毋顾天下之议矣。"[2]其二,宗室长辈。公子成是武灵王的叔父,称病躺在床上,武灵王登门劝说,最后斥责公子成:"叔也顺中国之俗,以逆简、襄之意,恶变服之名,而忘国事之耻,非寡人所望于子!"[3]公子成不得不叩头谢罪,接受胡服。其三,大臣。赵文、赵造劝阻武灵王,武灵王认为,智者制定规章制度,愚者墨守成规,尊崇古人不足以治理当代,要求赵文、赵造放弃反对意见。对于迟迟不肯穿上胡服的赵燕,武灵王指责他"逆主罪莫大焉",威胁说:"寡人恐亲犯刑戮之罪,以明有司之法。"[4]赵燕害怕,不得不穿上胡服。其四,贤士。赵武灵王听说周绍有孝行,认为父之孝子,也必然是君之忠臣,打算让他担任王子师傅。周绍对胡服虽有意见,但是"臣王之臣也,而王重命之,臣故不听令乎?"[5]只好接受胡服。

从这几件事情来看,只有肥义之类的少数大臣对武灵王改革抱有信任。不过,对于武灵王而言,别人是否信任并不重要,重要的是让臣下穿上胡服,遵从改革。他并没有太多的耐心与反对他的人讲道理。对于改革,明者自明,不明白的人赵武灵王就让他闭嘴,或直接加以斥责,或通过威胁迫他就范。权势是推动改革的利器。作为君主,赵武灵王本来就大权独揽,他无需像管仲、子产、

---

[1] 司马迁:《史记》,第2176页。
[2] 诸祖耿:《战国策集注汇考》,第965页。
[3] 诸祖耿:《战国策集注汇考》,第968页。
[4] 诸祖耿:《战国策集注汇考》,第995页。
[5] 诸祖耿:《战国策集注汇考》,第991页。

吴起、商鞅那样,需要取信于君主或当权贵族来获得变法改革的权力。

比之大臣主持改革,君主主持改革至少能省掉两重信任麻烦。第一,改革取信成本。如果由官员主持改革,手中必须得有权力,这就需要君主的信任。特别是当改革遭到既得利益集团的阻挠时,改革就更需要君主的大力支持。韩非说:"使杀生之机、夺予之要在大臣,如是者侵。"[1]这被视为"劫杀之征"。因而,并不是所有君主都会对大臣掌权放心。官员改革能否取信于君主,具有很大的不确定性。即使如遇到贤主明君的商鞅、吴起,也会面临君主更替产生的信任危机。第二,官僚制度下大臣改革会面临制度约束问题。官僚体制对权臣有各种防范,其中关键问题是职权分散。韩非说,"明主之道,一人不兼官,一官不兼事","百官修通,群臣辐凑"。[2]改革往往牵一发而动全身。在职权分散的情况下,官员要想改革,必然会受到制度的束缚。主持改革的官员能做的事情不多,改革的成绩也往往有限。

专断君主既省掉了改革的取信成本,又符合官僚体制加强君权的要求。专断君主不仅有迫使臣下服从的权力,也有要求臣下服从他的君臣之义,故容易推动改革。所以,信任于君主改革而言并不成问题。

总的来说,信任与变法改革密切相关。其一,变法改革的主要取信对象是掌权者。春秋战国的变法改革中获得成功者,和取信民众没有太多关系。对于改革家而言,谁掌握权力,就需要取信于谁。在春秋齐国,国君与卿族共同掌握政权,管仲的改革之所以能够成功,在于他能够取信于齐桓公与国、高二卿族。在郑国,"七穆"虽轮流执政,但是罕氏掌握了实权,子产改革之所以能够成功,关键在于他获得罕虎的信任。其二,君主的信任程度决定了变法改革成果的大小。君主对改革家的信任程度越高,改革家越敢触动更多人的利益,变法改革越能向更广、更深的层次推动,取得的成果也就越大,比如商鞅变法。如果君主信任程度不高,比如三晋防范臣下篡权,那么臣下主持的改革也只会是小范围的。如果君主的信任因故中断,变法改革很可能流产,比如吴起变法。其三,君主信任臣下而由臣下主持变法改革,并非最好的变法改革模式。因为信任问题是变法改革的成本,并非所有的君主都信任臣下,敢于托付重大权力的君主总是少数。君主亲自主持变法改革比信任臣下主持变法改革要好很多。

---

[1] 王先慎:《韩非子集解》,第82页。
[2] 王先慎:《韩非子集解》,第267页。

第三节　君对臣"才能信任"背后的不信任

我们先从一个有趣的故事说起。据说，阳虎这个人心思很坏，他的价值观是：如果君主贤明的话，他就全心全力侍奉；如果君主没有才能，他就掩饰自己的邪恶去试探。阳虎在鲁国被驱逐，逃到齐国后又被齐人怀疑，于是又逃奔晋国赵氏。赵简子欢迎阳虎，让他担任相室。赵简子身边人对赵简子说："阳虎这人善于偷窃政权，为什么让他为相室呢？"赵简子说："阳虎致力于夺取，我致力于防守。"赵简子遂用"术"驾驭阳虎，而阳虎不敢为非作歹，尽心尽力侍奉赵简子，使赵简子几乎称霸。[1] 这个故事有个问题：赵简子究竟是否信任阳虎？

这个问题很难回答。如果说赵简子信任阳虎，很明显有说不通的地方：阳虎善于窃取政权，路人皆知，赵简子怎么会信任他呢？如果说不信任阳虎，也有说不通的地方：相室这个职位即使赵氏族人、普通家臣也很难得到，而阳虎作为一个外来人，如果没有得到赵简子的充分信任，为何会得此重任呢？所以，赵简子是否信任阳虎，我们不好直接回答是或否。这个问题如果换个角度提问，就比较好回答了：赵简子信任阳虎哪方面，不信任阳虎哪方面？显然，赵简子信任阳虎的才能，不信任阳虎的品德。在这个故事中，赵简子用阳虎不是出自对阳虎的整体性信任，而是基于战国时典型的信任结构——"才能信任/其他缺乏信任"：君主出于某种需要，信任臣下的才能；至于臣下的其他方面，君主可能缺乏信任，甚至不信任。

这种信任结构与唯才是用的君道观念密切相关。据《战国策·秦策五》载，韩非向秦王政诽谤姚贾，说他为"世监门子、梁之大盗、赵之逐臣"，不可信任。姚贾自辩说："（太公望、管仲、百里奚、中山盗）此四士者，皆有垢丑大诽于天下，明主用之，知其可与立功也……明主不取其污，不听其非，察其为己用。"[2] 李斯谏逐客说："太山不让土壤，故能成其大；河海不择细流，故能就其深；王者不

---

[1]　王先慎：《韩非子集解》，第221页。
[2]　诸祖耿：《战国策集注汇考》，第459页。

却众庶,故能明其德。"[1]战国时期,明主用人之道不在于求全责备,而是看他能否为国立功。能打仗的、开垦土地的、出谋划策的、合纵连横的士人,均能得到任用。战国时期,商鞅、吴起、申不害、张仪、苏秦、范雎等人,或出身微贱,或来自他国,或德行为人非议,或有不光彩经历,最终均因其才能而得到重用。其实,不只君主用人,贵族养士也是如此,其显例莫过于孟尝君门客"鸡鸣狗盗"的故事。

"才能信任"与"其他缺乏信任"是对立统一的矛盾关系。当"才能信任"占据了矛盾的主要方面时,我们可以说君主对臣下是信任的。唯才是用即是"才能信任"占据了矛盾的主要方面,君主对臣下愿意委以重任。虽然如此,这绝不意味着"其他缺乏信任"无关紧要。从姚贾、李斯所论来看,臣下希望君主重视他们的才能,而忽略他们的其他方面。换个立场来考虑,明君固然会信任他们的才能而用之,然而君主真的会对他们完全放心?臣下才能之外的方面,明君虽然嘴上不过问,但事实上绝不会掉以轻心。赵简子之所以敢重用阳虎,是因为他有防范阳虎窃取政权的方法。如果无防范的方法,那么赵简子就会像身边人那样,担心政权被窃取而不会任用阳虎。所以,"其他缺乏信任"问题能否得到解决,决定了"才能信任"能否付诸实施。

一、防范臣下之"守道"与战国官僚制度

《韩非子》有《守道》篇,"守道"是指"守国之道",即守住政权的方法。韩非所言"守道"是他的政治主张,和笔者探讨史实的旨趣有所不同。笔者取其"守道"概念,探讨史实层面上战国君主守住政权的方法。战国时期君主的"守道"可分为制度型和权术型两大类:防范性制度和防范性权术。制度是人们共同遵守的规则,权术是权变的手段。本书之分析主要集中于君主的制度防守。一方面是材料的缘故,反映制度的史料相对较多,而君主采用权术的史料相对较少,且权术往往因人因事而异;另一方面,战国很多制度本身就包含了权术的成分。因而,本书主要探讨制度型"守道"(以下简称"守道")——战国君主如何将臣下关进制度的笼子。

战国"守道"最初的防范对象是"亲"和"旧",重点防范世袭贵族。战国以

---

[1] 司马迁:《史记》,第 3089—3090 页。

官僚制度代替春秋的世卿世禄制度,而官僚制度与春秋的家臣制度密切相关。

春秋中后期,贵族家多采用非宗法家臣,尤其以三晋为典型。这些家臣有些是同姓,有些是脱离了旧血缘组织的士人,其仕进方式有亲亲、故旧、荐举、尚贤、选能等。[1] 家臣的职务不世袭,不再以封邑为官禄,而以粮食为俸禄。之所以采取这种手段,有两种考虑:一是防范家臣篡权。以鲁国为例,鲁国家臣屡叛为春秋一大政治景观,大者如季孙氏家宰阳虎专鲁国之政,即孔子所言"陪臣执国命"[2],试图发动政变除掉"三桓";中者为邑宰据邑以叛,如季氏家臣南蒯、公山不狃先后以费邑叛乱,叔孙氏家臣侯犯以郈邑叛乱,孟孙氏家臣公孙宿以成邑叛乱;小者为家臣祸乱家室,如叔孙氏家臣竖牛害死家主叔孙穆子及其继承人。鲁国家臣叛乱的重要原因是鲁国"世秉周礼",多用宗法性家臣,而晋国非宗法性家臣多,则叛乱少。[3] 后来,鲁国也转而用非宗法性家臣,如季孙氏选用孔子弟子为家臣,这才改变了家臣屡叛的局面。二是防范出现新的世袭贵族。以晋国为例,晋国虽然较早打击了血缘亲近的公族势力,但是被疏远的同姓和异姓宗族依旧形成了新公族。春秋中后期,晋国卿族在以"家"吞并"国"和卿大夫兼并的过程中,晋卿家臣出现了家臣和公臣的双重身份:一方面,有些公臣沦为晋卿的家臣;另一方面,卿大夫的家臣出任公臣。[4] 但不论是何种方式,这些具有双重身份的家臣皆非分封,其背后的考虑无非是防止新的势力坐大,重走卿族夺权的老路。

随着战国时期卿大夫夺取政权成为国君,春秋中后期的新型家臣遂演变成战国的官僚:家宰演变为宰相,而邑宰演变为地方长令。[5] 与过去集封君、宗

---

[1] 谢乃和:《春秋时期晋国家臣制考述》,《史学月刊》2011年第10期。

[2] 《论语·季氏》,载上海古籍出版社编《十三经注疏·论语注疏》,第2521页。

[3] 参见:谢乃和、陶兴华《春秋家臣屡叛与"陪臣执国命"成因析论》,《西北师大学报(社会科学版)》2006年第6期;杨小召《春秋时期晋、鲁家臣比较研究》,《唐山学院学报》2014年第5期;姚晓娟《春秋鲁国家臣叛乱根源探析——兼论鲁晋家臣之差异》,《史学集刊》2013年9月第5期。

[4] 杨小召:《春秋中后期晋国卿大夫家臣身份的双重性》,《中国史研究》2009年第1期。

[5] 赵伯雄:《周代国家形态研究》,湖南教育出版社,1990,第251页。案:学界言郡县制度的产生,多追溯到春秋时期国君直接统治的"县",而将卿大夫的采邑排除出去。这个做法失之偏颇,卿大夫的采邑亦是郡县制度的源头,只不过是"家—采邑"转换成了"国—郡县"。

族长、官员三种身份为一体的春秋卿大夫相比,战国领取俸禄的官僚更容易为君主控制。战国君主专制集权制度确立后,"守道"的防范对象也发生了改变。如果说战国君主确立官僚制度,是出于防范世袭贵族的考虑,那么战国君主进一步完善官僚制度,则是出于防范以士人为主的官僚犯上作乱的考虑。"守道"作为防范臣下叛乱的手段,也从根本性措施转变为完善性措施:前者在于刨除臣下叛乱的宗族、采邑基础,其原则在于"掘其根本";后者主要有切割臣下的职权、规定臣下的权力、考察臣下实情而施以赏罚等三个方面的考虑,其原则在于"无使滋蔓"。

其一,从官职上切割权力,实行文、武分职。

《尉缭子·原官》说:"官分文、武,惟王之二术也。"[1]其中最重要的是将相分职。春秋时期,卿大夫文武不分,如晋国的执政卿同时也是中军将,统帅晋国军队,晋卿既掌握政务,又掌握军权。默许赵穿杀掉晋灵公的赵盾,杀掉晋厉公的栾书,皆是身兼军政大权的执政卿。三晋、齐、鲁等国最早分置将、相,如魏文侯以魏成子、翟璜、李悝为相,以乐羊、吴起、翟角为将,齐威王以邹忌、田婴为相,而以田忌为将,鲁国有公仪休为相,又有吴起为将。秦国最初文武不分,商鞅任大良造而身兼文武。商鞅死后十年,秦国效法三晋,开始以张仪为相,但是张仪、樗里疾、甘茂、魏冉等人还能统帅军队。到了昭襄王时期,范雎为相、白起为将就比较分明了。楚国一直以令尹为最高长官,战国时有柱国、将军等武职。[2]《战国策·东周策》载,赵累让周君劝楚景翠说:"公爵为执圭,官为柱国,战而胜则无加焉矣,不胜,则死。"[3]可知,柱国为武职最高长官。文武分职有两方面的考虑:一是防范臣下专权,二是职官专业化。但是,将相分职主要是为了防范权臣。战国出将入相的杰出士人有很多,职官专业化不足以成为将、相二分的充分理由。

除了文武分职,战国还有其他分职,如"内史"与"少府"分别掌管王室经济

---

[1] 骈宇骞等译注:《武经七书》,第249页。

[2] 学界过去对楚国有无"将军"存在争议。上博简《柬大王泊旱》有"将军"一职,当如整理者所言:"可一释将军之疑。"(马承源主编《上海博物馆藏战国楚竹书(四)》,上海古籍出版社,2004,第194页)

[3] 诸祖耿:《战国策集注汇考》,第12页。

和一国财政。一些思想家的理论也涉及了"分职",如《周礼》是一部专门从官制阐述治国理念的著作,其先划分各种官职,然后叙述各种官职的职分。《荀子·王霸》也主张:"百工分事而劝,士大夫分职而听。"[1]"分职"蕴含了防范臣下的考虑。《荀子·君道》说:"明分职,序事业,材技官能,莫不治理,则公道达而私门塞矣。"[2]除了"分职",还有"不兼官"。韩非说:"明主之道,一人不兼官,一官不兼事。"臣下不能兼有多个官职。"不兼官"与"分职"的区别在于,"分职"就制度而言,是指职权的分化;"不兼官"就人而言,是指一人不占有多个职务。前者重在制度,后者近乎权术。"不兼官"应该是"分职"的补充,它在战国是否也变成了一种制度,还有待考察。

其二,以法令、符节规定臣下权力使用的范围,不得越权。

韩昭侯以申不害为相,申不害教之以刑名术。韩昭侯曾经醉酒而眠,掌管衣服的官员(典冠)看了之后,怕韩昭侯着凉,于是将衣服拿来盖在韩昭侯身上,韩昭侯醒了之后发现衣服在身很高兴,他问身边侍从谁给他盖的衣服,侍从说是典冠。韩昭侯于是同时惩罚了典冠和典衣(掌管衣服的官员)。韩非解释说,其中的道理是功当其事则赏,功不当其事则罚。赏罚在于"当"或"不当",而不在于功大功小,侵犯职权的危害甚于臣下所立的功劳。所以,明主治理官员,臣下"不得越官而有功"。如果群臣均能守其职位,那么群臣就不会形成朋党。[3]如果说战国中期不得侵权还只是少数人知道的权术,那么到了战国晚期不得侵权就成为君臣共守的法令了。荆轲刺杀秦王政,左手抓住秦王的衣袖,右手拿匕首扎秦王。秦王挣扎扯断衣袖,想回击却因剑长而拔不出,于是只能绕着柱子躲避荆轲的刺杀。在如此危急的情况下,却没有人能上前救驾,这是因为:"秦法,群臣侍殿上者不得持尺寸之兵;诸郎中执兵皆陈殿下,非有诏召不得上。"[4]没有命令侍卫不得上殿,这便是"不得越官而有功"。可见,韩昭侯、申不害的权术至此已经贯彻进了制度,成为"秦法"的一部分了。

战国君主除了以法令约束臣下权力外,还以符节进行控制。符是虎符,虎

---

[1] 王先谦:《荀子集解》,第139页。
[2] 王先谦:《荀子集解》,第157页。
[3] 王先慎:《韩非子集解》,第28页。
[4] 司马迁:《史记》,第3075页。

状,上有铭文。虎符一剖为二,一半在君主,另一半在将领,会合虎符才能发兵。战国虎符实物有新郪虎符和杜虎符,二者均为秦虎符。新郪虎符铭文为:"甲兵之符,右才(在)王,左才(在)新郪。凡兴士被(披)甲用兵,五十人以上,必会王符,乃敢行之。燔隊(燧)事,虽母(毋)会符,行殹(也)。"[1]杜虎符铭文为:"兵甲之符,右才(在)君,左才(在)杜。凡兴士被(披)甲用兵,五十人以上必会君符,乃敢行之。燔燧之事,虽母(毋)会符,行殹(也)。"[2]二者格式为"某某之符+右在甲+左在乙+通常情况下权力+特殊情况下权力"。两种虎符均规定了一般情况和特殊情况下兵权的使用:用兵五十人以上需要合虎符,边境有烽火则可以相机行事。虎符制度对于控制军队具有十分重要的作用。信陵君救赵,必须有虎符才能调动军队。虎符放在魏王寝宫,信陵君曾有恩于魏王宠幸的如姬,他靠了如姬才得以窃取虎符,又造假命令宣布代晋鄙统帅军队,晋鄙见魏公子单车而来故有所怀疑,魏公子又杀掉晋鄙,这才最终夺取军权。如果说虎符规定了将领的权力,而虎符制度——虎符的放置,虎符相随的命令,由使者发送虎符,又保证了虎符的安全性和可靠性。如果缺少任何一环,信陵君窃符救赵都会失败。因而,虎符制度使得虎符成为君主控制臣下权力的有力手段。

"节"与"符"性质类似。《周礼·掌节》说:"掌守邦节而辨其用、以辅王命。守邦国者用玉节,守都鄙者用角节。凡邦国之使节,山国用虎节,土国用人节,泽国用龙节,皆金也,以英荡辅之。门关用符节,货贿用玺节,道路用旌节。皆有期以反节。凡通达于天下者,必有节,以传辅之。"[3]按照用途,节分三类:一是守邦国都鄙之节,以玉、角为材料,名为玉节、角节。二是出使之节,用铜制造,有虎、人、龙等形状,名为虎节、人节、龙节。"英荡"即"传","以英荡辅之"是指"以刻有其使命文字的竹符作为辅助性的证明"。[4]三是通行之节,分别为通关用的竹制之节、转运货物的印章之节、行走道路用的饰以羽毛和牦牛尾之节,这三类节需要"以传辅之"。郑注说:"节为信耳,传说所赍操。"有专家解释说:"节虽然是主要凭证,但上面没有任何文字……传上面把携带何物、从哪

---

[1] 汤馀惠:《战国铭文选》,吉林大学出版社,1993,第52页。
[2] 汤馀惠:《战国铭文选》,第53页。
[3] 上海古籍出版社编《十三经注疏·周礼注疏》,第739-740页。
[4] 吕友仁:《周礼译注》,中州古籍出版社,2004,第195页。

儿到哪儿等等写得清清楚楚。"[1]

今天所见战国青铜节有十多件。就其材质而言，早期的节应该为剖竹，后制作为青铜竹节，如"鄂君启节"。此外，还有"虎节""龙节""马节""鹰节""雁节"等。这些节有两点需注意。一是有些"虎节"与"虎符"颇相似。如贵将军虎节、辟大夫虎节，均为右半，需合节对验。据李家浩考证，铭文分别为"填(营)丘牙(与)娄绔，贵将军信节"，"[填](营)丘牙(与)娄绔，辟大夫信节"，大意为齐都临淄颁发给娄绔军官发兵用的虎节。[2] 也有人认为应该反过来读，不是用来调兵而是实行某种权力，其格式为"某官+某节+某权力+权力比较(或有或无)"。[3] 二是许多节上铭文字数简单，如"国博虎节"仅有"王命传遽"四字。[4] 这些节应如《周礼》所言，有"传"作专门的文字说明。唯有"鄂君启节"，舟节有164字、车节有148字，详细说明了发放节的时间、地点、对象，规定了通行的路线，禁运的物资，可运货物及其数量，等等。[5] 鄂君启节应是"节""传"合一。

与虎符相同，节也有其使用制度。有专门的官员管理节，叫掌节或主节。《墨子·杂守》说："守节出入，使主节必疏书，署其情，令若其事，而须其还报以剑验之。节出，使所出门者，辄言节出时操者名。"[6] 主将将节颁发给使者，而掌管节的官员要做登记，记载其详情，等使者回来时要归还且加以验证。使者出门经过任何一门，看门官员都要上报出门的时间和拿凭证人的姓名。节的制度——主管、登记、验证及"传"的配合，都保证了节的安全性、可靠性。

大体而言，符节对臣下权力有两层控制。第一，否定性限制。没有符、节，臣下就无法行使相应的权力。第二，说明性限制。符节或自身刻有说明性铭文，或有辅助的"传"刻字说明，这些文字规定了行使权力的具体情况。符节制

---

[1] 吕友仁:《周礼译注》，第195页。
[2] 李家浩:《贵将军虎节与辟大夫虎节——战国符节铭文研究之一》，《中国历史博物馆馆刊》1993年第2期。
[3] 王会斌:《战国及秦虎形符节铭文书写格式探微》，《山西档案》2016年第4期。
[4] 阎志:《中国国家博物馆藏"王命传遽"虎节考》，《中国国家博物馆馆刊》2012年第4期。
[5] 刘翔等编著《商周古文字读本》，语文出版社，1989，第176－182页。
[6] 孙诒让:《墨子间诂》，第371页。

度则为君主以符节控制臣下提供了安全、可靠的保障。

其三,考察官员使用权力的真实情况,然后继之以赏罚。

战国在选任人才上普遍采取"宽进严管"政策。一方面,在选拔人才上采取比较宽松的政策,有臣下向国君举荐,士人向国君上书游说,国君根据功劳选拔,国君从侍从的郎官中选拔,相国等高官自己选拔等五种方式。[1] 多样化的选拔方式给战国士人提供了宽松的入仕环境,体现出君主(高官)对人才的信任。另一方面,君主(高官)对人才的不完全信任,又使得他们需要对选进的人才进行严格考察,辨别人才的优劣,进行赏罚黜陟。韩非说:"术者,因任而授官,循名而责实,操杀生之柄,课群臣之能者也。"[2] 先选拔官员,随后根据他的官职(名)责求他的政绩(实),随后进行赏罚黜陟,以此来考核官员的才能。这个"术"来自申不害,它其实是一套完整的对官员进行"选拔—考核—黜陟"的制度,这也是战国官僚制度普遍采用的方法。

上计制度是指朝廷通过统计的方式对地方官员进行考绩,进而对官员进行黜陟的制度。[3] 官府每年会做出预算,将之书写在"券"上,国君执右券,臣下执左券,岁终官员到国君那里上报实际情况,上计内容有仓库存粮、垦田和赋税、户口、治安状况等。[4] 这些是官员的政绩,也是君主赏罚黜陟的依据。考核的政绩主要以数字形式展现出来,如《韩非子·难二》说李克治理中山的时候,"苦陉令上计而入多"[5];《淮南子·人间训》说魏文侯时,"解扁为东封,上

---

[1] 杨宽:《战国史》,第235—236页。

[2] 王先慎:《韩非子集解》,第304页。

[3] 杨宽称,上计制度为"年终考绩的'上计'制度"。(杨宽:《战国史》,第235页)这个称呼是极有道理的。有人说:"年终时,地方官吏必须把实际情况(收入、开支、损耗等),向朝廷报告,这就谓之上计。"(林剑鸣:《秦史稿》,上海人民出版社,1981,第219页)这是就"上计"字面意思说的。杨宽说:"'计'就是'计书',指统计的簿册。"(杨宽:《战国史》,第235页)把簿册上报朝廷是狭义的"上计"。有学者由汉代推测战国,认为:"上计是述职报告,而上计制度是考核制度。"(吉家友:《论战国秦汉时期上计的性质及上计文书的特点》,《湖北师范学院学报(哲学社会科学版)》2007年第2期)"上计"加"制度"二字表示广义,其说可行。既然是广义,除了述职、考核,应该还有黜陟。故本书所言"上计制度"是指把"上计"与政绩考核、官位黜陟结合起来的制度。上计制度只有在官僚体制(或具官僚性质制度)下才是可能的。

[4] 杨宽:《战国史》,第235页。

[5] 王先慎:《韩非子集解》,第278页。

计而入三倍"[1];《新序·杂事》说魏文侯时,"东阳上计,钱布十倍"[2],因而存在舞弊的地方——重敛出官,数字出官。如西门豹任邺令,不结交魏文侯左右,"居期年上计,君收其玺",西门豹要求文侯给他一次机会,于是"重敛百姓,急事左右",一年后再次上计,"文侯迎而拜之"[3]。虽然如此,上计制度仍然是战国普遍流行且行之有效的手段。

值得注意的是,有文献提到,"上计"的地方都是中央对地方的考核。杨宽等人不分考察对象,把对所有官员的年终考核一概称为"上计"[4],这一做法值得商榷。对于中央官员的考核也是存在的,只是不叫"上计"。《周礼·大宰》说:"岁终,则令百官府各正其治,受其会,听其政事,而诏王废置。三岁则大计群吏之治而诛赏之。"[5]在《周礼》中,"官府"与"邦国"并称,应是中央官员。荀子说:"相者,论列百官之长,要百事之听,以饰朝廷臣下百吏之分,度其功劳,论其庆赏,岁终奉其成功,以效于君。当则可,不当则废。"[6]相考核的对象为朝廷、臣下、百吏,应该兼有中央官和地方官。此外,《尚书·舜典》说,舜登基即位后选任禹、弃、契等二十二人,然后"三载考绩,三考,黜陟幽明"[7]。这是典型"选任—考核—黜陟"模式,应是将战国政治制度编进了古史。值得注意的是,舜选任之人均为中央官,如禹为司空,弃为后稷,契为司徒,皋陶为士等。杨宽将《大宰》《王霸》《舜典》相关字句解释为"上计",其实均为朝廷对中央官员的考核,只是考核的具体方法我们不得而知罢了。

除了考核外,还可以通过巡视、监察约束臣下。其一,行县。战国时期,君主、相国、郡守会到地方巡视,为多层"行县"制度。"行县"能够直观地了解地方民情,如赵武灵王在番吾行县时听说周绍为孝子,赐他胡服而立为"傅"。此外,"行县"还具有监察地方行政的作用。如睡虎地秦简《语书》载秦国南郡守腾的讲话:"今且令人案行之,举劾不从令者,致以律,论及令、丞。有(又)且课

---

[1] 何宁:《淮南子集释》,中华书局,1998,第1270页。
[2] 刘向编著,石光瑛校释,陈新整理:《新序校释》,中华书局,2009,第268-269页。
[3] 王先慎:《韩非子集解》,第225页。
[4] 杨宽:《战国史》,第235-236页。
[5] 上海古籍出版社编《十三经注疏·周礼注疏》,第650页。
[6] 王先谦:《荀子集解》,第146页。
[7] 上海古籍出版社编《十三经注疏·尚书正义》,第132页。

县官，独多犯令，而令、丞弗得者，以令、丞闻。"[1]郡守派人巡视，如果地方有人违法，要处分县令、县丞，还要考核县官吏，如果他们有人违法而令、丞未发现，令、丞也要受处分。其二，御史监察。战国时期设有御史一职，有权监察朝中大臣和地方官员。如淳于髡对齐威王说："赐酒大王之前，执法在傍，御史在后，髡恐惧俯伏而饮。"[2]淳于髡为中央官员，因怕御史纠察而不敢贪杯。再如"卜皮为县令，其御史污秽，而有爱妾，卜皮乃使少庶子佯爱之，以知御史阴情"[3]。卜皮为地方官，企图以搜集御史私情来摆脱监察。其三，监军、军正监察。御史主要监察文职，武职也应有监察制度。据说春秋时便有监军，如司马穰苴对齐景公说："愿得君之宠臣，国之所尊，以监军。"又问军正："军法期而后至者云何？"[4]史迁所载可能是战国时的情况。监军一职于秦始皇称帝后常见，如扶苏为蒙恬监军，战国或当有之。军正掌管军队法律，或对主将亦有监察职能和约束作用。

通过对战国防范性制度的解读，我们发现，这些制度在很大程度上都是出于不信任而确立的。换言之，不信任推动战国官僚制度的建立与完善。我们可以把这个过程称为不信任的制度化，或制度化的不信任。接下来的问题是，不信任的制度化会有何种进一步的影响？是否意味着从此以后君主对臣下毫无信任？或者是否意味着它将导致君主对臣下更不信任？

事实上，不信任的制度化有助于增进君主对臣下的信任。我们可以从"制度—信心—信任"来理解这个问题。信任是相信而敢于托付，相信与信心又密切相关。如果有了信心，就容易有信任，而制度能给君主以信心。

对于战国君主而言，制度就是统治的工具。韩非曾把"法""术"比喻成工匠的规矩，他说："释法术而任心治，尧不能正一国。去规矩而妄意度，奚仲不能成一轮。废尺寸而差短长，王尔不能半中。使中主守法术，拙匠执规矩尺寸，则万不失矣。"[5]我们不妨用这个比喻理解信任问题：如果工匠手中没有工具，当他面对木材时，未免会手足无措，缺乏信心。同样，当君主面对有才能而又有野

---

[1] 睡虎地秦墓竹简整理小组编《睡虎地秦墓竹简》，文物出版社，1990，第13页。
[2] 司马迁：《史记》，第3887页。
[3] 王先慎：《韩非子集解》，第177页。
[4] 司马迁：《史记》，第2625－2626页。
[5] 王先慎：《韩非子集解》，第152页。

心的臣下时,如果没有一套有效的统治工具,即使像尧舜那样贤君也会缺乏信心。在缺乏信心的情况下君主就难以对臣下有信任。当工匠手中有了工具时,制作器物就会轻松得多,就会有信心。同样,当君主有了一套可以驾驭臣下的制度时,即使是"中主"也能做到万无一失,驾驭臣下自然也就有信心。在有信心的情况下,对臣下也容易产生信任。所以,防范性制度虽然不能保证君主必然会信任臣下,但是却能改善和促进君主对臣下的信任。

通常而言,只有在能够控制臣下的前提下,君主才可能对臣下产生信任。[1] 我们不妨假设这样一种历史场景:如果没有约束的方法,君主在把军权交给臣下之前,他难免会心生疑虑,怀疑臣下是否会借此篡权夺位,而当君主有了虎符制度或者派人监军时,他的疑虑比之以往应会减轻很多。那么,在君主对臣下的"才能信任/其他缺乏信任"的结构中,只有在臣下可控的前提下,"才能信任"才会占据矛盾的主要方面,臣下才会取得君主的信任。所以,战国士人之所以能获得信任,一言以蔽之:有用且可控。

二、制度缺陷、常态化谗言常引发君主不信任重臣

君主对臣下的才能信任是有限度的。比如,诛杀功臣是古代政治的一大黑暗景观。这一大景观始于战国,如文种、商鞅、白起、李牧等皆有大功而被杀。才能之士手握重权,极易遭到怀疑。诛杀功臣是不信任的极端表现,其他不信任的例子有张仪被逐,甘茂奔齐,范雎辞相,乐毅功败垂成,廉颇奔魏,田忌奔楚,吴起奔楚,田单请罪,等等。[2] 这些例子说明,在君主对臣下的信任结构中,"才能信任"是有限度的,过了临界点情势就会向对立面转化,"其他不信任"就会占据矛盾的主要方面,导致君主罢黜、驱逐甚至杀掉臣下。那么,这个临界点是什么呢?答案就是君主对臣下的控制力:从可控到不可控。当士人成为重臣时,君主对士人的控制能力变弱,甚至不可控制。

战国明君之道在于能控制臣下,特别是将、相、列侯等重臣,防止出现权臣。[3]《战国策·赵策一》载,张孟谈称引赵简子遗训说:"'五百(伯)之所以

---

[1] 不排除那些不仅没有控制手段,还对臣下百般依赖,结果被玩弄于股掌之中的无能君主。例如,秦二世对赵高言听计从,完全信任,最终把秦帝国推向了万丈深渊。

[2] 这些例子中,有一部分又与新君登基密切相关,笔者将之放在下一小节讨论。

[3] 重臣是指身居要职的大臣,权臣是指掌权而专断的大臣。

致天下者约两,主势能制臣,无令臣能制主。'故贵为列侯者,不令在相位,自将军以上,不为近大夫。"[1]如果臣下不能被控制,即使是圣贤也要遭到怀疑。比如,楚昭王打算把七百里土地分封给孔子,令尹子西接连问楚昭王:"大王,您的使者有比子贡有才能的吗?辅佐有比颜回有才能的吗?将军有比子路有才能的吗?官尹有比宰予有才能的吗?"楚昭王接连回答没有。于是子西说:"今孔丘述三五之法,明周召之业,王若用之,则楚安得世世堂堂方数千里乎?夫文王在丰,武王在镐,百里之君卒王天下。今孔丘得据土壤,贤弟子为佐,非楚之福也。"[2]这个故事虽为后人杜撰,[3]它却窥探到君主内心的真实想法:如果臣下有才能而不可控制,即使像文王、武王、孔子那样的圣贤,也有窃国的嫌疑。

重臣是否可控,制度是关键。君主不信任重臣首先与制度密切相关。

春秋时期,世卿世禄世族制度严重削弱了君主的权威,以至于君主诛杀重臣、权臣的现象十分普遍。此时的重臣、权臣以强宗大族为依托,故诛杀重臣、权臣往往与灭族密切相关,其中又以晋国最典型。如晋献公诛杀桓、庄之族,其原因是"桓庄之族偪"。在宗法意识淡薄的晋国,公族内部只剩下赤裸裸的利害关系,桓、庄之族并无过错,仅仅因为逼迫君位便遭到屠戮。接下来是诛杀赵氏。先是晋灵公试图杀掉赵盾,其原因无外乎赵氏权倾朝野,而赵盾为"夏日之日"[4],炙手可热。晋灵公诛杀赵氏失败后,晋景公趁赵氏内讧灭掉赵氏。再接下来是晋厉公诛杀郤氏。郤氏一家三卿五大夫,"富半公室,家半三军"[5],"族大多怨"[6]。其他诸侯因"族"逼迫而灭之或企图灭之的例子有卫献公灭宁氏、鲁昭公、鲁哀公企图除掉"三桓",郑襄公企图除掉穆族,齐简公与子我打算除掉田氏,等等。这些是针对"族"的斗争,针对权臣的斗争有晋惠公杀掉两度废君的里克,郑厉公企图杀掉专权的祭仲,等等。

到了战国时期,官僚制度取代世卿世族制度,才能及(主要由才能产生的)功劳成为任官的根据,君主对臣下的控制力大大增强。不过,这只是在一定程

---

[1] 诸祖耿:《战国策集注汇考》,第881页。此时三晋尚未称侯,谈不上列侯不得为相,应是战国后期人托张孟谈之语。

[2] 司马迁:《史记》,第2340页。

[3] 这个故事学界多辨其非,参见钱穆:《先秦诸子系年》,第53-56页。

[4] 杨伯峻:《春秋左传注》(修订本),第562页。

[5] 韦昭注,明洁辑评,金良年导读,梁谷整理:《国语》,第224页。

[6] 杨伯峻:《春秋左传注》(修订本),第901页。

度上缓解了君主对重臣、权臣的忧虑,并未(也不可能)从根本上解决问题。官僚制度控制臣下有其限度,甚至有自相矛盾之处。

其一,战国制度并没有从根本上杜绝重臣、权臣的出现。官僚制度、军功爵制的原则是"主卖爵禄,臣卖智力"。官僚制度鼓励臣下凭借才能与功劳换取君主的官位,这便意味着才能愈高、功劳愈大,臣下的权力也就越大。军功爵制也是如此。例如,商鞅变法靠军功爵制打击了旧贵族势力,但是却不可避免地造成了新贵族。秦国在商鞅变法的基础上形成了二十等爵制,最高为彻侯。彻侯有封地,能够衣食租税,有的甚至能征发邑兵,其权力不可谓不大。如果说商鞅变法为重臣、权臣关闭了靠世族世禄的一道门,那么变法又为重臣、权臣打开了官僚制度、军功爵制的一扇窗。更严重的是,重臣、权臣一旦突破了制度的制约,整个君主专制制度反为其所用,重臣成权臣,权臣则俨然君主矣。重臣、权臣和君主专制实为伴生现象。商鞅、穰侯、李兑、吕不韦、李园,无不权倾朝野。

其二,臣下权力的上升是有限度的。虽然官僚制度、军功爵制模仿了商业的互利交易,但是却无法做到商业交易的可持续性——君主不可能无限制卖爵禄,而臣下的智力却无穷无尽。"爵禄"的有限性与"智力"的无限性形成了根本性冲突。文职、武职的官位,大臣的爵位,都是有限度的。一旦有臣下达到这个位置,君主则会陷于功大难赏的困境,不仅没法赏、不能赏,还要想方设法控制其权力,防止其权力进一步增强。据说,齐桓公因管仲"能谋天下""敢行大事",打算把政权专门交给管仲,东郭牙对齐桓公说:"君知能谋天下,断敢行大事,君因专属之国柄焉。以管仲之能,乘公之势以治齐国,得无危乎!"[1]于是,齐桓公让隰朋治理内朝,管仲治理外朝,分割管仲的权力。如果臣下能力非凡,即便还没有位极人臣,有些君主就已经害怕了。例如,吴起文能治百官,武能将三军,且战功累累,而这正是魏武侯不敢把相权交给吴起的原因。

其三,战国官制几无虚职,没有"名升实降"的权术可用。政治上"名实"混乱是十分严重的问题。春秋末期孔子便讲"正名",战国时人们多讲"名实相符"。在官制上,"名实相符"有两层。首先,因任授官。官职爵禄要授给有才能或有功劳之人,这是第一层次的名实相符。其次,循名责实。如果臣下被授予官职,就要考核其政绩,这是第二层的名实相符。李克主张"去淫禄之民";吴起

---

[1] 王先慎:《韩非子集解》,第220页。

变法,裁汰"不急之官";商鞅变法,宗室无军功不得入公族簿籍。这些无不贯彻"名实相符"的精神。像齐国稷下大夫"不治而议论"[1]的情况较为罕见,且稷下大夫的笼络对象只是学者。将(柱国)、相(令尹)为文武最高官职,二者皆实权职位,上面没有虚职。这意味着,对立有大功的将、相,君主无法委之虚职,行"名升实降"之权术。君主没有可以选择的余地,则立功的重臣、权臣大概率会"名实俱丧":轻被罢黜,重被屠戮。

君主控制臣下最直接、最有效的手段就是"赏"与"罚"。韩非说:"明主之所导制其臣者,二柄而已矣。"[2]"二柄"即是"赏罚"。然而,"赏"有边际递减效应,到了一定程度时,"赏"已经没有多大意义。身为将、相,爵为彻侯、执圭,若继续立功,则无法加官进爵。如果"赏"不足以驾驭臣下,那么就只剩下"罚"最有效了。"赏"走到尽头,很容易会变成"罚"。

君主不信任重臣,和制度控制力有限有关,也和君主信心动摇有关。在"主卖爵禄"失效时,君臣关系就会产生很大的不确定性。臣下是否愿意继续卖力,要看他是否有发自内心的忠诚。君主是否信任臣下,不仅要看臣下是否忠诚,更要看君主是否相信臣下忠诚。在这种不确定关系中,群臣左右的谗言往往能够动摇君主对重臣的信任。战国很多有才能的重臣被雪藏、废黜,甚至被杀害,都和谗言密不可分,如商鞅被杀。

对于谗言的作用,有两个故事最为贴切。一个是"拔柳之喻"。《战国策·魏策二》载,田需受到魏王重用,惠施告诉他:"子必善左右。今夫杨,横树之则生,倒树之则生,折而树之又生。然使十人树杨,一人拔之,则无生杨矣。故以十人之众,树易生之物,然而不胜一人者,何也?树之难而去之易也。今子虽自树于王,而欲去子者众,则子必危矣。"[3]另一个是"曾参杀人"。《战国策·秦策二》载,秦相甘茂对秦武王说,曾参是公认的孝子,有个和曾参同名的人杀了人,前后三人告诉曾参母亲说曾参杀人,曾母最初不相信,最后吓得翻墙逃跑。甘茂接着说:"今臣贤不及曾子,而王之信臣,又未若曾子之母也,疑臣者不适三人,臣恐王为臣之投杼也。"[4]这两个故事说明,三人成虎,众口铄金。君主对

---

[1] 司马迁:《史记》,第2296页。
[2] 王先慎:《韩非子集解》,第26页。
[3] 诸祖耿:《战国策集注汇考》,第1224页。
[4] 诸祖耿:《战国策集注汇考》,第231页。

重臣有再大的信心,听的谗言多了,也容易发生动摇。

谗言每个时期都有。比如《诗经·小雅》有著名的《青蝇》《巷伯》《巧言》三篇,诗人斥责谗言害国,劝君子不要听信。《左传》《国语》也记载了不少谗言,如骊姬"齿牙之猾"[1],使晋献公废嫡立庶,引发晋国近二十年的动荡;赵庄姬向晋景公进谗言,几乎灭掉赵氏;费无极向楚平王谗害太子建和伍奢,吴太宰嚭向夫差谗害伍子胥,等等。但是,战国谗言远超以往。春秋以前文献少且不说,仅就直观感受而言,《战国策》《史记》所记载谗言要明显多于《左传》。以往的谗言,包括春秋在内,往往与政治混乱密切相关。战国的谗言为政治常态:不论政治是否清明,不论君主是明君、有为之君,还是平常之君、昏庸之君,谗言几乎无时不有、无处不在。以往进谗言往往只是一人,最多同党勾结进谗言,战国的谗言不限于一人或同党,不同派别进谗言、群体性进谗亦不鲜见。

魏文侯是战国时少有的明主,其朝贤能之士云集。然而,君明臣贤的文侯一朝,谗言却并不少。有两件事情足以说明问题。一是乐羊灭中山。《战国策·秦策二》载,文侯任命乐羊为将军攻打中山国,三年后乐羊灭掉中山,回来向文侯说自己的功劳,魏文侯"示之谤书一箧",乐羊这才恍然大悟:"此非臣之功,主君之力也。"[2]诽谤的奏章竟然有一箱子,可见谗言之多。[3] 魏文侯用人不疑,才最终收获大功。然而,没有拆不散的信任,只有不努力的馋臣。乐羊攻打中山时,他的儿子在中山。中山君杀掉了乐羊儿子且赠给乐羊一杯肉羹,乐羊则吞下肉羹。魏文侯对堵师赞说:"乐羊为了我吃了他儿子。"堵师赞说:"他连自己的儿子都敢吃,还有什么不敢的呢?"乐羊回朝后,文侯"赏其功而疑其心"。[4] 二是西门豹治邺。西门豹刚任邺县县令,克己奉公,廉洁正直,对待魏文侯左右的侍从很简慢,"左右因相与比周而恶之"。一年后,西门豹上计之时,魏文侯罢免了西门豹。西门豹请求魏文侯再给自己一次机会,如果自己不称职甘愿受腰斩之刑。西门豹回去后搜刮民财,"急事左右",结果上计取得了很好的成绩。西门豹向魏文侯道出前后治邺的实情,揭露文侯侍从搬弄是非,

---

[1] 韦昭注,明洁辑评,金良年导读,梁谷整理:《国语》,第117页。
[2] 诸祖耿:《战国策集注汇考》,第230页。
[3] 还有一种说法,"群臣宾客"反对攻打中山的上书有"两箧"。(高诱注:《吕氏春秋》,第189页)
[4] 王先慎:《韩非子集解》,第131页。

这才取得文侯的信任。[1] 魏文侯之朝尚且如此,其他朝廷可想而知。

战国谗言常态化与战国的制度、权术密不可分。在西周、春秋世官世族世禄的制度下,有些官职(如史官)为某些家族世代担任,进谗言是没多大用的。有些重要官职如西周执政大臣,由少数开国功臣家族轮流担任,其他人无法染指,为了争夺权力而进谗言的人范围有限,进谗言的效果也有限。同时,谗言也会受到"彝伦"(伦常)的制约。"贱妨贵,少陵长,远间亲,新间旧,小加大,淫破义"为"六逆"。[2] 除非制度失效、"彝伦攸斁",否则谗言很难形成气候。

战国的政治体制、社会伦常则不然,它滋生、纵容谗言。首先,战国制度是竞争体制,臣下之间是潜在的竞争关系。嫉妒他人,踩着他人上位的情况十分常见。比如范雎入秦,为了取得昭襄王的信任,先向昭襄王控诉"四贵"专权祸国。范雎成功挤掉"四贵"后,被昭襄王尊为"父",身为秦相。可见挑拨君主与现有重臣关系的益处。其次,战国政治伦理要求君主"兼听"。"兼听"在很大程度上又是驭臣权术,韩非说:"听言不参,则权分乎奸。"[3] 在"兼听"权术下,"谗言"与"忠言""直言"往往难以分辨。如《战国策·楚策一》载,江乙想诽谤楚令尹昭恤奚,他先问楚王,如果有人喜欢说别人的坏话,这个人怎么样?楚王说,这是小人,应远离他。江乙说:"如果这样的话,有儿子杀父亲,臣下杀国君,您也就不知道了。"楚王说:"善,寡人愿两闻之。"[4]

在谗言被纵容的情况下,有些人谁给他好处就说谁好话,谁没给好处就说谁坏话,这在战国中后期已经发展成了病态的政治现象,笔者称之为"跖犬吠尧"。《战国策·齐策六》载,齐国田单凭借即墨残卒收复齐国失地,立法章为君,其贤能举世无双。但是,齐襄王不信任田单,害怕田单夺取他的政权。有个叫貂勃的人常说田单的坏话,攻击田单为"小人",经常在朝廷上与田单过不去。田单把貂勃请过来,询问原因。貂勃说:"跖之狗吠尧,非贵跖而贱尧也,狗固吠非其主也。"[5] 意思是:狗咬人和被咬者与是否贤能无关,只要不是主人就可以咬,为了主人可以咬所有人。于是,田单向齐王推荐貂勃。后来,齐襄王有九个

---

[1] 王先慎:《韩非子集解》,第225页。
[2] 杨伯峻:《春秋左传注》(修订本),第32页。
[3] 王先慎:《韩非子集解》,第330页。
[4] 诸祖耿:《战国策集注汇考》,第718页。
[5] 诸祖耿:《战国策集注汇考》,第683页。

宠臣说田单坏话,貂勃向齐襄王进谏,齐襄王杀掉了那九个宠臣。"跖犬吠尧"的恶劣之处在于,进谗者和被馋陷者可能素无恩怨,仅因被馋者未曾给进谗者好处而已。"跖犬吠尧"已经成了政治勒索。从魏文侯侍从谗害西门豹,到惠施"拔柳之喻",说明"必善左右"早已成了魏国政治"潜规则"。战国晚期,"跖犬吠尧"更严重。秦王政统一天下之前,用金钱收买六国谋士、宠臣,成了他们的主人,被收买者"固吠非其主",谗陷才能之士,败坏六国谋略,不可谓不用力矣。

总之,当士人成为重臣时,很容易会遇到信任的"天花板"。制度对重臣的约束力比较薄弱,成为重臣的士人能力越大、功劳越多,君主可能越紧张,害怕士人夺取政权。此时,再有群臣、左右不断进献谗言,那么君主对士人(重臣)的信任很容易发生动摇。在这种情况下,君主罢黜将相,甚至杀害功臣,也就不足为怪了。

三、信任的薄弱时刻:临阵撤将与"一朝天子一朝臣"

制度中的缺陷与常态化的谗言往往导致君主不信任重臣,这是对不信任的结构分析。此外,不信任还有其特殊的时间节点:一是领兵作战,此时的将军需要君主的完全信任,然而不信任也往往出于此时;二是君主更迭,先王对臣下有多少信任,新君往往就有多少怀疑。与诛杀功臣一样,临阵撤将与"一朝天子一朝臣",这两大政治景观也发轫于战国。

将军出征在外,有些君主很不放心。例如,秦相甘茂赌上了自己政治命运乃至身家性命,准备攻打韩国宜阳,他在出征前先向秦武王讲明,樗里疾、公孙郝会在自己出征后说坏话,自己一旦出兵武王绝不可反悔。为此,秦武王与甘茂在息壤结盟,下了保证。甘茂攻打宜阳五月而不能拔城,樗里疾、公孙郝果然在后方说坏话,甘茂说"息壤在彼",秦武王才得以遵守承诺。[1] 将军出征往往是后方进谗言的时机。如上文提到的乐羊伐中山,魏文侯能坚持到最后实属不易。再如,王翦率领六十万大军征楚,途中他不断派人向秦王请求良田美池。有人觉得他有点过分,王翦说:"夫秦王怛而不信人。今空秦国甲士而专委于我,我不多请田宅为子孙业以自坚,顾令秦王坐而疑我邪?"[2] 王翦为老将,了解秦王,故有计策消除秦王的怀疑。

---

[1] 诸祖耿:《战国策集注汇考》,第 230 页。
[2] 司马迁:《史记》,第 2841 页。

有些在前线作战的将军就没那么幸运了,最终因君主听信谗言、谣言而被撤、被杀。如乐毅攻打齐国,除了即墨、莒未攻下,几乎攻取了整个齐国。燕昭王死后,燕惠王听信田单散布的谣言,以骑劫撤换乐毅,结果被田单打败,前功尽弃。[1] 赵孝成王听信秦国间谍谣言,在长平之战撤下坚壁清野的廉颇,换纸上谈兵的赵括为将,结果赵国四十多万人降秦,被坑杀。赵王迁时,李牧为将抵御秦将王翦进攻,秦国使了反间计,赵王听了郭开谗言,撤换在前线作战的李牧、司马尚,李牧因不从命而被杀,李牧死后三月赵国便被秦国灭了。[2] 这些事例说明,将军率领大军出征,君主的信任非常关键。

为什么君主会临阵撤将?其根本原因有二:其一,出兵作战的将军掌握着国家命运。《孙子兵法·始计》说:"兵者,国之大事,死生之地,存亡之道,不可不察也。"《孙子兵法·作战》篇说:"知兵之将,民之司命,国家安危之主也。"其二,战争的特殊性需要出征的将军具有很大的自主性。《孙子兵法·九变》说:"凡用兵之法,将受命于君,合军聚众……途有所不由,军有所不击,城有所不攻,地有所不争,君命有所不受。"[3] 将军需要随机应变,不能听从国君遥控指挥,这是当时通行的观念。如《史记·司马穰苴列传》载司马穰苴之言:"将在军,君令有所不受。"[4]《史记·魏公子列传》载侯生之言:"将在外,主令有所不受,以便国家。"[5] 出征将军掌握国家命运且君主不能干涉,此时是君主对臣下控制力最薄弱的时刻,也往往是君主对臣下最不放心的时刻,一有谗言、谣言,有些君主就会坚持不住。

"一朝天子一朝臣"与"临阵撤将"有所不同:前者遭受信任危机的主要是相,后者遭受信任危机的主要是将。而其相同之处在于,"一朝天子一朝臣"与"临阵撤将"均是战国时新出现的政治景观。长期以来,用旧族、旧人是贵族政治的传统,历史上不少重臣辅佐过多位君主。比如周公辅佐武王、成王;召公仕于文王,后辅佐武王、成王、康王,为四朝元老;鲁国季文子辅佐鲁宣公、鲁成公、鲁襄公三代国君。旧臣、老臣历来为人们所推崇。如《诗经·大雅·荡》批评殷

---

[1] 司马迁:《史记》,第 2945—2956 页。
[2] 司马迁:《史记》,第 2970 页。
[3] 参见骈宇骞等译注:《武经七书》,第 5、14、42 页。
[4] 司马迁:《史记》,第 2626 页。
[5] 司马迁:《史记》,第 2893 页。

纣王:"虽无老成人,尚有典刑。"《小雅·十月之交》批评皇父:"不慭遗一老,俾守我王。"《尚书·秦誓》载秦穆公之言:"尚猷询兹黄发,则罔所愆。"[1] 但是,新君与旧臣发生激烈冲突,如晋灵公企图杀掉赵盾,这类情况还是比较少见的。

但是,战国情况与以往大不相同的是,官僚任用上不再是以旧臣、老臣为尚,往往是一朝天子一朝臣。就目前史料所见,秦国最典型。秦孝公死,秦惠文王即位,遂车裂商鞅。秦惠文王死,秦武王即位,遂驱逐秦惠文王时相国张仪、将军魏章,以甘茂、樗里疾为左右丞相。秦武王死,秦昭襄王即位,秦武王时左丞相甘茂出奔齐国,昭襄王以向寿、樗里疾为左右相。秦昭襄王晚年,不知谁为相,但是昭襄王死后不久,庄襄王即位时,吕不韦任相国。庄襄王死后,秦王政十三岁即位,九年亲政,十年免吕不韦。乐毅和廉颇的例子也具有代表性。燕昭王死后,燕惠王即位,遂撤换乐毅;赵孝成王去世后,赵悼襄王即位,罢免刚刚攻取魏国繁阳的廉颇,换乐乘为将,廉颇率军攻打乐乘,乐乘逃跑,廉颇也逃亡魏国。值得关注的是,战国即已出现"一朝天子一朝臣"之类的观念。比如,齐湣王刚即位时,"惑于秦、楚之毁,以为孟尝君名高其主而擅齐国之权"[2]。因此,他对孟尝君说:"寡人不敢以先王之臣为臣。"[3] 遂罢孟尝君相位,让他就国于薛。[4] "不敢以先王之臣为臣"道出了战国新君忌惮先王旧臣的真实想法。

为什么会出现"一朝天子一朝臣"?从史料表述来看,大都是说掌握大权的旧臣(下简称"旧臣")与太子、群臣关系不好。例如,其一,商鞅被杀。商鞅变法对秦贵族打击很大,有人教唆太子犯罪,商鞅惩罚了太子的老师。这样一来,商鞅与太子关系自然不好。秦孝公一死,便有人告发商鞅叛乱。《战国策·秦策一》载,秦孝公还打算传位给商鞅。[5] 估计这是当时恶毒的政治谣言,专门挑拨商鞅与太子的关系。其二,张仪被逐。据《史记·张仪列传》载,"武王自为

---

[1] 上海古籍出版社编《十三经注疏·尚书正义》,第256页。
[2] 司马迁:《史记》,第2870页。
[3] 诸祖耿:《战国策集注汇考》,第592页。
[4] "不敢以先王之臣为臣"出自《齐策四》"齐人有冯谖者"章。关于此章罢相的时间,钱穆将之系在齐湣王初立时。钱氏指出,孟尝君在齐宣王晚年时已掌握齐国政权,"固已戴震主之威名"。还有人将之系于齐湣王七年(前294年)田甲叛乱时。缪文远认为,当以钱穆说近是,田甲劫王失败后,孟尝君出奔薛,旋即奔魏,不会有此章齐王封书向孟尝君道歉的事情。(参见:钱穆《魏襄王十九年会薛侯于釜邱考》,载《先秦诸子系年》,第460—461页;缪文远《战国策考辨》,中华书局,1984,第111—112页)
[5] 诸祖耿:《战国策集注汇考》,第114页。

太子时不说张仪",群臣皆说张仪"无信,左右卖国以取容",张仪害怕被诛杀,跑到魏国任相。[1] 其三,甘茂出奔。昭襄王因魏国对甘茂有所不信,向寿、公孙奭进谗言,甘茂惧诛,出奔齐国。其四,乐毅被免。据说,"惠王自为太子时尝不快于乐毅"[2],田单听说燕惠王登基后,遂散布流言。

　　旧臣与太子关系不好其实只是表面现象。事实上,新君"不敢以先王之臣为臣"中的"不敢"二字触及问题的实质。"一朝天子一朝臣"的根本原因是新君登基掌握大权与旧臣手握大权构成了矛盾关系。新君登基,只有大权独揽,掌握朝政,才能地位稳固,而旧臣往往是新君总揽大权的绊脚石。

　　战国的"一朝天子一朝臣"又具有时代特色。被新君罢免的旧臣在先王时代,大多具有"空降兵"性质,多是先王不走常规渠道提拔上来的。商鞅、张仪、甘茂、乐毅、吕不韦皆是如此。正如上文分析中商鞅、吴起所指出的那样,君主在既有群臣之外,破格提拔一个"外人""新人"为重臣,"外人""新人"的特殊才能是其得以重任的主要原因,但是君主提拔他们不单单是因为其"才能",可能还在一定程度上包含了权术的考虑。这些"空降兵"在朝廷中没有太多利益瓜葛,他们更愿意为君主效劳,很少会顾及同僚的利益。"空降兵"被破格提拔到群臣之上,自然会引起群臣不满、嫉妒。群臣排斥"空降兵"是十分自然的事情。"空降兵"被群臣孤立,则不得不依赖君主,没有君主的支持,他们很难立于朝廷。[3] 所以,"一朝天子一朝臣"中有"空降兵"性质的"旧臣",往往备受先王信任,而且手握重权。

　　天无二日,民无二王。"权分于下"是君主的大忌。旧臣是先王的旧臣,并非新君的旧臣。权力掌握在旧臣手中,对新君构成了潜在的威胁。新君往往对旧臣缺乏驾驭的能力和信心。先王对旧臣越信任,则旧臣权力越大;旧臣权力越大,新君越害怕旧臣不可控制,对旧臣越不信任。所以,先王对旧臣越信任,新君往往越怀疑。在这种情况下,旧臣有多大才能,曾立下多少功劳,对于新君而言并不是最重要的。新君更倾向于提拔可控制或令他放心的人代替旧臣的位置。

---

　　[1] 司马迁:《史记》,第2792页。《史记·樗里子甘茂列传》则说:"太子武王立,逐张仪、魏章。"(司马迁:《史记》,第2804页)
　　[2] 司马迁:《史记》,第2947页。
　　[3] 像吕不韦那样通过养士收买人心的"空降兵"还是少数。

临阵撤将与"一朝天子一朝臣",均是君主对文武重臣控制最薄弱时刻而产生的政治现象。在君主控制力薄弱的情况下,如果再遇到谗言、谣言,临阵撤将与罢免旧臣往往不可避免。文武重臣所拥有的非凡才能与重大功劳,未必能够给他们带来新君的信任,反倒有可能成为他们不被信任的理由。

本章小结

战国时期的政治信任可以划分为两个层面、三大问题:一是国家间层面,即各国之间的信任问题;二是国内层面,包括信任与改革问题,君主对臣下的信任问题。

首先,战国国家之间并非总是尔虞我诈,战国前期的各国间信任关系在很大程度上是春秋时期各国间信任关系的延续。春秋时期以晋国为首的晋盟在战国前期转变为三晋联盟,秦与楚、楚与齐则延续了春秋因共同对付晋盟而建立的信任关系。由于三晋之间有着牢不可破的信任关系,故在针对秦、楚、齐的斗争中往往处于上风。魏武侯晚年逐渐放弃了团结三晋的外交政策。魏惠王时,魏国试图凌驾于韩、赵之上。桂陵之战和马陵之战标志着三晋信任关系彻底破裂。三晋信任关系破裂后,秦、楚、齐联盟随之瓦解。

其次,国内的变法改革运动离不开信任,体现在以下几个方面。其一,变法改革需要获得掌权者的信任。春秋战国变法改革之所以能获得成功,和取信民众没有多大关系。对于改革家而言,谁掌握权力,就需要取信于谁。其二,信任程度决定了变法改革的成果。君主对改革家的信任程度越高,变法改革越能向更广、更深的层次推动,取得的成果也就越大。其三,君主信任臣下,然后由臣下推动改革并非最好的改革变法模式。因为信任问题是变法改革的成本,所以君主亲自主持变法改革比信任臣下主持变法改革的效果要好很多。

最后,战国君主对臣下在才能信任之外有不信任的地方,主要体现在三个方面。第一,制度层面上防范。君主通过文武分职切割臣下权力,通过法令、符节制度约束臣下使用权力,通过上计等制度考核臣下对权力的使用。第二,信任有天花板,重臣时能力越大、功劳越多,君主可能会越紧张。如果再有群臣、左右不断进献谗言,那么君主对重臣的信任很容易发生动摇。第三,君主对重臣的信任有薄弱时刻,即临阵撤将和"一朝天子一朝臣"。从根本上讲,信任的薄弱时刻即君主对文武重臣控制的薄弱时刻。

结　论

　　不同时期的政治信任呈现出不同的面貌。西周政治信任中最显著的是"亲旧信任"。人们倾向于相信血缘近的"亲"、姻亲,或者世代交往中的"旧"。殷周族群之间从不信任走向了"亲旧信任",周人统治集团内部则从信任"亲"到相信"旧"。"亲旧信任"一直延续到了春秋时期。春秋政治信任中最显著的是"盟誓信任"。诸侯通过频繁地盟誓来构建信任,诸侯国内在面对政治危机时也往往通过盟誓取信。盟誓信任发轫于西周晚期,可能持续到战国前期。战国政治信任中最显著的是"才能信任"。士人崛起是战国政治的特征,士人凭借才能及(由才能而来的)功劳取得君主信任,获得高官厚禄,甚至位居将相。

　　通过对两周政治信任的考察,我们可以得出以下具有启发性的结论:

　　不信任是推动制度建立和完善的重要动力。为了防范"亲"之间争夺王位,周王室建立嫡长子继承制度;为了防范被征服的殷人与土著叛乱,周人推行分封制度;为了防范分封的诸侯叛乱,周人通过广泛分封来分散诸侯实力,进一步完善了分封制度。春秋晚期,为了防范家臣叛乱和出现新的贵族,卿族往往采取新型家臣制度,确立了俸禄制度,而春秋晚期的家臣制度又成为官僚制度的原型。战国时期,为了防范臣下篡权夺位,战国君主完善了官僚制度,比如通过文武分职分割臣下职权,用法令、符节约束臣下职权,通过上计、监察、行县等制度监督臣下,等等。"不信任"与"信任"相伴。如果说信任是政治秩序的前提,且保证了政治体制的有效运转,那么不信任则从另一方面完善了政治体制。

　　大国或统治族群通过威怀并用,获得小国或被统治族群的信任,可简称"威怀取信"。我们常说的"威信",即先有"威"才有"信"。没有强权的统治,信是难以维持的,没有强权的盟主盟誓也是难以坚持的,更不用说取得被统治者或小国的信任了。强权虽是获得信任的前提,但仅有强权是不够的。统治族群或者大国究竟能否获得信任,还要看他们能否给被统治族群、小国带来益处。例如,周公在征服殷人后,分配给殷人生产生活资料,让殷人参与到政权建设,尊重殷人的习俗。这些措施最终赢得了殷人的信任,保证了西周的长治久安。再如,齐桓公以武力威服诸侯,又通过救灾、恤患向诸侯施加德惠,赢得了诸侯的信任,齐桓公虽死,诸侯仍然感念他。威怀并用是理想的取信方式。然而,现实中的统治者往往被族群之间、国与国之间的矛盾和敌视所裹挟。君主若没有非凡的政治智慧,很难做到威怀取信。

在国内政治斗争和国与国间的斗争中,树立共同的敌人是取得信任的有效手段,可简称"树敌取信"。晋文公取信诸侯远没有齐桓公辛苦,他先树楚国为公敌,然后武力战胜楚国,很快便获得了诸侯的信任。共同的敌人是同盟者彼此信任的凝聚剂。秦国、楚国、齐国的文化与族属均不相同,但是因为有了"晋盟—三晋"作为共同敌人,竟然也能相互信任。春秋时,诸侯国内的政治斗争也采取了树敌取信的方式,只不过针对性更强。春秋时,国内盟誓有专门针对某些贵族的盟誓,把被盟贵族当成公敌,其中就包含了树敌取信之意。再如,春秋世族通过是否"同出一公"来辨别敌我,又以此构建彼此间信任。树敌取信意味着要"选边站"。一旦同盟内部发生激烈矛盾,同盟便会迅速出现倒向敌对一方的现象,同盟性质便会从坚固的信任关系转变为敌对关系,比如春秋晚期诸侯叛晋而追随齐国攻打晋国,战国中期赵国、韩国在魏国围攻下,倒向三晋宿敌齐国。

试图从根本上推翻既有国家间秩序,难以获得中小国家的信任。典型的例子是春秋时的楚国。同样是通过盟誓取得中小诸侯的信任,齐国和晋国就比较成功,而楚国却经常遭到困难,楚庄王甚至接连遭到郑国、宋国的殊死抵抗。究其根本,在于楚国不接受"天子—方伯—诸侯"的既有政治秩序,而希望取代周天子,臣服或吞并其他诸侯。这必然会遭到其他诸侯的反对。齐桓公、晋文公、吴王夫差、越王勾践,无不承认并尊重周天子,其中的道理并不在于周天子本身如何,而在于周天子是秩序的象征,尊重周天子就是尊重既有的政治秩序。既有政治秩序对于中小诸侯往往至关重要。即使这样的秩序并不平等,但是也好过没有秩序下的弱肉强食。大国为了自己的利益,试图从根本上推翻既有政治秩序,意味着将中小诸侯置于无秩序下的风险之中,很容易遭到中小诸侯的怀疑,甚至反对。

  在变法改革中,改革家获得掌权者的信任是成功的关键。春秋战国变法改革之所以能获得成功,和取信民众没有多大关系。对于改革家而言,谁掌握权力,就需要取信于谁。如管仲改革的关键在于他能够取信于齐桓公和国氏、高氏二卿族,子产改革的关键在于他能取信于掌握郑国实权的罕虎。信任程度决定了变法改革的成果。掌权者对改革家的信任程度越高,变法改革越能向更广、更深的层次推动,取得的成果也就越大。商鞅变法之所以能够取得巨大成功与秦孝公的高度信任密不可分。相反,如果失去掌权者信任,变法也会遭到重创,如吴起身死而法废。但是,臣下取得君主信任,然后去推动改革,并非最好的变法改革模式。因为信任问题是变法改革的成本,君主亲自推动变法改革比信任臣下主持变法改革,往往能取得更好的成效。

  在君臣关系中,君主对臣下的信任往往需要一个前提,即君主能够控制臣下。西周王室广泛地分封诸侯,舍"亲"而重用"旧",都包含了控制臣下的考虑。但这并非常态化的考虑。在西周世官世族社会下,每个人都有自己的"分",即在政治中有其应有的位置。正常情况下,人们不会越"分",也不易越"分",故周天子对臣下的信任度相对较高。春秋时政权下沉,君臣之"分"被打乱,君主被迫面临信任谁的困境。战国时期,君卖爵禄,臣卖智力。臣下凭借才能与功劳获取爵禄,才能越高,功劳越大,爵禄越重,此时已不存在"分"的约束。君主更倾向于用制度、权术约束臣下的权力。一旦出现难以约束的情况,则不信任就接踵而来了。如重臣能力越大、功劳越多,君主就会越紧张,甚至不惜诛杀功臣。在君主控制的薄弱时刻,则很容易发生临阵撤将和"一朝天子一朝臣"的政治现象。

参考文献

一、传世文献

[1] 上海古籍出版社.十三经注疏[M].上海:上海古籍出版社,1997.

[2] 国学整理社.诸子集成[M].北京:中华书局,2006.

[3] 蔡沈.书集传[M].钱宗武,钱忠弼,整理.南京:凤凰出版社,2010.

[4] 顾颉刚,刘起釪.尚书校释译论[M].北京:中华书局,2005.

[5] 黄怀信,张懋镕,田旭东.逸周书汇校集注:修订本[M].上海:上海古籍出版社,2007.

[6] 高亨.诗经今注[M].上海:上海古籍出版社,2009.

[7] 程俊英,蒋见元.诗经注析[M].北京:中华书局,1991.

[8] 朱熹.新刊四书五经:诗经集传[M].北京:中国书店,1994.

[9] 方玉润.诗经原始[M].李先耕,点校.北京:中华书局,1986.

[10] 吕友仁.周礼译注[M].郑州:中州古籍出版社,2004.

[11] 高士奇.左传纪事本末[M].北京:中华书局,2015.

[12] 杨伯峻.春秋左传注(修订本)[M].北京:中华书局,2009.

[13] 顾栋高.春秋大事表[M].北京:中华书局,1993.

[14] 杨伯峻.论语译注[M].北京:中华书局,1980.

[15] 程树德.论语集释[M].程俊英,蒋见元,点校.新编诸子集成.北京:中华书局,2014.

[16] 张觉,等.韩非子译注[M].上海:上海古籍出版社,2012.

[17] 陈鼓应.庄子今注今译[M].北京:商务印书馆,2007.

[18] 何宁.淮南子集释[M].新编诸子集成.北京:中华书局,1998.

[19] 王国维.古本竹书纪年辑校·今本竹书纪年疏证[M].黄永年,校点.沈阳:辽宁教育出版社,1997.

[20] 国语[M].韦昭,注.明洁,辑评.金良年,导读.梁谷,整理.上海:上海古籍出版社,2008.

[21] 诸祖耿.战国策集注汇考[M].南京:江苏古籍出版社,1985.

[22] 世本八种[M].宋衷,注.秦嘉谟,等,辑.北京:中华书局,2008.

[23] 武经七书[M].骈宇骞,等,译注.北京:中华书局,2007.

[24] 司马迁.史记[M].点校本二十四史修订本.北京:中华书局,2014.

[25] 泷川资言.史记会注考证[M].杨海峥,整理.上海:上海古籍出版社,2016.

[26] 班固.汉书[M].点校本二十四史.北京:中华书局,1962.

[27] 范晔.后汉书[M].点校本二十四史.北京:中华书局,1965.

[28] 向宗鲁.说苑校证[M].北京:中华书局,1987.

[29] 罗炽.太平经注译[M].重庆:西南师范大学出版社,1996.

[30] 王充.论衡[M].上海:上海人民出版社,1974.

[31] 陈立.白虎通疏证[M].吴则虞,点校.北京:中华书局,1994.

[32] 许慎.说文解字[M].北京:中华书局,1963.

[33] 司马光.资治通鉴[M].北京:中华书局,1956.

[34] 张京华.日知录校释[M].长沙:岳麓书社,2011.

[35] 王引之.经义述闻[M].南京:江苏古籍出版社,1985.

二、出土文献

[1] 银雀山汉墓竹简整理小组.孙膑兵法[M].北京:文物出版社,1975.

[2] 马王堆汉墓帛书整理小组.战国纵横家书[M].北京:文物出版社,1976.

[3] 山西省文物工作委员会.侯马盟书[M].北京:文物出版社,1976.

[4] 陕西周原考古队.陕西扶风庄白一号西周青铜器窖藏发掘简报[J].文

物,1978(3).

[5] 陕西周原考古队.陕西岐山凤雏村发现周初甲骨文[J].文物,1979(10).

[6] 姚孝遂,肖丁.小屯南地甲骨考释[M].北京:中华书局,1985.

[7] 睡虎地秦墓竹简整理小组.睡虎地秦墓竹简[M].北京:文物出版社,1990.

[8] 马承源.上海博物馆藏战国楚竹书(四)[M].上海:上海古籍出版社,2004.

[9] 赵超.石刻古文字[M].北京:文物出版社,2006.

[10] 杨亚长,王昌富.陕西丹凤县秦商邑遗址[J].考古,2006(3).

[11] 李学勤.清华大学藏战国竹简(贰)[M].上海:中西书局,2011.

[12] 李学勤.清华大学藏战国竹简(陆)[M].上海:中西书局,2016.

[13] 湖北省文物考古所,随州市博物馆.随州文峰塔M1(曾侯與墓)、M2发掘简报[J].江汉考古,2014(4).

三、今人专著

[1] 白寿彝;徐喜辰,斯维至,杨钊.中国通史:第二版·第三卷·上古时代·上册[M].上海:上海人民出版社,南昌:江西教育出版社,2015.

[2] 陈汉平.西周册命制度研究[M].上海:学林出版社,1986.

[3] 陈戍国.先秦礼制研究[M].长沙:湖南教育出版社,1991.

[4] 丁山.商周史料考证[M].北京:中华书局,1988.

[5] 杜勇.《尚书》周初八诰研究[M].北京:中国社会科学出版社,1998.

[6] 杜正胜.周代城邦[M].台北:联经出版事业公司,1979.

[7] 顾德融,朱顺龙.春秋史[M].上海:上海人民出版社,2003.

[8] 郭沫若.青铜时代[M].上海:群益出版社,1946.

[9] 郭慧云.论信任[M].重庆:西南师范大学出版社,2016.

[10] 何浩.楚灭国研究[M].武汉:武汉出版社,1989.

[11] 李峰.西周的灭亡:中国早期国家的地理和政治危机(增订本)[M].徐峰,译.汤慧生,校.上海:上海古籍出版社,2016.

[12] 李玉洁.楚国史[M].开封:河南大学出版社,2002.

[13] 李振宏.历史与思想[M].北京:中华书局,2006.

[14] 林剑鸣.秦史稿[M].上海:上海人民出版社,1981.

[15] 刘翔,等.商周古文字读本[M].北京:语文出版社,1989.

[16] 吕静.春秋时期盟誓研究:神灵崇拜下的社会秩序再构建[M].上海:上海古籍出版社,2007.

[17] 彭华.燕国史稿[M].北京:中国文史出版社,2005.

[18] 钱穆.先秦诸子系年[M].北京:商务印书馆,2001.

[19] 上官酒瑞.现代社会的政治信任逻辑[M].上海:上海人民出版社,2012.

[20] 沈长云.士人与战国格局[M].合肥:安徽人民出版社,2013.

[21] 宋镇豪.商代史论纲[M].北京:中国社会科学出版社,2010.

[22] 唐兰.西周青铜器铭文分代史征(上)[M].上海:上海古籍出版社,2016.

[23] 田兆元.盟誓史[M].南宁:广西民族出版社,2000.

[24] 童书业.春秋左传研究[M].上海:上海人民出版社,1980.

[25] 童书业.春秋史:校订本[M].童教英,校订.北京:中华书局,2012.

[26] 王国维.观堂集林:外二种[M].石家庄:河北教育出版社,2003.

[27] 王国维.观堂集林[M].北京:中华书局,1959.

[28] 王辉.商周金文[M].北京:文物出版社,2006.

[29] 王献唐.黄县㠱器[M].济南:山东人民出版社,1960.

[30] 夏商周断代工程专家组.夏商周断代工程1996-2000年阶段成果报告(简本)[M].北京:世界图书出版公司北京公司,2000.

[31] 谢维扬.周代家庭形态[M].哈尔滨:黑龙江人民出版社,2005.

[32] 许倬云.西周史:增补二版[M].北京:三联书店,2012.

[33] 杨宽.西周史[M].上海:上海人民出版社,2016.

[34] 杨宽.战国史[M].上海:上海人民出版社,2016.

[35] 杨宽.战国史料编年辑证[M].上海:上海人民出版社,2016.

[36] 于凯.战国史[M].上海:上海人民出版社,2015.

[37] 翟学伟,薛天山.社会信任:理论及其应用[M].北京:中国人民大学出版社,2014.

[38] 张岂之.中国思想学说史:先秦卷[M].桂林:广西师范大学出版

社,2008.

[39] 张培瑜.三千五百年历日天象[M].郑州:大象出版社,1997.

[40] 张亚初,刘雨.西周金文官制研究[M].北京:中华书局,1986.

[41] 赵伯雄.周代国家形态研究[M]长沙:湖南教育出版社,1990.

[42] 郑也夫.信任论[M].北京:中信出版社,2015.

[43] 朱凤瀚.商周家族形态研究:增订本[M].天津:天津古籍出版社,2004.

[44] 朱凤瀚,张荣明.西周诸王年代研究[M].贵阳:贵州人民出版社,1998.

[45] 朱绍侯,龚留柱.中国古代史教程[M].开封:河南大学出版社,2010.

[46] 罗泰.宗子维城:从考古材料的角度看公元前1000至前250年的中国社会[M].吴长青,张莉,彭鹏,等,译.上海:上海古籍出版社,2017.

[47] 小约瑟夫·S.奈,菲利普·D.泽利科,戴维·C.金.人们为什么不信任政府[M].朱芳芳,译.北京:商务印书馆,2015.

[48] 白川静.西周史略[M].袁林,译.徐喜辰,校.西安:三秦出版社,1992.

四、期刊论文

[1] 边晓慧,赵晓燕.中国情景下的公民文化、制度绩效与政府信任关系研究[J].甘肃行政学院学报,2017(5).

[2] 蔡锋.国人的属性及其活动对春秋时期贵族政治的影响[J].北京大学学报(哲学社会科学版),1997(3).

[3] 晁福林.上博简《甘棠》之论与召公奭史事探析:附论《尚书·召诰》的性质[J].南都学坛(人文社会科学学报),2003(5).

[4] 晁福林.论平王东迁[J].历史研究,1991(6).

[5] 晁福林.谈清华简《郑武夫人规孺子》的史料价值[J].清华大学学报(哲学社会科学版),2017(3).

[6] 陈丽君,朱蕾蕊.多元信用监管下的政府信用建设[J].中共浙江省委党校学报,2015(6).

[7] 陈奇猷.读江晓原《回天》后:兼论周武王何以必须在甲子朝到达殷郊

牧野及封微子于孟诸[J].古籍整理研究学刊,2002(1).

[8] 陈筱芳.论春秋霸主与诸侯的关系[J].西南民族学院学报(哲学社会科学版),1995(3).

[9] 董芬芬.侯马、温县载书与东周"盟国人"仪式[J].甘肃社会科学,2013(2).

[10] 杜勇.从三监看武王大分封的性质[J].人文杂志,1999(1).

[11] 杜勇.多重文献所见厉世政治与厉王再评价[J].历史研究,2017(1).

[12] 房占红.论郑国七穆世卿政治的内部秩序及其特点[J].厦门大学学报(哲学社会科学版),2008(6).

[13] 高明.论墙盘铭文中的微氏家族[J].考古,2013(3).

[14] 韩东育.法家"契约诚信论"及其近代本土意义[J].古代文明,2007(1).

[15] 何光岳.许国的形成和迁徙[J].许昌师专学报(社会科学版),1984(1).

[16] 侯旭东.宠:信—任型君臣关系与西汉历史的展开(上)[J].清华大学学报(哲学社会科学版),2016(6).

[17] 胡大贵.庶长考[J].四川师范大学学报(社会科学版),1990(4).

[18] 黄铭崇.论殷周金文中以"辟"为丈夫殁称的用法[J]."中央研究院"历史语言研究所集刊,2001(2).

[19] 黄盛璋.关于侯马盟书的主要问题[J].中原文物,1981(2).

[20] 黄盛璋.西周微家族窖藏铜器群初步研究[J].社会科学战线,1978(3).

[21] 吉家友.论战国秦汉时期上计的性质及上计文书的特点[J].湖北师范学院学报(哲学社会科学版),2007(2).

[22] 姜建设.在反欺诈中提升:春秋时代对于诚信的体验、认同[J].郑州大学学报(哲学社会科学版),2003(6).

[23]《江汉考古》编辑部."随州文峰塔曾侯舆墓"专家座谈会纪要[J].江汉考古,2014(4).

[24] 李国青,张玉强.我国农村政治信任的历史沿革与现实思考[J].理论导刊,2017(7).

[25] 李家浩.贵将军虎节与辟大夫虎节:战国符节铭文研究之一[J].中国

历史博物馆馆刊,1993(2).

[26] 李学勤.战国时代的秦国铜器[J].文物,1957(8).

[27] 李学勤.论史墙盘及其意义[J].考古学报,1978(2).

[28] 李学勤.西周中期青铜器的重要标尺:周原庄白、强家两处青铜器窖藏的综合研究[J].中国历史博物馆馆刊,1979(1).

[29] 李学勤.青铜器与周原遗址[J].西北大学学报(哲学社会科学版),1981(2).

[30] 李学勤.清华简《系年》及有关古史问题[J].文物,2011(3).

[31] 李学勤.论周公庙"薄姑"腹甲卜辞[J].文博,2017(2).

[32] 李兆友,胡晓利.重建政府信任:属性、类型及其关系[J].河南师范大学学报(哲学社会科学版),2017(2).

[33] 刘光.清华简《郑文公问太伯》所见郑国初年史事研究[J].山西档案,2016(6).

[34] 刘米娜,杜俊荣.转型期中国城市居民政府信任研究:基于社会资本视角的实证分析[J].公共管理学报,2013(2).

[35] 刘启益.微氏家族铜器与西周铜器断代[J].考古,1978(5).

[36] 刘芮方.秦庶长考[J].古代文明,2010(3).

[37] 刘源."五等爵"制与殷周贵族政治体系[J].历史研究,2014(1).

[38] 骆宾基.郑之"七穆"考[J].文献,1984(3).

[39] 雒有仓.论西周的盟誓制度[J].考古与文物,2007(2).

[40] 吕维霞,王永贵.基于公众感知的政府公信力影响因素分析[J].华中师范大学学报(人文社会科学版),2010(4).

[41] 马得勇.政治信任及其起源:对亚洲8个国家和地区的比较研究[J].经济社会体制比较,2007(5).

[42] 马得勇,孙梦欣.新媒体时代政府公信力的决定因素:透明性、回应性抑或公关技巧?[J].公共管理学报,2014(1).

[43] 马楠.清华简《郑文公问太伯》与郑国早期史事[J].文物,2016(3).

[44] 马雍.帛书《战国纵横家书》各篇的年代和历史背景[M]//马王堆汉墓帛书整理小组.战国纵横家书.北京:文物出版社,1976.

[45] 逄振镐.莒国史略[J].东岳论丛,1999(4).

[46] 齐思和.燕、吴非周封国说[J].燕京学报,1940(28).

[47] 裘锡圭.史墙盘铭解释[J].文物,1978(3).

[48] 上官酒瑞,程竹汝.政治信任研究兴起的学理基础与社会背景[J].江苏社会科学,2009(1).

[49] 沈长云.关于千亩之战的几个问题[C]//《周秦社会与文化研究》编委会.周秦社会与文化研究:纪念中国先秦史学会成立20周年学术研讨会论文集.西安:陕西师范大学出版社,2003.

[50] 沈士光.论政治信任:改革开放前后比较的视角[J].学习与探索,2010(2).

[51] 唐兰.侯马出土晋国赵嘉之盟载书新释[J].文物,1972(8).

[52] 唐兰.略论西周微史家族窖藏铜器群的重要意义:陕西扶风新出墙盘铭文解释[J].文物,1978(3).

[53] 王宏.早期楚文化探索的几个问题[J].华夏考古,2014(3).

[54] 王辉.十九年大良造鞅殳镦考[J].考古与文物,1996(5).

[55] 王会斌.战国及秦虎形符节铭文书写格式探微[J].山西档案,2016(4).

[56] 王连儒,李廷安.宗姓认同与"兄弟之国"[J].管子学刊,1999(2).

[57] 王奇伟.从"人惟求旧"到"殷不用旧":对商代王权与族权关系的考察[J].徐州师范大学学报(哲学社会科学版),2001(4).

[58] 王子今.吴起杀妻论[J].南京师大报(社会科学版),2013(4).

[59] 卫文选.晋国灭国略考[J].晋阳学刊,1982(6).

[60] 吴结兵,李勇,张玉婷.差序政府信任:文化心理与制度绩效的影响及其交互效应[J].浙江大学学报(人文社会科学版),2016(5).

[61] 吴柱.先秦盟誓的信任机制及其演变[J].史学月刊,2016(11).

[62] 萧公权.中国政治思想史之起点与分期[C]//韦政通.中国思想史方法论文选集.上海:上海人民出版社,2009.

[63] 谢乃和.春秋时期晋国家臣制考述[J].史学月刊,2011(10).

[64] 谢乃和,陶兴华.春秋家臣屡叛与"陪臣执国命"成因析论[J].西北师大学报(社会科学版),2006(6).

[65] 谢乃和,付瑞珣.从清华简《系年》看"千亩之战"及相关问题[J].学

术交流,2015(7).

[66] 徐彬.地方政府信任弱化、改革阻力与改革成本扩大化[J].社会科学,2011(3).

[67] 徐连城.春秋初年"盟"的探讨[J].文史哲,1957(11).

[68] 徐少华.许国铜器及其历史地理研究[J].江汉考古,1994(3).

[69] 徐中舒.西周墙盘铭文笺释[J].考古学报,1978(2).

[70] 阎步克.春秋战国时"信"观念的演变及其社会原因[J].历史研究,1981(6).

[71] 闫健.居于社会与政治之间的信任:兼论当代中国的政治信任[J].南昌大学学报(社会科学版),2008(1).

[72] 阎志.中国国家博物馆藏"王命传遽"虎节考[J].中国国家博物馆馆刊,2012(4).

[73] 晏琬.北京、辽宁出土铜器与周初的燕[J].考古,1975(5).

[74] 杨善群.西周"三事大夫"析[J].史林,1990(3).

[75] 杨小召.春秋时期晋、鲁家臣比较研究[J].唐山学院学报,2014(5).

[76] 杨小召.春秋中后期晋国卿大夫家臣身份的双重性[J].中国史研究,2009(1).

[77] 姚晓娟.春秋鲁国家臣叛乱根源探析:兼论鲁晋家臣之差异[J].史学集刊,2013(5).

[78] 叶敏,彭妍."央强地弱"政治信任结构的解析:关于央地关系一个新的阐释框架[J].甘肃行政学院学报,2010(3).

[79] 岳璐,田海平.信任研究的学术理路:对信任研究的若干路径的考查[J].南京社会科学,2004(6).

[80] 张成福,孟庆存.重建政府与公民的信任关系:西方国家的经验[J].国家行政学院学报,2003(3).

[81] 张成福,边晓慧.重建政府信任[J].中国行政管理,2013(9).

[82] 张建明.春秋时期晋国邦交钩沉[J].内蒙古大学学报(哲学社会科学版),2016(1).

[83] 张君.楚国斗、成、蒍、屈四族先世考[C]//河南省考古学会,河南省博物馆,河南省文物研究所.楚文化觅踪.郑州:中州古籍出版社,1986.

[84] 赵东玉,王金涛.吴起杀妻考:以性别角色为中心的考察[J].华中科技大学学报(社会科学版),2008(4).

[85] 赵光贤.《诗·十月之交》应为七月之交说[J].人文杂志,1992(5).

[86] 郑慧生."七"、"十"互讹之疑团:再说上古典籍读法之谜[J].华侨大学学报(人文社会科学版),1999(2).

[87] 周勋初.李白屡遭挫折与倍受赞誉之两面观[C]//《中国典籍与文化》编辑部.《中国典籍与文化论丛》:第五辑.北京:中华书局,2000.

[88] 朱凤瀚.关于春秋鲁三桓分公室的几个问题[J].历史教学,1984(1).

[89] 朱光磊,周望.在转变政府职能的过程中提高政府公信力[J].中国人民大学学报,2011(3).

五、学位论文

[1] 陈玉兰.晋楚争霸时期宋国外交述论[D].长春:吉林大学,2006.

[2] 程情.论政府信任关系的历史类型[D].北京:中国人民大学,2006.

[3] 孟庆存.论政府与公众信任关系[D].北京:中国人民大学,2003.

[4] 谭黎明.春秋战国时期楚国官制研究[D].长春:吉林大学,2006.

[5] 田成方.东周时期楚国宗族研究[D].武汉:武汉大学,2011.

[6] 曾俊森.政府信任论[D].武汉:武汉大学,2013.

六、其他文献

[1] 陆谷孙.英汉大词典:第二版[Z].上海:上海译文出版社,2007.

[2] 中国社会科学院语言研究所词典编辑室.现代汉语词典:第7版[Z].北京:商务印书馆,2016.

[3] 商务印书馆辞书研究中心.古代汉语词典:第二版[Z].北京:商务印书馆,2014.

[4] 何九盈,等.辞源:第三版[Z].北京:商务印书馆,2015.

[5] 龚延明.中国历代职官别名大辞典[Z].上海:上海辞书出版社,2006.

[6] 刘泽华先生来信祝贺中国思想史研究中心成立[EB/OL].(2017-11-25)[2018-05-15].http://mp.weixin.qq.com/s/NBbQXaUXZnPEH7kGmMA6PA.

后　记

本书为我于南开大学撰写的博士学位论文的修订版。

感谢我的博士生导师张荣明先生。张先生温文尔雅,海纳百川,侃侃如也。先生讲的一些道理,开始或不易理解,愈往后则愈显现其深刻。我于张门求学虽仅三年,但能沐浴先生儒雅之风度,濡染学术自由之精神,实乃人生一大幸事。

感谢河南大学的李振宏先生。李先生是我的硕士生导师,他的思想博大而深邃。不轻言,言必有中。初闻先生之言,即觉洞悉要害,往后则愈见其精微。工作后,仍能蒙先生时常指教,亦为人生一大幸事。

感谢中国人民大学的宋洪兵老师、山西大学的乔松林老师。宋老师是法家研究的领军人物,不仅引领我进入法家学术圈,还在法家研究上给予我诸多指导。乔老师是我读硕士时的师兄,是法家研究的青年才俊,由于年龄相去不远,故常能与之畅谈学术与生活,受益匪浅。

感谢我的亲人。我的父母虽是地地道道的农民,却深谙教育改变命运的道理。他们重视教育的理念深刻地影响了我的人生轨迹。我的妻子朱文芳,无论是在我求学期间,还是如今步入工作,十七年来她陪伴我走过无数坎坷,始终是我最大的精神动力。

最后,感谢河南大学历史文化学院领导的大力支持,本书才得以能够顺利出版。

贾坤鹏

2024 年 9 月 25 日